JN111898

Excel
パワーピボットDAX編

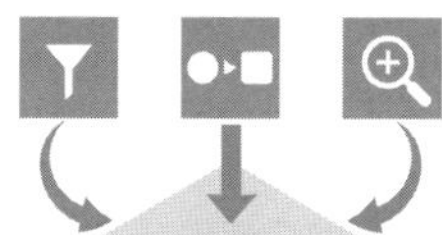

3つのルールと5つのパターンで
データ分析をマスターする本

鷹尾 祥㊕

■本書内容に関するお問い合わせについて

このたびは翔泳社の書籍をお買い上げいただき、誠にありがとうございます。弊社では、読者の皆様からのお問い合わせに適切に対応させていただくため、以下のガイドラインへのご協力をお願い致しております。下記項目をお読みいただき、手順に従ってお問い合わせください。

●ご質問される前に

弊社Webサイトの「正誤表」をご参照ください。これまでに判明した正誤や追加情報を掲載しています。

正誤表　https: //www.shoeisha.co.jp/book/errata/

●ご質問方法

弊社Webサイトの「書籍に関するお問い合わせ」をご利用ください。

書籍に関するお問い合わせ　https: //www.shoeisha.co.jp/book/qa/

インターネットをご利用でない場合は、FAXまたは郵便にて、下記"翔泳社 愛読者サービスセンター"までお問い合わせください。

電話でのご質問は、お受けしておりません。

●回答について

回答は、ご質問いただいた手段によってご返事申し上げます。ご質問の内容によっては、回答に数日ないしはそれ以上の期間を要する場合があります。

●ご質問に際してのご注意

本書の対象を越えるもの、記述個所を特定されないもの、また読者固有の環境に起因するご質問等にはお答えできませんので、予めご了承ください。

●郵便物送付先およびFAX番号

送付先住所　〒160-0006　東京都新宿区舟町5

FAX番号　03-5362-3818

宛先　(株) 翔泳社 愛読者サービスセンター

はじめに

本書は、『Excelパワーピボット』『Excelパワークエリ』に続く、モダンExcelシリーズ3部作の完結編です。最初に翔泳社様に企画を持ち込んでから約5年の歳月という長い道のりでしたが、無事、完結編を出版できました。この3部作の順番には意味がありました。まず『Excelパワーピボット』でExcelを使ったビジネスインテリジェンスの全体像を示し、次の『Excelパワークエリ』で簡単かつ効果の高いデータの取得・整形（ETL）を紹介し、最後に一番奥深いDAXに取り掛かる予定でした。本の販売状況によっては次の企画が通らないことを想定した上での順番でしたが、幸い、前2作とも大好評のため、この度DAXについて出版できました。これも読者の皆様の温かいご支持によるものです。改めてここにお礼を述べさせていただきます。

さて、DAXはその難解さから「D：どう、A：あがいても、X：ダメ」といわれているそうです。私自身、DAXを消化するまで何度も壁にぶつかりました。しかし、その中で「こうすれば理解できるんじゃないか」というアイデアがひらめきました。DAXについての主だった洋書は目を通していますが、本書のようなアプローチで説明した本は世界でも例がありません。

なお、本書では実用的な例を多数紹介していますが、それらの式をそっくり真似てもDAXは理解できません。正確なメジャーを書くためには、DAXとデータモデルの正しい理解が不可欠です。本書は目的地に到達するまでにあえて回り道をしたり、落とし穴に案内したりしながら、読者の皆様にDAXを体得してもらうことを主眼にしています。それぞれのシナリオに応じた「正解例」をまとめた本ではなく、様々な「失敗」を通じてDAXの本質を体得するための本です。

本書を手に取った読者の皆様には、実際に手を動かしながら私が身に付けたエッセンスを追体験してもらい、自分自身の力で目的の集計ができるようになって欲しいと願っています。そして、私がそうであるようにDAXを好きになっていただけたら幸いです。

鷹尾 祥

第3章　DAXの基礎

第4章　組み合わせパターン

第5章　時間軸分析パターン

付録

本書の使い方

1 ● 本書の構成

本書は、第1部：DAXの仕組み、第2部：3つのルール、第3部：5つのパターン、で構成されています。

第1部：DAXの仕組みでは、パワーピボットでメジャーを作成するためのDAXの基礎について説明しています。

第2部：3つのルールでは、DAXでメジャーを使うための3つのポイントである、フィルター、リレーションシップ、フォーカスについて説明しています。

第3部：5つのパターンでは、第1部、第2部で身に付けた知識を、実践的なシナリオで応用していきます。

第1部から順番に進めていくことをお勧めしますが、興味のあるトピックから開始し、疑問が湧いたときに関連する部・章にさかのぼって学習するのもよいでしょう。

2 ● 動作環境および画面イメージについて

Microsoft Excelは、バージョンによって画面のデザインや機能面に違いがあります。本書に掲載している画面イメージは、筆者が執筆時に使用していたMicrosoft365環境のExcel（2022年12月頃）によるものです。そのため、プレインストール版やパッケージ版およびバージョンの異なる環境では本書の表記やイメージが一部異なる場合があります。

3 読者特典について

本書の読者特典として、翔泳社のWebサイトから練習用のサンプルファイルをダウンロードすることができます。サンプルファイルの構成は以下の通りです。

・データソースのExcelファイル
・各章の開始・終了時点でのExcelファイル
・各章で使用する数式（メジャー、DAXクエリ、パワークエリ）のテキストファイル
・各章終了時点のPower BI Desktopファイル

各章の内容は独立していますので、それぞれの章の開始時点のファイルを使用してデモを進めてください。特にメジャーやDAXクエリの入力は間違えやすいので、上記サンプルファイルの式をコピー&ペーストして使用してください。

4 読者特典のダウンロード

本書の読者特典として、以下のサイトからサンプルファイルおよびPDFファイルをダウンロードできます。

https://www.shoeisha.co.jp/book/present/9784798181073/

※会員特典データのダウンロードには、SHOEISHA iD（翔泳社が運営する無料の会員制度）への会員登録が必要です。詳しくは、Webサイトをご覧ください。
※ファイルをダウンロードするには、本書に掲載されているアクセスキーが必要になります。該当するアクセスキーが掲載されているページ番号はWebサイトに表示されますので、そちらを参照してください。
※会員特典データに関する権利は著者および株式会社翔泳社が所有しています。許可なく配布したり、Webサイトに転載することはできません。
※会員特典データの提供は予告なく終了することがあります。あらかじめご了承ください。

［序章］
本書の位置付けとアプローチ

具体的な技術の解説に入る前に、本書の位置付けとアプローチについて説明します。

1 本書の位置付け

本書は、拙著『Excelパワーピボット』、『Excelパワークエリ』の続編で、ExcelによるBI（ビジネス・インテリジェンス）のうち、集計を行うメジャーにフォーカスした本です。『Excelパワーピボット』でいうと、「④ならべる」「⑤かぞえる」ステップに相当する内容で、データモデルに読み込んだテーブルに基づいて自由自在の集計・分析を行うことが目標です。したがって、読者の方は『Excelパワーピボット』で扱ったデータモデル、リレーションシップ、メジャーについての基本的な知識を持っていることが望ましいです。

2 Power BIとの関連性について

本書の対象はExcelユーザーですが、Power BIユーザーの方のため読者特典にPower BIデスクトップのサンプルファイルも用意しています。

パワーピボットは、現在世に知られているクラウド型サービスであるPower BIの源流です。Power BIは日進月歩で進化し、それに伴いDAXも新しくなっていますが、本書で取り扱っているDAXの式は、そのまま現在のPower BIでも使用可能です。Power BIを勉強されている皆様はExcel環境でDAXを一通り勉強した後で、Power BIファイルも参考にすると効果的です。なお、その場合でも前著『Excelパワーピボット』の知識があることが望ましいです。

3 本書のアプローチ

本書はパワーピボットのうち、集計を行うためのメジャーを作成するDAXというコンピューター言語を理解するための本です。DAXは、正式名称をData

Analysis Expressionといい、ピボットテーブルやピボットグラフで集計・分析を行うためのプログラミング言語です。

見た目はExcel関数によく似ていますが、セル範囲を対象とするExcel関数に対し、DAXはテーブルを対象とするためアプローチが異なります。例えば、Excelでは集計対象のセル範囲を「A2:A11」というように指定しますが、DAXの場合、①集計対象のテーブルを指定し、②対象行をフィルターで絞り込むという2段階のステップを踏みます。特に②の「対象行をフィルターで絞り込む」という点にDAXの正確な理解が要求されます。

『Excelパワーピボット』を学んだ方やPower BIについて自習を始めた多くの方は、ネットにある情報や洋書で勉強を始めたものの、壁に直面していると思います。つまり、本やWebで紹介された特定のパターンについてはうまくいっても、実務で少しアレンジを加えると途端に式が動かなくなっていないでしょうか。私が把握する限り、DAXの理解を難しくさせる要因は以下の4つになります。

DAXが「関数型言語」であること

作業をコンピューターに依頼するためのプログラミング言語には、VBAのような「手続き型言語」と、DAXで使われる「関数型言語」があります。手続き型言語は「これをやったら、次はこれ」というように作業の1つ1つを順番に定義していく言語です。時系列として依頼事項が並ぶため、人間が理解しやすい言語です。それに対して関数型言語は順番に行う作業を、早く実行されるものが内側になるように関数の中に記述していきます。そのため式を見ても作業順が直感的に理解にしにくく、頭の中で順番を翻訳し直す必要があります。この階層化を「ネスト」といいますが、このネストが3階層を超えると、もはや人の頭では理解が難しいでしょう。

そこで本書では、**変数VAR**を使って個々のステップを理解しやすい単位に分割し、順番に記述します。これによりそのままでは頭に入りきらないネストした式でも、人の理解しやすい形で表現することができます。

集計の背後のテーブルが直接見えないこと

集計とは、対象のデータを①集めて、②計算するというの2つのステップを経て、そのデータを一言で表す「1つの値」に変換することです。

例えば、「前年度売上」を計算する場合、最初に前年度のデータを集めて、次に売上列の合計を計算するという2つのステップを実行します。このようなメジャーをピボットテーブルに配置すると、前年度売上という「1つの値（数字）」だけがピボットテーブルに表示されます。このとき、①集める部分で用意した「前年度の期間のデータ」の本体はメジャーでは直接表現できません。結果、「式は正しく計算しているけど何となく不安」という感覚が残ります。

これに対して本書では、**DAXクエリ**と**デバッグ式**の2つのテクニックでデータの集まりを「見える化」します。

DAXクエリとは、「1つの値」を返すメジャーと異なり、「データの集まり」であるテーブルをそのまま表示する式です。DAXクエリを修得すると、集計の手前の「データの集まり」をそのまま確認できるので、集計対象がブラックボックス化せずに体感的に理解できるようになります。

また、デバッグ式は集計を目的とした計算式ではなく、目的の式を作るための中間ステップが正しいかどうかを確認・検証するためのメジャーです。例えば「前年度売上」を計算するための「前年度」がいつからいつまでなのかを表示させることも可能です。デバッグ式をマスターすることで、自信を持ってメジャーが書けるようになり、式に間違いがあったときもその原因を自分で追跡できるようになります。

類似した多数の関数

DAXは比較的若い言語なので、日々進化し変化しています。その中で、以前は長い式を書かないと表現できなかった式が簡略化された式で書けるようになっています。このような式を苦い薬の表面を砂糖で包んだ糖衣錠になぞらえて「糖衣構文」と呼びます。「糖衣構文」は式を簡略化できるメリットがありますが、一方、その背後にあるデータを集めて計算するステップを見えにくくするデメリットがあります。また、類似の関数が多数登場すると初心者の理解の妨げとなります。

そこで本書は、糖衣構文の使用を控え、登場する関数を極力少なくしています。1つの結果を出すための式には色々な書き方がありますが、本書で第一優先にしているのは、**集計のプロセスを理解できる構文**です。特に背後にあるテーブルを可視化し、「どのテーブルに対して作業を行っているのか」をきちんと把握できる式を書くように努めています。

カタカナ言葉の専門用語

耳慣れないカタカナの専門用語は、考えの理解を難しくします。特に新しい技術の分野でよく見られるのは、こなれた日本語に翻訳する代わりに英語の発音をそのままカタカナで紹介してしまうケースです。例えば、DAXの重要なポイントの「行コンテキストを元に、コンテキスト移行によりフィルター・コンテキストを作る」という文章をそのまま理解できる人はいないでしょう。その代わりに「集計単位の各行を参照しながら、その条件を使ってふさわしいデータを集めてくる」と表現したら意味が通じるのではないでしょうか？

元のカタカナ言葉を私が独断で意訳してしまうことに反発を感じる方もいらっしゃると思います。しかし、私が対象にしている読者は「専門的な勉強にいくらでも時間を割ける特殊な環境にいる人」ではなく、「日常の業務に忙殺されているけど、数値分析の必要性を強く感じている普通の人」です。そのような人に理解してもらえなければ、自分で自由にデータを分析できるビジネス・インテリジェンスの素晴らしさは世に広まらないと私は強く思っています。

したがって、本書ではMicrosoftのガイドに書かれた正式な言葉をそのまま使うのではなく、可能な限り普通の言葉に**意訳**して説明しています。もちろんMicrosoftのガイドにある正式な表現も併せて紹介しておきますが、いったん中核となるコンセプトを消化してしまえば、それらを頭の中で変換することは容易になります。

4 参考図書

DAXについて学ぶための関連図書を紹介します。本書で一通り基礎を身に付けたら、これらの書籍で知識を深め、様々な応用例に触れるとよいでしょう。なお、時代がら世に出回っているDAX関連の書籍はExcelベースのものは少なく、Power BIベースが中心となっています。

Excelベースの関連図書

以下は、Excelをベースにした本です。

- Excelパワーピボット 7つのステップでデータ集計・分析を「自動化」する本（翔泳社：鷹尾祥）
  Excelを使ったビジネス・インテリジェンス（BI）の入門書です。パワーピボット・パワークエリを使った統合的なアプローチについてまとめた本で、全体像をつかむのに最適です。Power BIのサンプルは付いていませんが、アプローチは同じですのでPower BIユーザーにとっても役立ちます。
- Excelパワークエリ データ収集・整形を自由自在にする本（翔泳社：鷹尾祥）
  本書でも一部登場しますが、いわゆるETL、つまりCSVファイルやExcelファイルなどの外部データにアクセスし、データを加工し、取り込むためのパワークエリの本です。DAXは登場しませんが、テーブルを作るための前処理にフォーカスした本です。

Power BIベースの関連図書

以下は、Power BIをベースにした参考書です。画面が異なり、またExcelでは使用できない関数も登場しますが、Excelユーザーの方も学習しておくことをお勧めします。

◎日本語の関連図書書

- DAXを使いこなすための完全ガイド Power BI、エクセル、SSAS用
（パブフル：鈴木ひであき）
日本語で初めて発売された本格的なDAXの専門書です。DAXについて包括的に解説されています。私の書籍は専門用語を独自に「意訳」していますので、私の本で一通りイメージをつかんだ後、こちらの書籍で知識を整理し直すと、世の中のDAX関連の情報にアクセスしやすくなり、皆様の自習が大いに進むと思います。

◎英語の関連図書

- Definitive Guide to DAX：The Business intelligence for Microsoft Power BI, SQL Server Analysis Services, and Excel
（Microsoft Press: Marco Russo, Alberto Ferrari）
DAXについての基礎知識を得るための究極的な参考書で、おそらく世界中の人がこの本を知識のよりどころにしています。英文で740ページほどありますので英語が得意な方はぜひ購入して手元に置いておくとよいでしょう。
- DAX Patterns: Second Edition
（Microsoft Press: Marco Russo, Alberto Ferrari）
DAXを使った様々な応用例を集めた本で、私の書籍もここから多くヒントを得ています。文法的な説明は少なめなので基礎を身に付けた後に応用として勉強するとよいでしょう。
- Beginning DAX with Power BI: The SQL Pro's Guide to Better Business Intelligence
（Apress: Philip Seamark）
DAXをデータベース問い合わせ言語であるSQLと対比させて解説した本です。SQLが使える方にお勧めです。
- Pro DAX with Power BI: Business Intelligence with PowerPivot and SQL Server Analysis Services Tabular
（Apress: Philip Seamark, Thomas Martens）
上記の本の続編でよりPower BI寄りの本ですが、DAXについても踏み込んだ説明をしています。

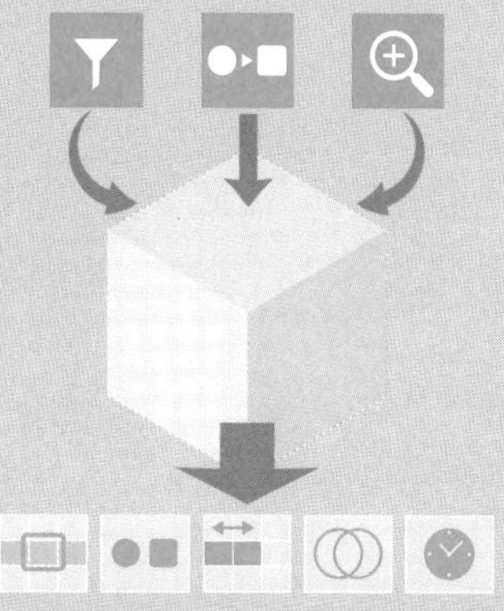

［第1部］DAXの仕組み

本書のゴールは、パワーピボットのメジャーという計算式で実務に役立つ集計・分析を行うことです。そのためには、ピボットテーブルが集計を行うときに裏側で何が起きているのかと、メジャーを動かすDAXという言語の理解が必要です。

第1部では、パワーピボットが集計を行う仕組みとDAXというコンピューター言語の基礎を身に付けます。

［第1章］

プロセス、ルールとパターン

本章では、DAXを理解するためのポイントとしてパワーピボットでデータを集計する仕組みを整理し、その後でDAXを理解するための「3つのルール」と「5つのパターン」の概要を紹介します。

1 DAX理解のポイント

この本の目的は、「データ分析をマスターする」ことです。具体的には、手元にあるデータを使って、ピボットテーブル（またはピボットグラフ）というデータを覗くための窓を作り、膨大なデータの集まりを人に役立つ「情報」にすることです。

このとき、Excelにはパワーピボットという強力な集計・分析ツールがあります。パワーピボットはピボットテーブルの背後で働き、データの集計・分析を大いに助けてくれます。つまり、データモデルという外部から取り込んだデータを元にメジャーと呼ばれる計算式を作り、それらをピボットテーブルに配置することで従来のExcel関数を遥かに超える多角的な集計・分析を行います。そして、このメジャーはDAXという言語で記述します。

DAXはExcel関数や一般のコンピューター言語とは性質が異なり、一般の方が独学で身に付けるにはかなりの困難が伴います。そこで、本書では読者の皆様が理解しやすいように、このDAXを理解するポイントを「3つのルール」と「5つのパターン」にまとめました。

まずパワーピボットで集計するプロセスを整理し、その後で3つのルールと5つのパターンの概要を説明します。

パワーピボットが集計を行うプロセス

ピボットテーブル（およびピボットグラフ）には、①データをまとめるための枠組みを提供する機能と②枠の中に集められたデータを「1つの値」として表示する機能があります。

①の枠を提供する機能とは、ピボットテーブルでは表を構成する「行」と「列」のことであり、ピボットグラフでは、「凡例」と「X軸」のことです。これらの枠はそれぞれの組み合わせが交差する点で「集計単位」を作ります。例えば、行が2023年、列が飲料であれば、この2つの組み合わせである「2023年の飲料」が「集計単位」になります。この「集計単位」の枠を作るのは、パワー

ピボットのデータモデルでいう「まとめテーブル（Dimension Table)」です。

②のプロセスでは、この枠組みに沿って集めてきた「数字テーブル（Fact Table)」を、その集まりを特徴付ける「1つの値」に変換します。枠に沿って集めてきたデータは、そのままでは「Excel表のミニチュア」にすぎません。そのデータの集まりに「行数を数える」、「売上列を合計する」といった集計方法を指示して初めて「情報」つまり「代表する1つの値」に変換することができます。

作成された「1つの値」は、ピボットテーブルでは数字として、ピボットグラフではグラフとして表示されます。ここまで来て初めてデータモデルに蓄積された膨大なデータは、人の口に入る情報＝人が理解できる単位になります。

本書のメインテーマの「メジャー」は、①の枠に沿ってデータの部分集合（サブグループ）を作り、②の集計機能でそのデータを象徴する「1つの値」に変換する機能を持っています。これを動かす文法がDAXです。

これらのステップを図示すると図1-1のようになります。この計算はピボットテーブルの行×列の組み合わせの数だけ繰り返され、データの集計・分析を実現します。

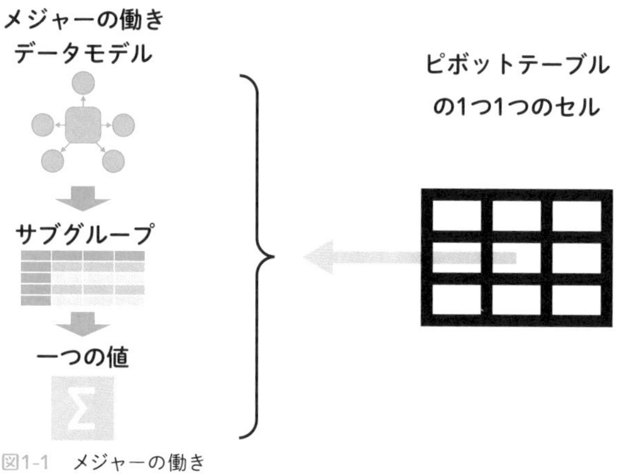

図1-1　メジャーの働き

この図に登場する「データモデル」、「サブグループ」、「1つの値」を詳しく見ていきましょう。

◎データモデル

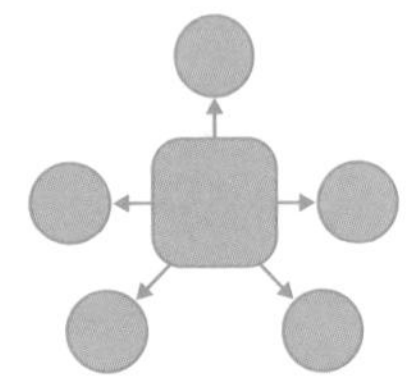

「データモデル」とは、テーブルとリレーションシップから構成されたデータの構造体のことです。テーブルには数値を集計するための「数字テーブル（Fact Table）」と、データの絞り込みと階層化を行う「まとめテーブル（Dimension Table）」の2種類があります。両者は「まとめテーブル」のユニークキーを、数字テーブルの外部キーが参照する形で結びついています。この論理的な結び付きを「リレーションシップ」といいます。

データモデルは集計・分析を行うデータの源泉であり、そのExcelファイルで可能な集計・分析は、ここにあるデータの中身とその構造で決まります。

◎サブグループ

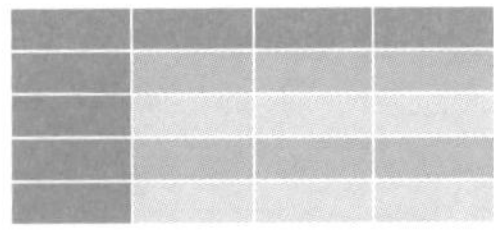

ピボットテーブルで用意した枠組みに沿って集められたテーブルの中身のことです。実際にはまとめテーブルの条件で絞り込まれた数字テーブルの一部（部分集合）になります。ピボットテーブルの行・列の組み合わせで用意されたセルの数だけサブグループが作られ、メジャーはその数だけ計算を行います。

◎1つの値

ピボットテーブルのそれぞれのセルで計算された代表値のことで、メジャーが最終的に返す値のことです。各セルで用意した数字テーブルのサブグループをDAXの「集計関数」を使って、合計や平均といった「1つの値」に変換します。なお、専門的にはスカラー（Scalar）と呼ばれます。

3つのルール

ここまでピボットテーブルで集計するとき裏側で起きているプロセスを説明しました。このプロセスを理解した上でDAXを使って適切なメジャーの式を書くには、以下3つのルールを修得する必要があります。

・フィルター：サブグループを作るための「ふるい」
・リレーションシップ：テーブルとテーブルの論理的なつながり
・フォーカス：着目するデータの粒度（細かさ）＝「焦点」

◎フィルター

フィルターとは、データモデルのテーブルを部分集合（サブグループ）に絞り込む機能のことです。

絞り込みを行うフィルター条件には、ピボットテーブルの行・列・スライサーの値をそのまま使用することもあれば、それらの条件を無視する、または一部分だけ利用することもあります。例えば、条件をすべて無視すると全体の数字が取れるので、それを元に個々の商品の構成比を算出することが可能です。また、それぞれのセルの最大の日付を使って「期間累計」を算出することも可能です。つまり、ピボットテーブルが用意した「枠組み」を部分的に利用し、部分的に無視することで、用途に応じたデータのサブグループを作ることがフィルターの目的です。

◎リレーションシップ

データモデルの中には複数のテーブルが登場し、それぞれのテーブルどうしは相互に関係しています。このテーブルは、大別すると直接の集計対象である「数字テーブル（Fact Table）」と、データを集めてサブグループを作るための「まとめテーブル（Dimension Table）」の2種類があります。この2種類のテーブルをうまく組み合わせることで、多彩な集計・分析が可能になります。例えば、2つの数字テーブル「実績」と「目標値」を用意し、それらを共通のまとめテーブルである「カレンダー」「商品カテゴリー」で結ぶと、月ごと・商品ごとの2つの観点から「目標達成率」を集計できるようになります。

◎フォーカス

「フォーカス」とは、集計関数を使って「1つの値」を作るための集計単位のことです。正しく集計を行うためには、見えている集計単位だけでなく、「見えない集計単位」にフォーカスをあてる

ことが重要です。

例えば、受注番号と受注明細番号の組み合わせをユニークキーとして持つ「売上明細」というテーブルがあったとします。このとき、「明細件数」を数えるのはテーブルの行数を数えればいいだけなので簡単です。しかし「受注件数」を数える場合、フォーカスを「受注番号」にあて、この単位でサブグループを作り直さなくてはなりません。

このように、集計は常にテーブルの一番細かい単位（最小粒度）で計算するとは限らず、何らかのグループ化を経た後で集計を行うケースがあります。そのフォーカスが今、どのレベルであたっているのかを明確に意識することが重要です。

5つのパターン

3つのルールを修得したら、今度は5つのパターンでそれを応用して実践の仕方を身に着けます。それぞれのパターンによって、データの絞り込みに使う関数、等号／不等号、データ型（数値またはテキスト）に特徴があるので、これらを抑えておくとスムーズにメジャーが書けます。

◎全体・部分パターン

部分である「今のセル」と、それを超えたカテゴリー全体の値を参照・比較するパターンです。カテゴリー全体の値を参照するには、商品カテゴリーなら商品カテゴリー、顧客なら顧客のフィルターをすべて解除します。フィルターを解除するALL関数の使い方がポイントですが、これは他のメジャーを書くための基本テクニックでもあります。

◎独立テーブル・パターン

あえてリレーションシップを持たないテーブルを使うパターンです。リレーションシップはまとめテーブルを使ってフィルターをかけるのに便利ですが、あえてリレーションシップを持たないテーブルを用意し、その項目をスライサーなどにセットし、メジャーの式で拾います。拾った値はメジャーの中でのフィルターとして使うこともできるし、また

はユーザーインターフェースとして式の切り替えにも使えます。

◎順位・累計パターン

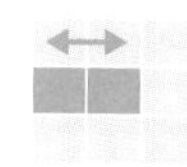

ランキングなどの順位や、累計を集計するパターンです。累計の作り方には自身のテーブルを参照する「自己参照型累計」と、外部にあるテーブルを参照する「外部参照型累計」があります。なお、「自己参照型累計」はそのまま順位の計算に使えます。

◎組み合わせパターン

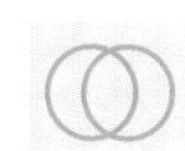

データの集まりに対して、「かつ」「または」といったいわゆる集合演算を使うパターンと、同じ項目の組み合わせを作るパターンがあります。集合演算パターンは特定の条件を満たすグループの組み合わせを作ることがポイントになります。

◎時間軸分析パターン

3つのルールと応用パターンのテクニックの集大成として、時間軸を使った分析を行います。時間軸には、時間を連続的なものとして捉える「連続型時間軸」と、繰り返すものとして捉える「循環型時間軸」の2つの種類があります。メジャーを作る際には、今作ろうとしているメジャーがこのどちらに分類されるのかを意識することが重要です。なお、時間軸分析に便利なタイムインテリジェンス関数分析も紹介しますが、本書では自作のカスタムカレンダーによる自由度の高い時間軸分析を中心に扱います。

[第2章]

「集計する」とは何か？

データを「集計する」とはどういうことでしょうか？ピボットテーブルを使っていると、簡単な操作だけでいつの間にか集計表ができ上がってしまうので、じっくり意識したことがないかもしれません。

本章では、ピボットテーブルで行われている処理を掘り下げ、「集計の裏側で何が起きているのか」を明確にします。同時に、そのときDAXが具体的に何を行っているかを明らかにします。

1　集計の3つのステップ

ピボットテーブルによる集計のプロセスは、次の3つのステップで構成されています。

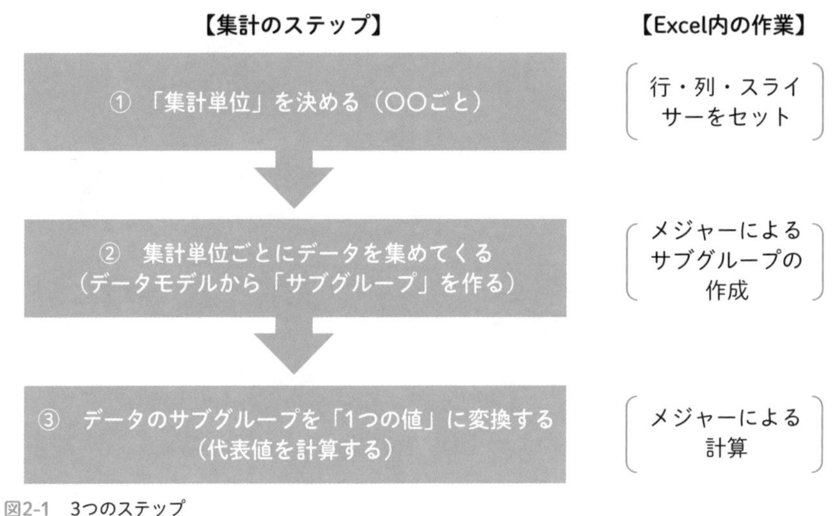

図2-1　3つのステップ

本章では売上データから「商品カテゴリーごとの販売数量合計」を求める例で、この集計のプロセスを掘り下げます。最初にピボットテーブルで集計を行い、次にDAXによるテーブルの作成＝DAXクエリを使って同じ集計をします。

2 デモ用ファイルの準備

最初に、以下の手順でデモ用Excelファイルを作ります。今回は初回なのでデータを取り込むところから始めますが、以降は各章のために用意されたサンプルファイルを使ってデモを進めてください。また、それぞれの章でデモに使用する数式をテキストファイルで用意していますので、式の入力が難しいときはこちらをコピーしてください。

データを「とりこむ」

まず使用するデータをExcelのデータモデルに取り込みます。

◎サンプルファイルの用意

以下、サンプルファイルの「データソース.xlsx」をC：ドライブ下の「パワーピボットDAX」フォルダにコピーした前提で進めます。

C:¥パワーピボットDAX

› PC › OS (C:) › パワーピボットDAX

名前

データソース

◎データモデルに取り込む

新規のExcelファイルを作り、サンプルファイルのデータを取り込みます。

▶ デスクトップを右クリック→［新規作成］→［Microsoft Excelワークシート］を選択→ファイル名を「パワーピボットDAX」に変更し、ファイルを開く

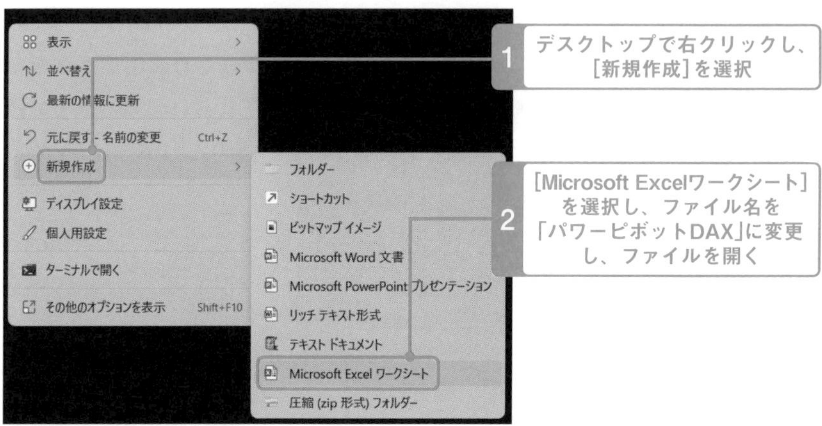

▶ ［データ］タブ→［データの取得］→［ファイルから］の［Excelブックから］を選択

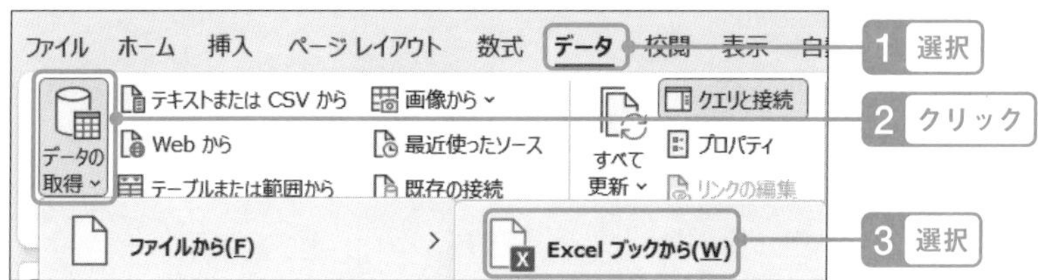

▶ 「C:¥パワーピボットDAX」の「データソース」を選択→［インポート］をクリック

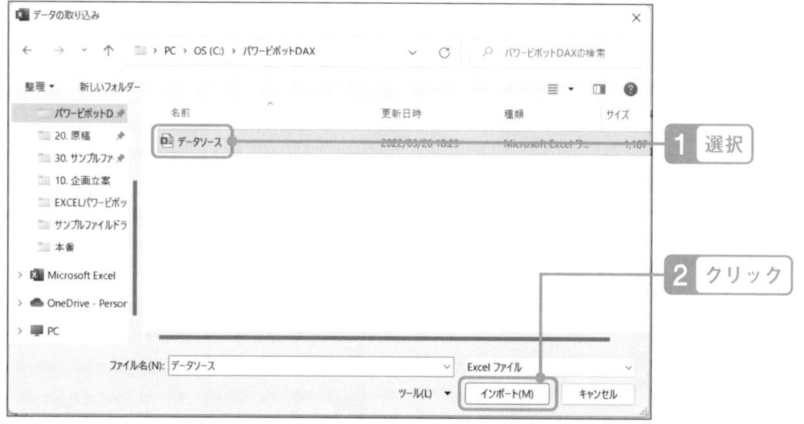

▶ ［複数のアイテムの選択］にチェック→「F」「G」「P」「T」で始まるテーブルをすべてチェック

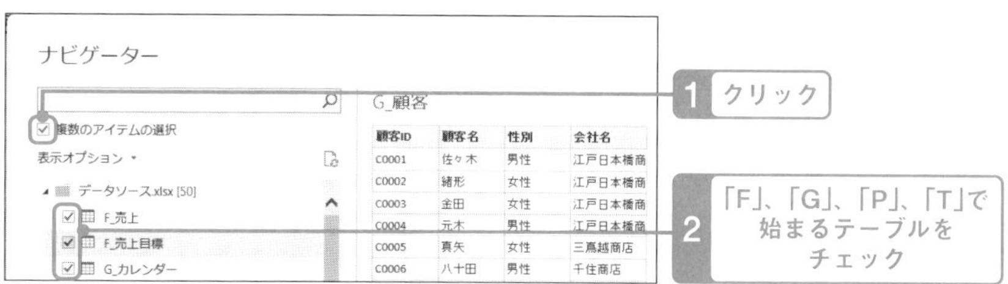

※それ以外はテーブル型のデータではなく、ワークシートです。今回のデモでは取り込み不要です。

▶ 画面右下の［読み込み］隣の▼をクリック→［読込先…］を選択

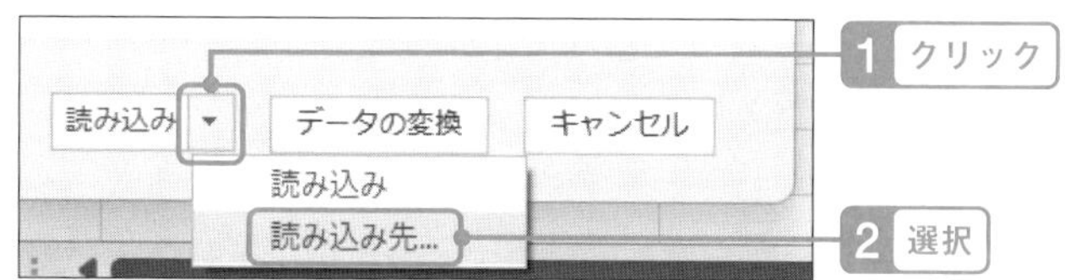

▶［接続の作成のみ］を選択→［このデータをデータ モデルに追加する］にチェック→［OK］をクリック

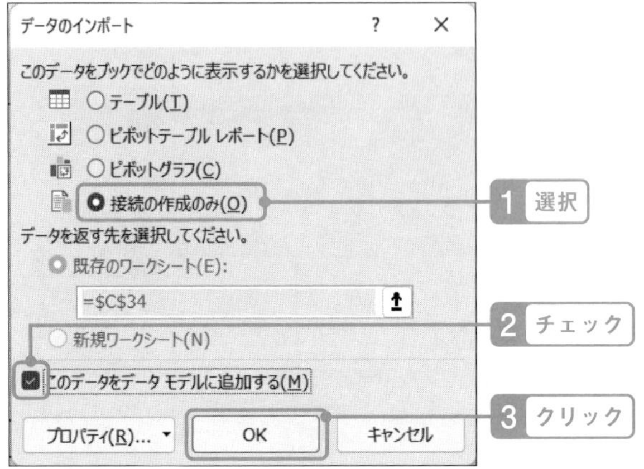

※この設定で、シートでは見えない裏側のデータモデルだけにデータが取り込まれます。

▶画面右の「クエリと接続」ペインでデータの取得を確認

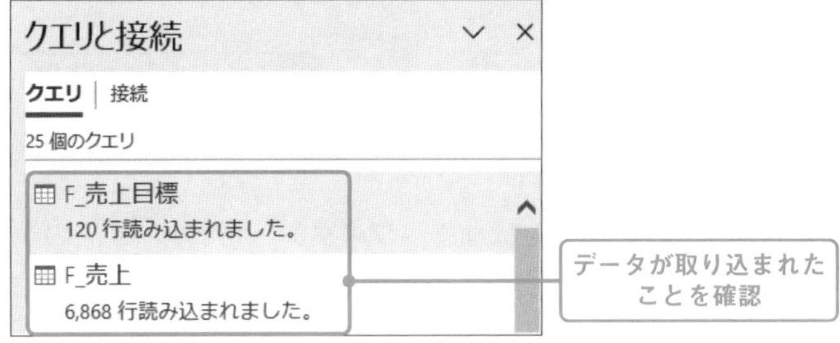

これでデータソースの各テーブルが取り込まれました。

◎テーブル名先頭のアルファベットについて

テーブル名先頭の「F」と「G」はそれぞれ『Excelパワーピボット』でいう「数字テーブル」、「まとめテーブル」を表しています。つまり、「F」は集計対象の数字を表す「Figure」から、「G」はまとめを意味する「Group」から取っています。それと同時にテーブルを「F」→「G」のアルファベット順に表示し、数字テーブルにメジャーを作りやすくする目的があります。

また「P」は独立テーブル・パターンで使用するパラメーターテーブル、「T」はそれ以外のテーブルを意味しています。以上をまとめると、表2-1のようになります。

F	数字テーブル
G	まとめテーブル
P	パラメーターテーブル
T	それ以外のテーブル

表2-1　テーブル名先頭のアルファベット

◎データモデルに取り込むことについて

「データモデル」にデータを取り込むと、Excelは以下の動作をします。

- ・Excelのワークシートには表示されない内部にデータが保持される
- ・100万行を超えるデータでも取り込めるようになる
- ・［挿入］タブ→［ピボットテーブル］で［データモデルから］が選択できるようになり、データモデルを使った集計が可能になる。
(通常のワークシートのテーブルでも「リレーションシップ」を作成するとこのオプションが選択可能になります)

リレーションシップでテーブルを「つなげる」

次に、それぞれのテーブルをリレーションシップでつなぎます。『Excelパワーピボット』の②「つなげる」ステップに該当します。

▶［データ］タブ→［リレーションシップのアイコン］をクリック

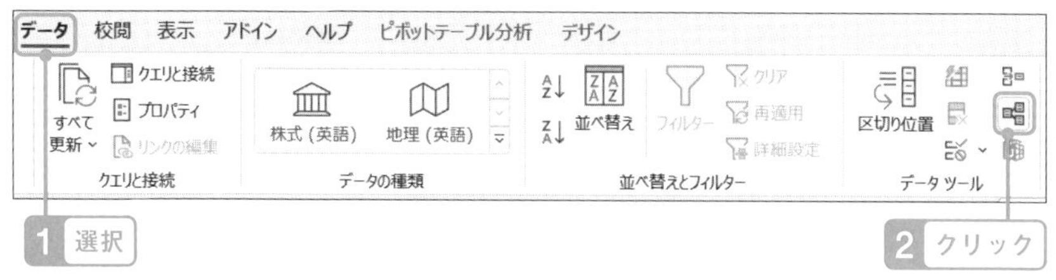

▶ ［新規作成］をクリック

▶ 以下の選択をする→［OK］をクリック

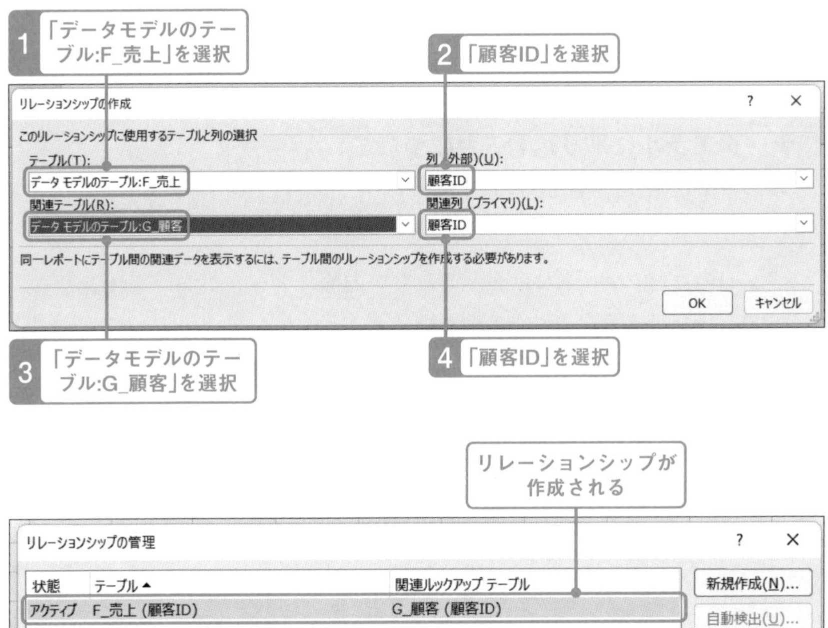

同じ手順で、以下のリレーションシップを作成します。かっこの中がそれぞれのキー項目です。

テーブル（列：外部）	関連ルックアップテーブル（関連列：プライマリ）
F_売上(顧客ID)	G_顧客(顧客ID)
F_売上(顧客担当社員ID)	G_社員(社員ID)
F_売上(支店ID)	G_支店(支店ID)
F_売上(出荷日)	G_カレンダー(日付)
F_売上(出荷日YYYYMMDD)	G_カレンダーYYYYMMDD(日付YYYYMMDD)
F_売上(商品ID)	G_商品(商品ID)
G_商品(商品カテゴリーID)	G_商品カテゴリー(商品カテゴリーID)
F_売上目標（社員ID）	G_社員（社員ID）
F_売上目標（日付）	G_カレンダー（日付）

表2-2　作成するリレーションシップ

最終的にリレーションシップは以下の構成になります。

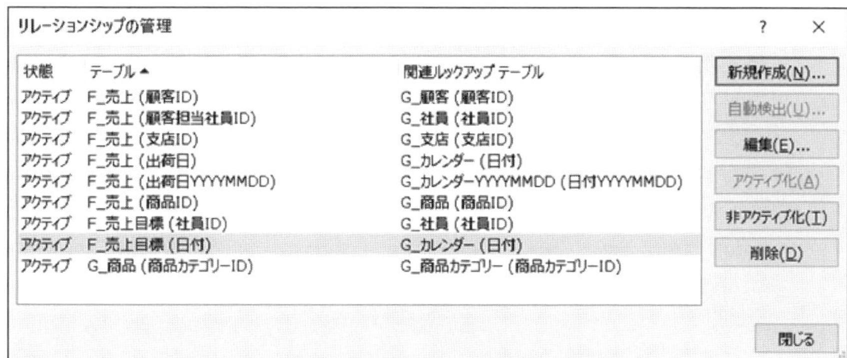

データモデルからピボットテーブルを作成する

リレーションシップを作成したら、データモデルから空のピボットテーブルを作成します。

▶ 「B2」セルを選択→［挿入］タブ→［ピボットテーブル］→［データモデルから］を選択

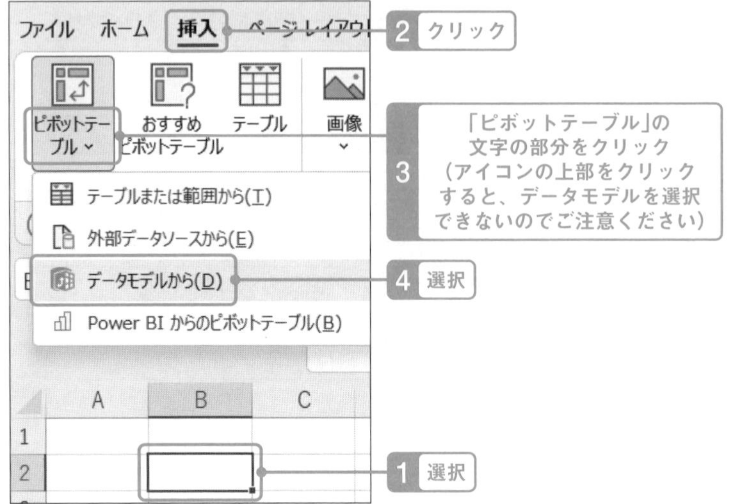

▶ ［OK］をクリック

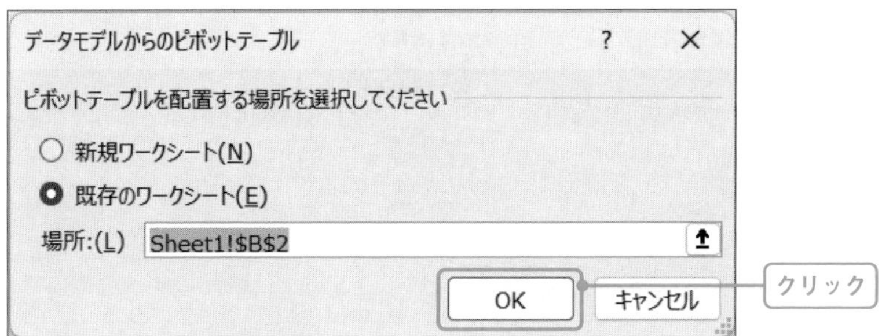

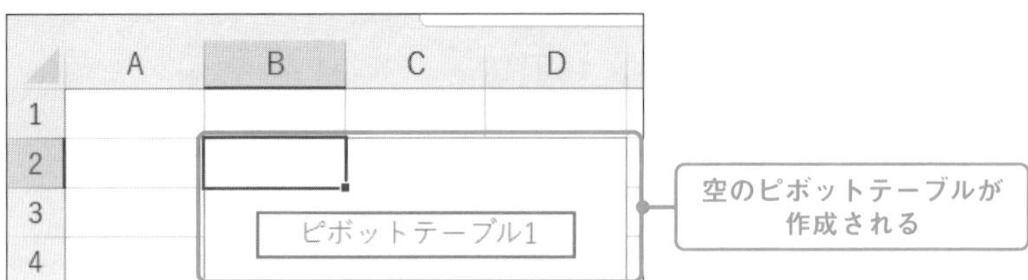

次に、フィールドの表示を変更します。

▶ ピボットテーブルの上にカーソルを置く→「ピボットテーブルのフィールド」ペイン→「歯車アイコン」→［フィールドセクションを左、エリアセクションを右に表示］を選択

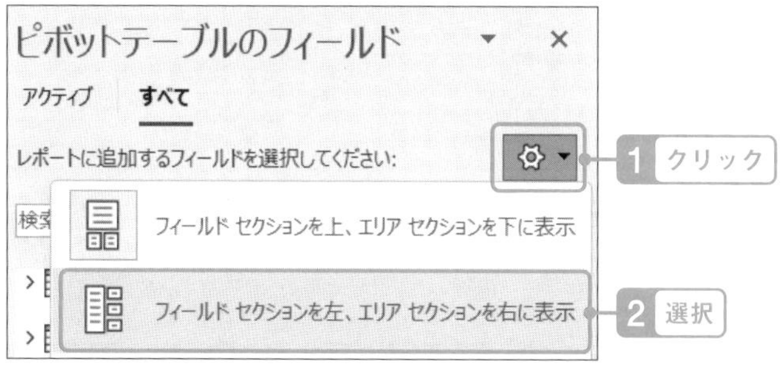

以下のようにテーブルが一覧表示されます。

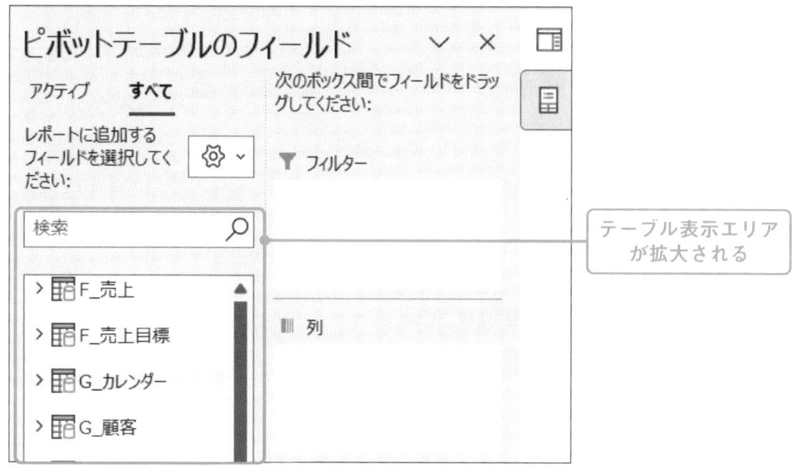

◎データモデルからピボットテーブルを作った場合のテーブルの表示

通常のピボットテーブルと異なり、「データモデル」からピボットテーブルを作った場合、フィールドセクションにテーブルが一覧表示されます。テーブルにはワークシートテーブルとデータモデルのテーブルの2種類があり、データモデルのテーブルは円筒が付いたアイコンで表示されます。なお、今回は外部のテーブルをデータモデルに取り込んでいるので、データモデルのテーブルのみが表示されていますが、同じブックにワークシートテーブルがある場合、以下

のように別々に表示されます。

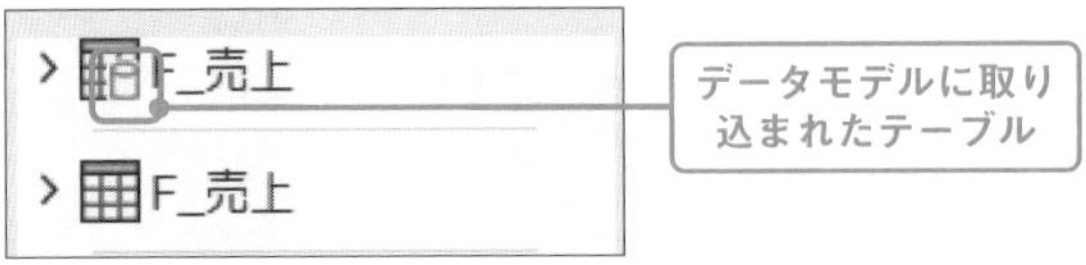

> F_売上

> F_売上

データモデルに取り込まれたテーブル

3 ピボットテーブルとメジャーで集計する

ピボットテーブルとメジャーを使って商品ごとの「販売数量合計」を集計します。

①集計単位の「商品カテゴリー」を並べる

データモデルの準備ができたので、ここから3つのステップで集計表を作成します。まずは①の集計単位を設定します。『Excelパワーピボット』の「ならべる」ステップに該当します。

◎商品カテゴリーを集計単位に設定する

今回の集計単位である「商品カテゴリー」を行にセットします。

▶ ピボットテーブルにカーソルを置く→［ピボットテーブルのフィールド］の［すべて］をクリック→G_商品カテゴリー［商品カテゴリー］を［行］にドロップ

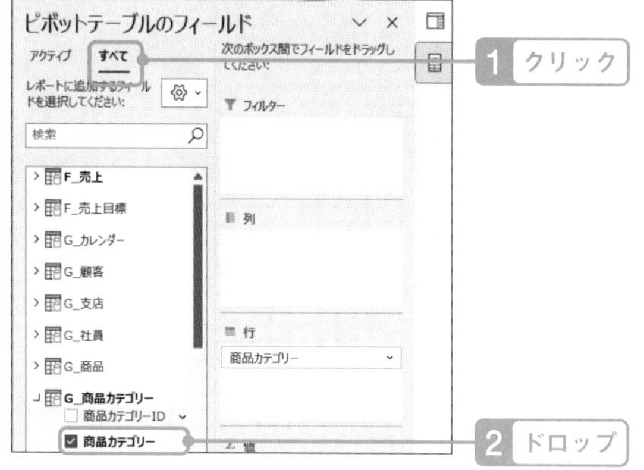

※［アクティブ］には現在ピボットテーブルで使用されている項目しか表示されません。新しい項目は［すべて］から探してください。

ピボットテーブルの行に集計単位の「商品カテゴリー」が設定されました。

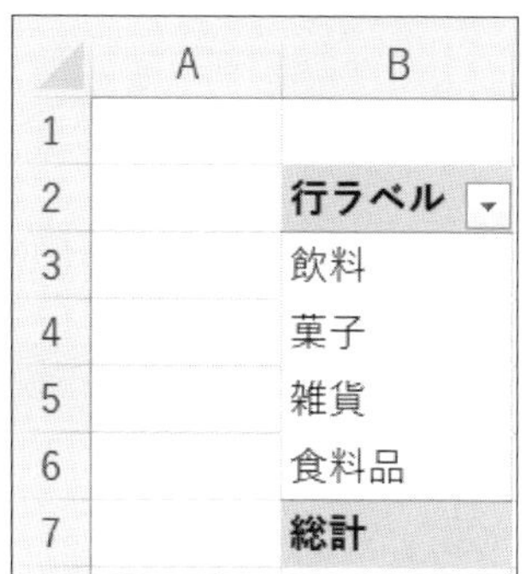

	A	B
1		
2		**行ラベル**
3		飲料
4		菓子
5		雑貨
6		食料品
7		**総計**

②集計単位ごとにデータを集めてくる

メジャーの場合、②の集計単位ごとにデータを集めてくる作業は外から見えない形で行われます。実際の仕組みは後ほどDAXクエリで説明します。今回は以下の手順でメジャーを作成して動作を確認します。

▶ 「F_売上」を右クリック→［+メジャーの追加…］を選択

▶ ［メジャーの名前］に「レコード件数」と入力
▶ ［数式］に以下の式を入力

```
= SUMX('F_売上', 1)
```

▶ ［カテゴリー］に［数値］を選択
▶ ［桁区切り］の［(,) を使う］にチェック
▶ ［OK］をクリック

2

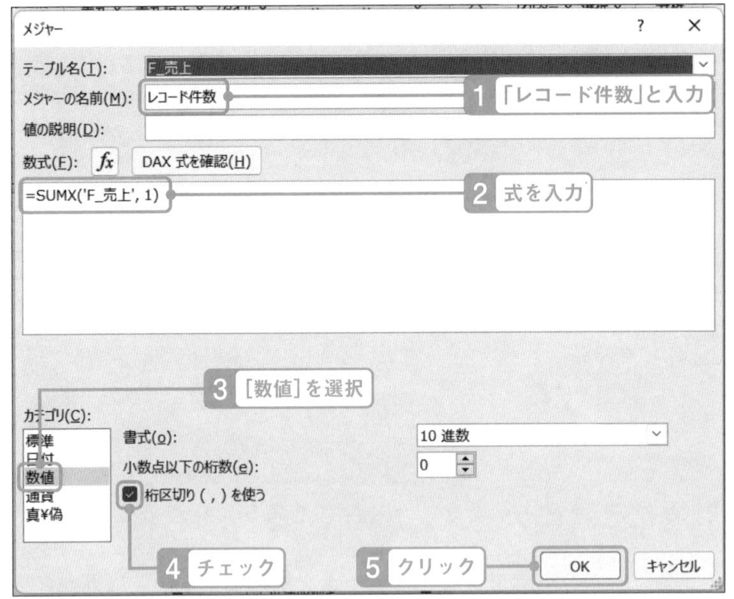

※以降のメジャーは指定がない限り、すべて「数値」、「桁区切り（,）を使う」の設定にしてください。

▶ 検索フィールドに「レコード件数」と入力→［fxレコード件数］を選択

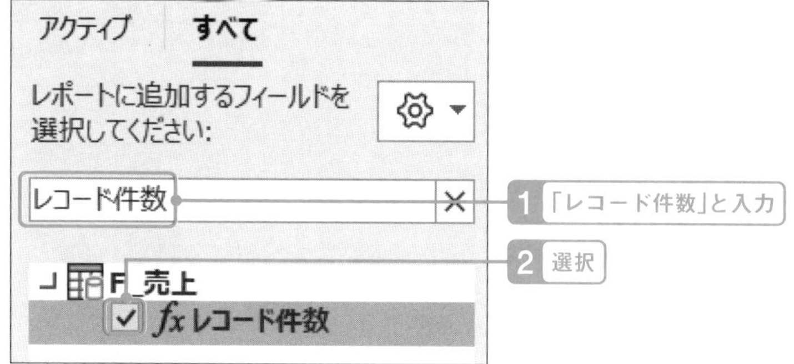

「商品カテゴリー」ごとのレコード件数が表示されました。

行ラベル	レコード件数
飲料	1,712
菓子	1,571
雑貨	1,549
食料品	2,036
総計	**6,868**

◎メジャーの中で行われている処理について

ここで登場したSUMX関数は「集計関数」と呼ばれ、「テーブル」と「式」の2つの引数を取ります。そして、「テーブル」の行の数だけ「式」を実行し、最終的にそれらを合計します。今回は、テーブルに「F_売上」を、式に「1」を指定しているので、F_売上の行数だけ「1」を合計した結果、つまりレコード件数を数える式になっています。

このとき、データモデルには以下のリレーションシップが定義されています。

G_商品カテゴリー→G_商品→F_売上

このリレーションシップに基づいて「データを集めてくる処理」が密かに実

行されています。その結果、各行は「商品カテゴリー」ごとに絞り込まれたF_売上のサブグループを対象にレコード件数が集計されています。

③データのサブセットを「1つの値」に変換する

先ほど作成したメジャーを一部変更して「販売数量合計」を計算します。

▶ [fxレコード件数] を右クリック→ [メジャーの編集…] を選択

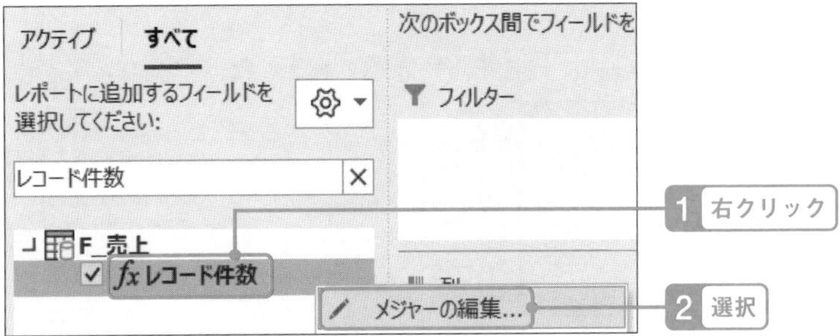

▶ [メジャーの名前] に「販売数量合計」と入力

▶ [数式] に以下の式を入力

```
= SUMX('F_売上', 'F_売上'[販売数量])
```

▶ [OK] をクリック

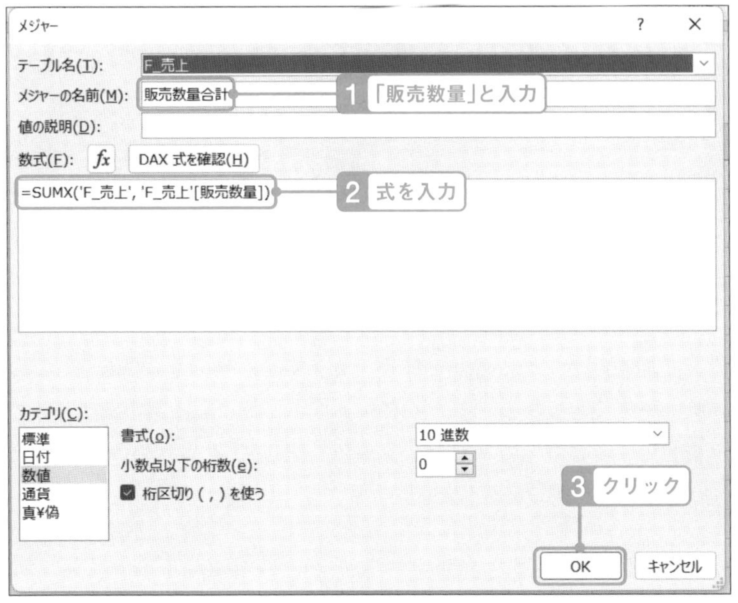

商品カテゴリーごとの「販売数量合計」が集計されました。

行ラベル	販売数量合計
飲料	26,482
菓子	24,585
雑貨	23,492
食料品	31,459
総計	**106,018**

SUMX関数の第2引数にF_売上［販売数量］列を指定することで、それぞれの「商品カテゴリー」を代表する「1つの値」、つまり「販売数量合計」として表現しています。

4 DAXクエリで集計する

今度は、「DAXクエリ」を使って同じ集計をします。1つの値を作るメジャーと異なり、DAXクエリは行と列から構成されるテーブルを作ります。先ほど作成したピボットテーブルを表として作るイメージです。

DAXクエリでテーブルを可視化することでピボットテーブルとメジャーによる集計の背後で何が起きているのかを体感できます。最初のうちはどうしても一足飛びにメジャーを使って集計をしたくなりがちですが、未経験のシナリオでも正しい式を書けるようになるためには、メジャーとDAXクエリの両輪を修得することが必須です。

ExcelでDAXクエリを実行する

ExcelでDAXクエリを実行するには少し変則的な手順を踏みます。まずは単純にテーブルの中身をそのまま表示することから始めましょう。

※なお、ExcelでDAXクエリを実行すると、以後その他のテーブルのパワークエリによる更新が停止することがあります。その場合、以下の手順で作成したダミークエリの結果のシートを削除すると元に戻ります。ダミークエリを使用する手順は学習用にのみ使って下さい。

◎ダミーのクエリを作成する

ExcelでDAXクエリを実行するには、まずパワークエリを使ってダミーのクエリを作成するところから始まります。

▶ 新しいシートを追加する→「A1」セルにカーソルを置く

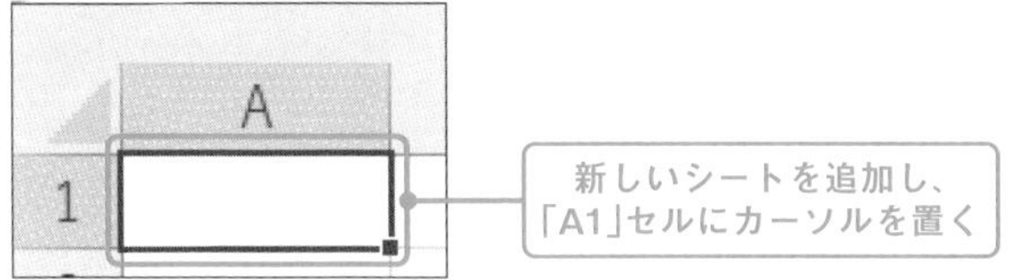

▶ ［データ］タブ→［テーブルまたは範囲から］を選択

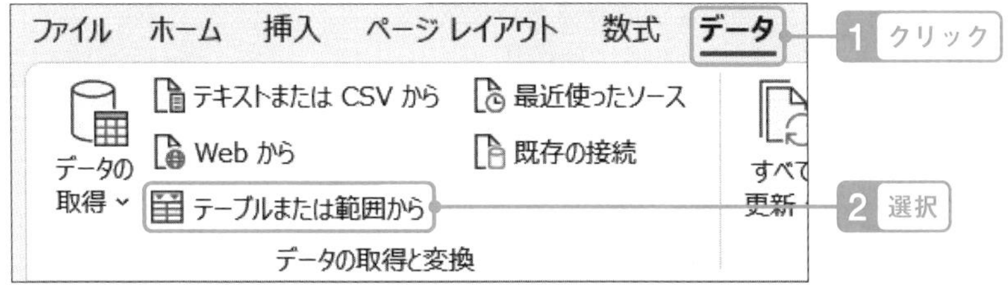

▶ ［テーブルの作成］→［OK］をクリック

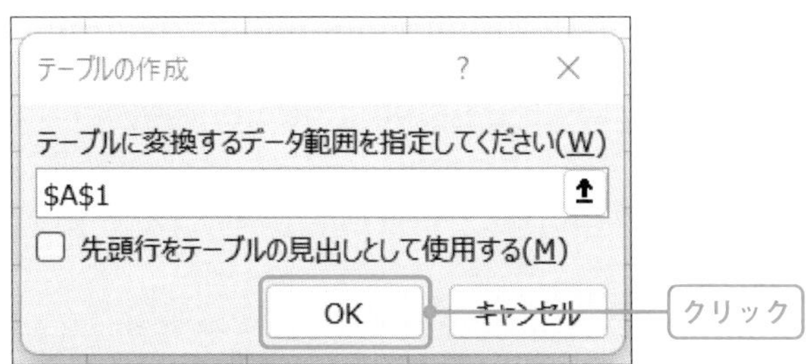

▶ ［閉じて読み込む］→［閉じて次に読み込む…］を選択

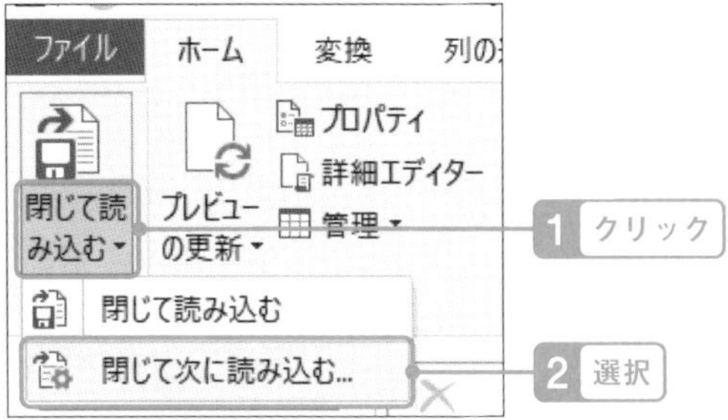

▶「このデータをデータモデルに追加する」にチェック→［OK］をクリック

データのインポート　?　×

このデータをブックでどのように表示するかを選択してください。

テーブル(T)

ピボットテーブル レポート(P)

ピボットグラフ(C)

接続の作成のみ(O)

データを返す先を選択してください。

既存のワークシート(E):

=A1

新規ワークシート(N)

このデータをデータ モデルに追加する(M)

プロパティ(R)...　OK　キャンセル

1 チェック

2 クリック

これで新しいシートにダミーのクエリができました。

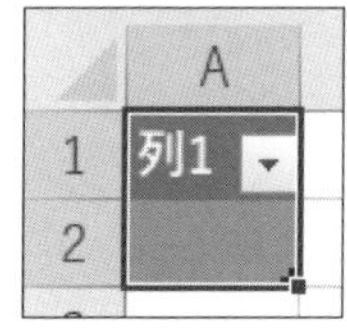

◎DAXクエリを実行する

ダミーのクエリで作ったテーブルから、DAXクエリを実行します。

▶ A1セルにカーソルを置く

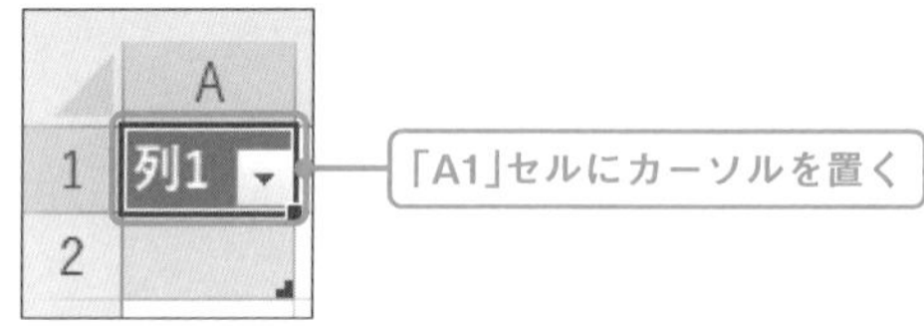

▶ 右クリック→［テーブル］→［DAXの編集］を選択

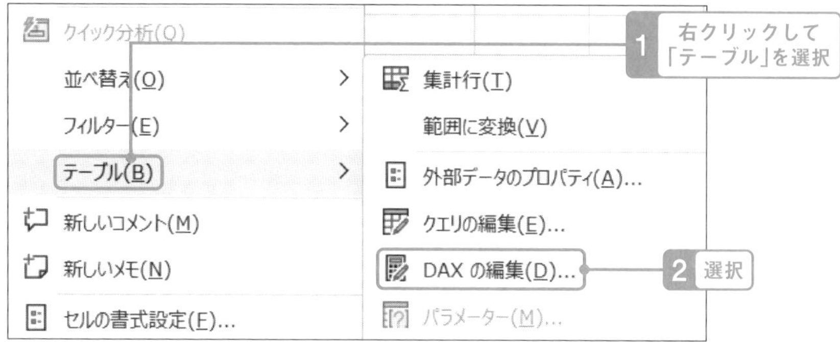

▶ ［コマンドの種類］を［DAX］に変更→［式］に以下の式を入力→［OK］をクリック

```
EVALUATE
'F_売上'
```

式を入力するときは、全角と半角に注意して入力してください。特に「'（シングルクォーテーション）」の入力と全角スペースに気を付けてください。

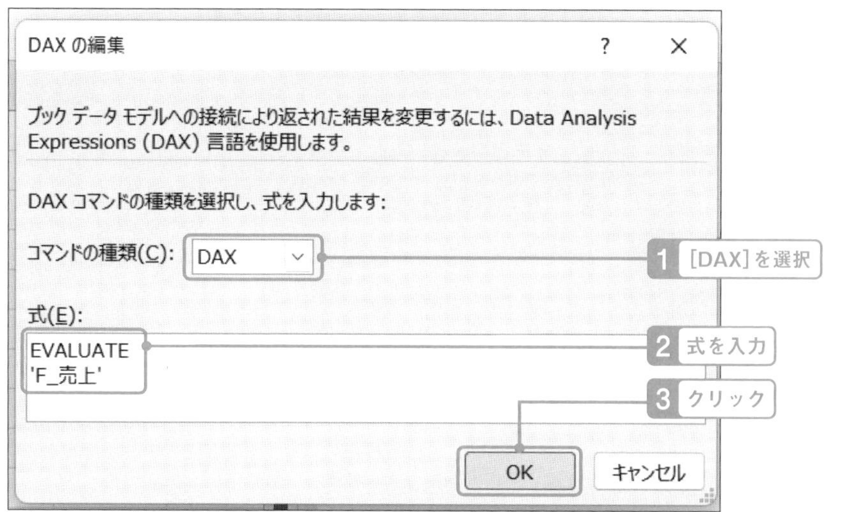

データモデルの「F_売上」テーブルがそのまま表示されます。

1	受注番号	受注明細番号	顧客ID	商品ID	支店ID	顧客担当社員ID
2	20230320001	1	C0006	P0002	B003	E004
3	20221223002	1	C0030	P0001	B003	E003
4	20221209004	1	C0028	P0034	B003	E004

◎DAXクエリとEVALUATEキーワードについて

DAXクエリは「EVALUATE」というキーワードから始まり、その後に続くテーブルを返す式を記述します。メジャーは「1つの値」を返しますが、DAXクエリはテーブルを返す点が異なります。今回は、関数を使わずテーブル名のみをそのまま記述したため、テーブルそのものが出力されています。

①集計単位の「商品カテゴリー」を並べる

今度はDAXクエリを使って集計単位を作ります。DAXクエリの結果が表示されているテーブルにカーソルを置き、先ほどの手順で［DAXの編集］画面を開いて、以下の式に書き変えます。

```
EVALUATE
VALUES('G_商品カテゴリー'[商品カテゴリー])
```

G_商品カテゴリー［商品カテゴリー］が並びます。

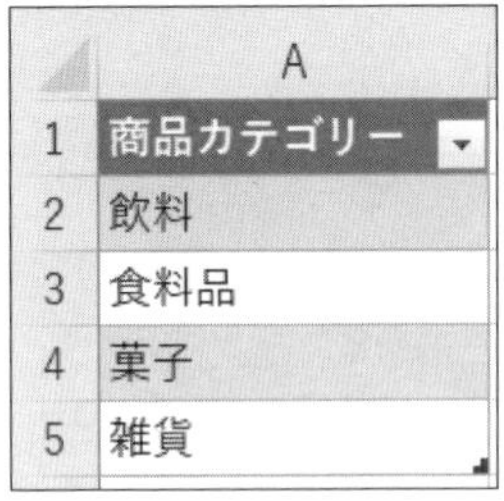

	A
1	商品カテゴリー
2	飲料
3	食料品
4	菓子
5	雑貨

◎VALUES関数について

VALUES関数は引数としてテーブルまたは列名を1つだけ取り、重複のないユニークな値のテーブルを出力します。

②集計単位ごとにデータを集めてくる

続いて、用意した集計単位の商品カテゴリーごとにF_売上のサブグループを作ります。サブグループが正しく作られたかは前回同様レコード件数で確認します。

DAXクエリで列を追加するにはADDCOLUMNS関数を使います。DAXクエリの式を以下のように書き換えてください。

```
EVALUATE
ADDCOLUMNS(
    VALUES('G_商品カテゴリー'[商品カテゴリー]),
    "レコード件数", SUMX('F_売上', 1))
```

すると、ピボットテーブルとは異なる結果になりました。

	A	B
1	商品カテゴリー	レコード件数
2	飲料	6868
3	雑貨	6868
4	菓子	6868
5	食料品	6868

行ラベル	レコード件数
飲料	1,712
菓子	1,571
雑貨	1,549
食料品	2,036
総計	**6,868**

DAXクエリの結果で表示された「6868」は、商品カテゴリーごとではなく、F_売上テーブル全体のレコード件数です。つまり、「集計単位ごとにデータを集めてくる」というステップが失敗しています。

次に、式を以下のように書き変えてください。異なる点はSUMX関数をCALCULATE関数で囲んだ点のみです。

```
EVALUATE
ADDCOLUMNS(
        VALUES('G_商品カテゴリー'[商品カテゴリー]),
        "レコード件数", CALCULATE(SUMX('F_売上', 1)))
```

商品カテゴリー	レコード件数
飲料	1712
食料品	2036
菓子	1571
雑貨	1549

今度は正しく商品カテゴリーごとのレコード件数が集計されました。

CALCULATE関数は用意した集計単位を使って、データモデルからサブグループを作ります。それでは、なぜピボットテーブルで作成したメジャーではCALCULATE関数を使っていなかったのに正しく動作したのでしょうか？　実はすべてのメジャーは見えないところでCALCULATE関数を自動的に追加しているのです。つまり、[fxレコード件数] メジャーは自動的に以下の式に書き換えられています。

```
レコード件数 = CALCULATE(SUMX('F_売上', 1))
```

CALCULATE関数については後ほど詳しい説明をしますが、ここでは**CALCULATE関数があって初めて、集計単位に沿ったデータを集められる**ということを覚えておいてください。

③サブグループを「1つの値」に変換する

最後にサブグループごとに「販売数量合計」を計算します。DAXクエリを以下の式に書き換えます。

```
EVALUATE
ADDCOLUMNS(
      VALUES('G_商品カテゴリー'[商品カテゴリー]),
      "販売数量合計", CALCULATE(SUMX('F_売上', 'F_売上'[販売数量])))
```

商品カテゴリーごとの販売数量合計が集計できました。

商品カテゴリー	販売数量合計
飲料	26482
食料品	31459
菓子	24585
雑貨	23492

◎DAXクエリでメジャーを呼び出す

DAXクエリでメジャーを参照することもできます。DAXクエリを以下の式に書き換えて「販売数量合計」メジャーを実行します。

```
EVALUATE
ADDCOLUMNS(
    VALUES('G_商品カテゴリー'[商品カテゴリー]),
    "販売数量合計", [販売数量合計])
```

先ほど説明した通りメジャーには自動的にCALCULATE関数が追加されるため、DAXクエリで呼び出した場合も正しく集計を行います。

商品カテゴリー	販売数量合計
飲料	26482
食料品	31459
菓子	24585
雑貨	23492

DAXで集計するときに何が起きているか？（式の「評価」）

以下、DAXクエリを使った集計のプロセスを振り返ります。

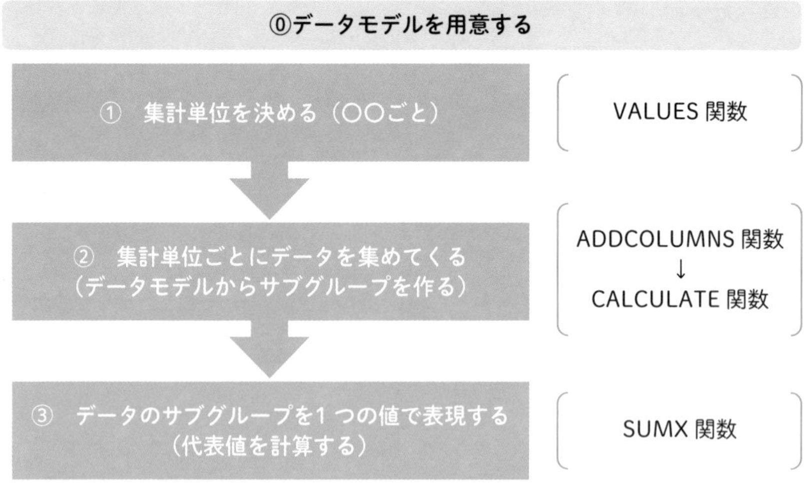

⓪データモデルを用意する

① 集計単位を決める（〇〇ごと）	VALUES 関数
② 集計単位ごとにデータを集めてくる（データモデルからサブグループを作る）	ADDCOLUMNS 関数 ↓ CALCULATE 関数
③ データのサブグループを1つの値で表現する（代表値を計算する）	SUMX 関数

図2-2 DAXクエリを使った集計のプロセス

つまり、データモデルという下地を作ったら、集計単位を決め、それぞれの集計単位ごとのサブグループを用意し、最終的に「1つの値」として集計しました。

メジャーであれDAXクエリであれ、Excelが式を理解して実行することを「評価（Evaluate)」といいます。そして、評価するときの式の一部を「評価環境(Evaluation Context)」といいます。この評価環境は「行参照環境（Row Context)」と「フィルター環境（Filter Context)」の2つに分類されます。

行参照環境は個々の行データを扱います。それに対してフィルター環境はデータモデルを元に用意したデータの集まり（サブグループ）を扱います。CALCULATE関数は行参照環境の条件を使ってデータモデルに絞り込みをかけたフィルター環境を作り出します。例えば、「商品カテゴリー」が「雑貨」である行でCALCULATE関数を使うと、「商品カテゴリー＝雑貨」という条件で絞り込んだサブグループを作り出します。このことを「環境移行（Context Transition)」といいます。

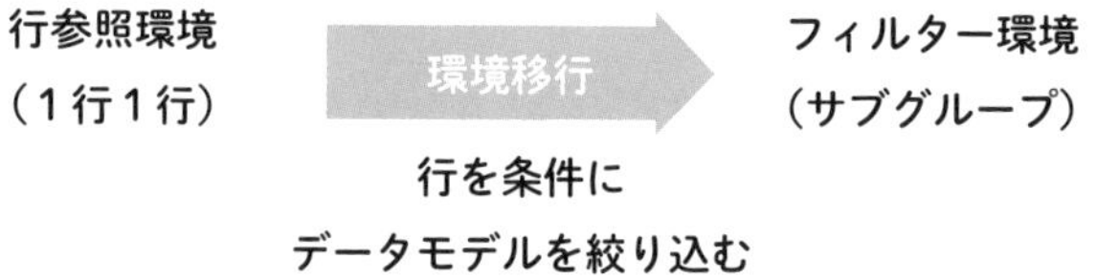

図2-3　環境移行

ここで式のプロセスを振り返ってみます。①のステップでVALUES関数を使って「商品カテゴリー」のユニークな組み合わせのテーブルを作成した後、②のステップでADDCOLUMNS関数で「飲料」から「食料品」までの1行1行に処理を繰り返しています。ここが行参照環境です（ちなみに、テーブルの1行1行に対し、行参照環境で処理していく関数のことを「イテレーター(Iterator)関数」と呼びます)。

ここでCALCULATE関数を使用する前後で集計結果が異なっていたことを思い出してください。最初CALCULATE関数を使用せずにSUMX関数を使ったとき、F_売上のサブグループは用意されませんでした。その後CALCULATE関数を使うと、各行の行参照環境に与えられた条件、すなわち「商品カテゴリー」ごとのサブグループが正しく作られました。つまり、**ADDCOLUMNSというイ**

テレーター関数が用意した行参照環境の各行が、CALCULATE関数によって「フィルター環境」に変化し、それと同時に行参照環境の条件を元にサブグループが用意されました。これが環境移行です。CALCULATE関数は環境移行を行う唯一の関数であり、これにより絞り込みを受けたデータの集まりの部分がフィルター環境です。

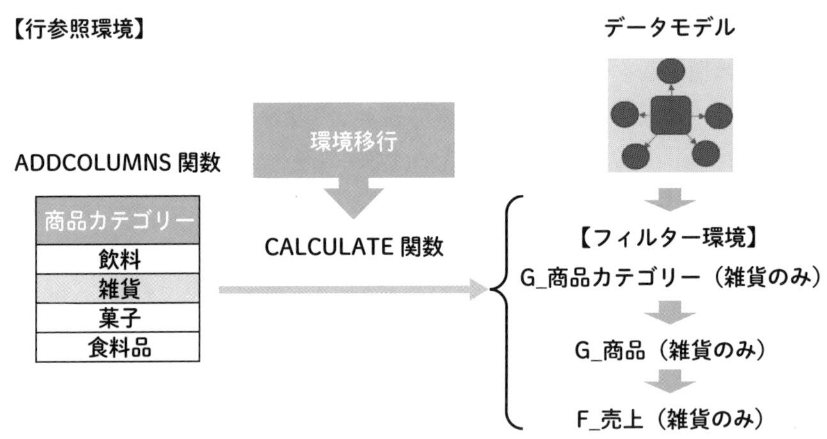

図2-4　商品カテゴリーごとに「販売数量合計」を求めるプロセス

DAXではこのようにして、下地となるデータモデルを元に、①集計単位を作り、②サブグループを用意して集計の土台を作っています。

DAXをマスターする上で重要なことは、今書いている式の部分がこの2つの環境のどちらであるかを意識することです。ここを曖昧にしたまま何となく式を書いていると必ず壁にぶつかります。そのため、本書ではこの2つを理解する上で有効なDAXクエリを冒頭に持ってきています。

行参照環境とフィルター環境の違いを検証

行参照環境とフィルター環境の違いをDAX式を使いながら検証しましょう。

◎「行参照環境」では同じ行の他の列を参照できる

行参照環境の特徴はテーブルの「今参照している行のデータ」を扱うという

ことです。以下のDAXクエリを実行してください。

```
EVALUATE
ADDCOLUMNS(
    'G_商品カテゴリー',
    "ID名称",
    'G_商品カテゴリー'[商品カテゴリーID] & " " &
    'G_商品カテゴリー'[商品カテゴリー])
```

式の網掛け部分はCALCULATE関数を使用していないので行参照環境となります。結果を見ると、「ID名称」列にはそれぞれの行の「商品カテゴリーID」と「商品カテゴリー」列の文字列を結合したテキストが表示されています。

	A	B	C
1	商品カテゴリー	商品カテゴリーID	ID名称
2	飲料	PC01	PC01 飲料
3	雑貨	PC02	PC02 雑貨
4	菓子	PC03	PC03 菓子
5	食料品	PC04	PC04 食料品

◎「フィルター環境」では同じ行の他の列を参照できない

フィルター環境の特徴はデータモデルから作られた「データの集まりを扱う」ということです。行参照環境はテーブルの1行を扱うため、同じ行の列の他の値とは1：1の関係があるのでそのまま参照できます。それに対してフィルター環境は、基本的に行に対して「1：多」の集まりです。

その違いを確認するため、先ほどの式にCALCULATE関数を追加してフィルター環境で実行してみます。DAX式を以下の式に書き換えてください。

```
EVALUATE
ADDCOLUMNS(
    'G_商品カテゴリー',
    "ID名称",
```

```
CALCULATE(
    'G_商品カテゴリー'[商品カテゴリーID] & " " &
    'G_商品カテゴリー'[商品カテゴリー]))
```

実行すると以下のエラーメッセージが表示されました。

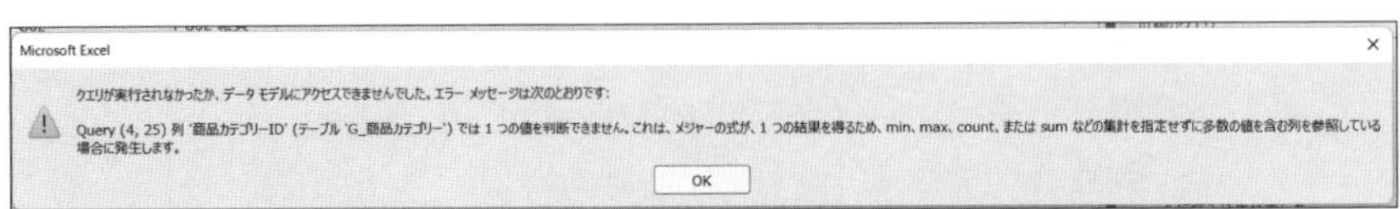

「Query(4,25)列'商品カテゴリーID'(テーブル'G_商品カテゴリー')では1つの値を判断できません。**これは、メジャーの式が、1つの結果を得るため、min、max、count、またはsumなどの集計を指定せずに多数の値を含む列を参照している場合に発生します。**」と表示されています。

これはCALCULATE関数の（ ）で囲まれた内側がフィルター環境であり、複数行の値を含んでいるため集計関数などで「1つの値」にする必要があるという旨です。つまりフィルター環境を出力するには最終的に集計関数で「1つの値」にする必要があります。

なお、環境移行は常に「行参照環境→フィルター環境」の方向でのみ行われます。1行の値を元にデータを絞り込むことはできても、データの集まりから1行を特定することはできないためです。

［第3章］

DAXの基礎

パワーピボットで集計する仕組みを理解したので、ここからDAXの基本の文法を身に付けます。

本書の最終的なゴールは、ピボットテーブルの中で集計を行うメジャーを書くことです。メジャーを正しく書けるようになるためには、その背後にある「データの集まり」＝テーブルをしっかりイメージできることが前提です。

その観点から、まずDAXクエリを通じてデータモデルの中をテーブルとして出力する方法を身に付けます。集計対象の「サブグループ」をDAXクエリでイメージできるようになると、決まったパターンだけでなく、自分の頭で新しく思い描いた集計ができるようになるので、ぜひ手を動かして進めてください。

1 DAXクエリを実行するにあたって

Excelのデータで DAXクエリを実行するには、すでに前の章で紹介したダミーテーブルを使う方法の他にDAX Studioを使う方法があります。本書では前述の方法を中心に扱いますが、ここでは実行に便利なDAX Studioのインストールと使い方について紹介します。このツールを使うと、前述したダミークエリによってパワークエリが停止する問題を回避できます。

1
2
3

DAX StudioでDAXクエリを実行する

SQL BI社が提供しているExcelアドインの「DAX Studio」を使ってDAXクエリを実行します。DAX StudioはDAXクエリを実行するだけでなく、インテリセンスという入力補助機能や、DAX式の自動整形、エラーの自動特定機能ができますのでとても便利です。

◎DAX Studioのインストール

DAX Studioをインストールします。ダウンロード時期によっては、バージョンが本書に記載のものと異なることがあります。

▶ https://daxstudio.org/にアクセス→「Dax Studio v……(Installer)」をクリック

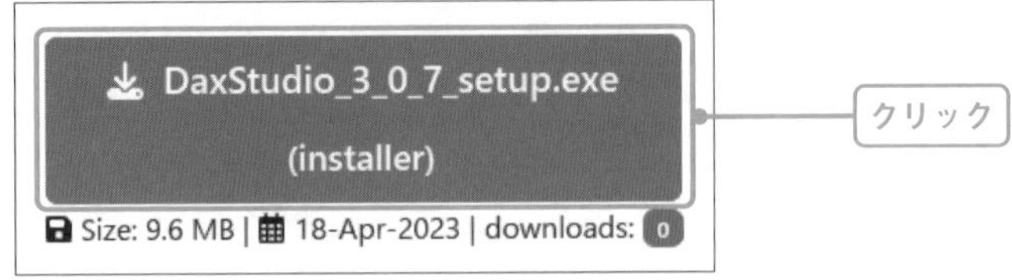

▶ ダウンロードしたインストーラーを実行

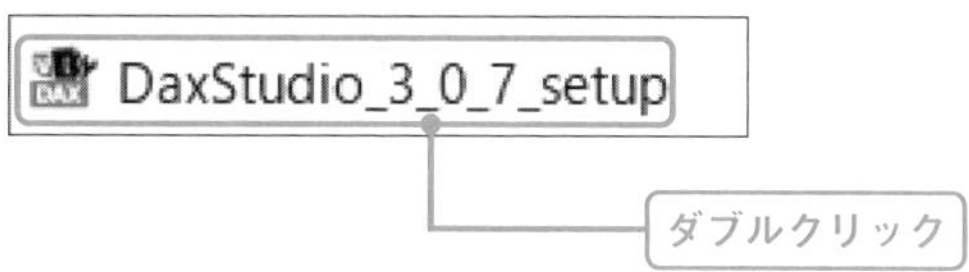

▶「このアプリがデバイスに変更を加えることを許可しますか?」→［はい］を選択

▶［Next］をクリック

▶［Install］をクリック

▶［Finish］をクリック

▶「Connect」で［Cancel］をクリック

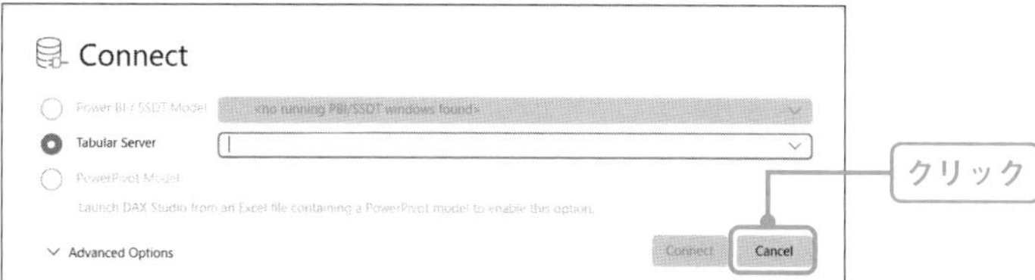

▶［×］でいったんウィンドウを閉じる

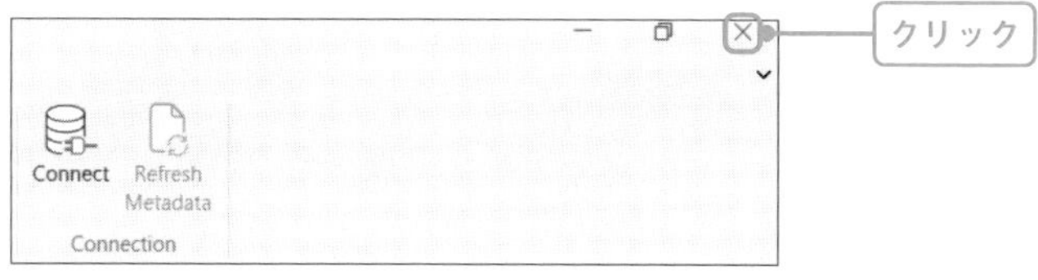

◎DAX StudioでExcelファイルを開く

データモデルが定義されたExcelファイルを開き、Dax Studioを実行します。

▶ データモデルにデータが取り込まれているExcelファイルを起動→［アドイン］→［Dax Studio］をクリック

▶ ［Power PivotModel］が選択されているのを確認「Connect」をクリック

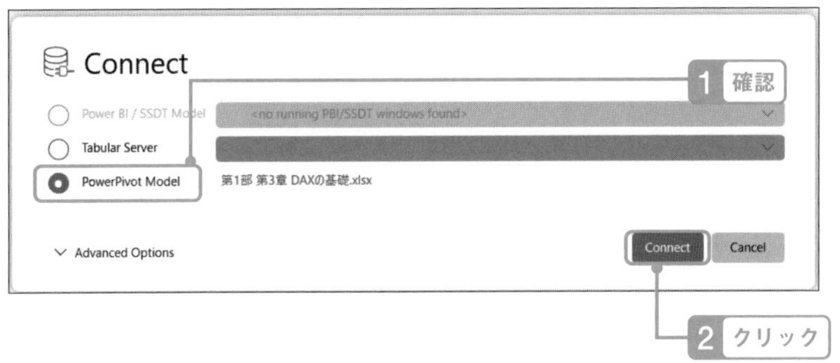

※このとき、Excelファイルの中にデータモデルが定義されていないと以下のようなエラーが表示されます。

▶ 左側の「Metadata」ペインにデータモデル内のテーブルが表示されていることを確認

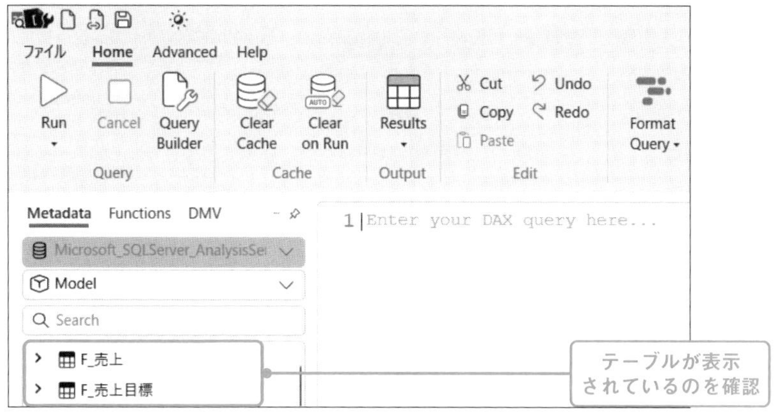

◎DAX StudioでDAXクエリを実行する

Dax StudioでDAX式を実行します。Dax Studioで実行する式はメジャーではなく、テーブルを返すDAXクエリになります。

▶ 中央に式を入力（今回は以下の式を入力）→左上の［Run］をクリック

```
EVALUATE 'F_売上'
```

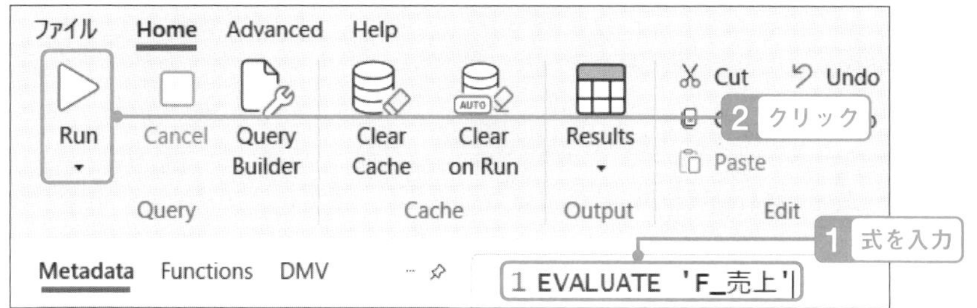

▶ 画面下「Results」に結果のテーブルが表示される

Log　**Results**　History

受注番号	受注明細番号	顧客ID	商品ID	支店ID	顧客担当社員ID	商品担当社員ID
20230320001	1	C0006	P0002	B003	E004	E006
20221223002	1	C0030	P0001	B003	E003	E006
20221209004	1	C0028	P0034	B003	E004	E006

▶ 画面上の［Format Query］をクリックすると、DAX式が整形される

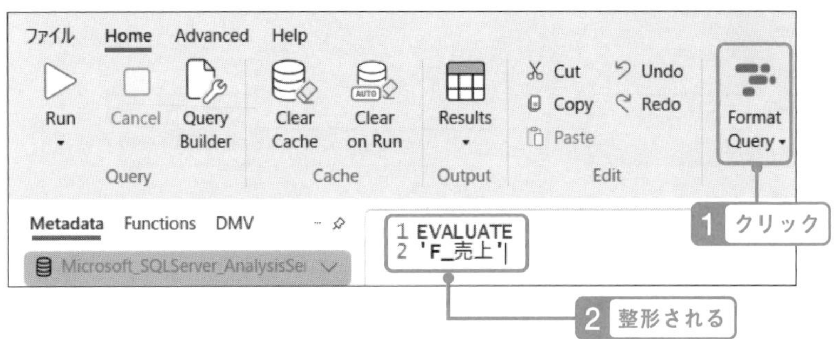

式にエラーがあると以下のように赤く表示されます。この例では、EVALUATEの後ろに全角スペースが存在することを示しています。

DAX FormatterによるDAX式の整形とデバッグ

DAX式は改行やスペースの位置を揃えると構造が理解しやすくなります。式の整形には、SQL BI社のDAX Formatterをお勧めします。

https://www.daxformatter.com/

例えば以下のようなDAX式があったとします。

```
EVALUATE ADDCOLUMNS(VALUES('G_商品カテゴリー'[商品カテゴリー]),
"販売数量合計", [販売数量合計])
```

この式をDAX Formatterに張り付けて［FORMAT］をクリックすると、以下のように式を整形することができます。式が整形されたら［COPY］をクリックしてExcelに張り付ければ完成です。

また、式の文法的なエラーも自動で特定してくれます。以下はADDCOLUMNS関数の前に全角スペースが含まれていた場合のエラーです。エラー個所を直したら、再び［FORMAT］をクリックして式を確認できます。

```
EVALUATE
  ADDCOLUMNS (
    VALUES ( 'G_商品カテゴリー'[商品カテゴリー] ),
    "販売数量合計", [販売数量合計]
)
```

DAX FORMATTER

BUG REPORT

Invalid character: '　'. at line 2, col 1

Are you using a supported syntax?

2 データモデルに接続しないテーブルを作る

まずはウォーミングアップとして、データモデルにアクセスせずにDAX式だけで人工的なテーブルを作ります。式のテストや学習目的で便利なテクニックです。

式の入力はキーボードで手入力してもよいですし、サンプルファイルの式をコピーして貼り付けても構いません。手入力するときはスペースや記号が全角にならないように注意してください。式がエラーで実行できない場合はDAX Formatterを使ってエラーの場所を特定するか、サンプル式と比較してください。

テーブルコンストラクターでテーブルを作る

テーブルを作るには「テーブルコンストラクター」の {} を使います。

◎1行1列のテーブル

以下の式をDAXクエリで実行し、現在の日付を表示します。

```
EVALUATE
{TODAY()}
```

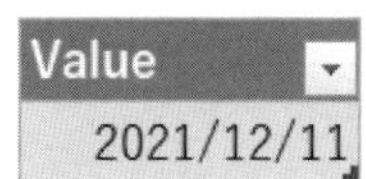

Value
2021/12/11

※テーブルコンストラクターで1列のテーブルを作成したときは、列名は自動的に「Value」になります。

◎複数行1列のテーブル

複数の値を1つの列に出力するには値を「,」で区切ります。

```
EVALUATE
{"東京本社", "名古屋支店", "大阪支店"}
```

◎複数行複数列のテーブル

複数行複数列のテーブルを作るには、それぞれの行のレコードを（ ）で囲み、列を「,」で区切ります。

```
EVALUATE
{(11,12,13), (21,22,23)}
```

コメントの指定

DAXではコメントを追加することができます。コメントとして指定された部分は式の中では無視されるます。式の一部を無効にしたり、式の中身や目的を説明するために使用します。

コメントを書くには2つの方法があります。

◎「//」で1行のみ無効にする

「//」は1行だけ無効にします。なお、ROW関数は列名付きの1行データを作ります。

```
EVALUATE
ROW(
    // 件数
    "件数", SUMX({1, 2, 3}, 1),
    // 合計
    "合計", SUMX({1, 2, 3}, [Value])
)
```

◎「/*」と「*/」で囲んだ部分を無効にする

「/*」と「*/」で囲んだ部分は複数行にまたがって無効になります。

```
EVALUATE
ROW(
    /*
    "件数", SUMX({1, 2, 3}, 1),
    "合計", SUMX({1, 2, 3}, [Value])
    */
    // 平均
    "平均", AVERAGEX({1, 2, 3}, [Value])
)
```

3 データ型と演算

DAXのデータ型には以下のものがあります。それぞれ実際の式で使用しながら動作を確認します。

データ型	内容
整数（Integer）	小数点以下を含まない数値
10 進数（Decimal）	小数点以下を含む数値
文字型（String）	Unicode文字データ文字列
真偽値（Boolean）	TRUEまたはFALSE
日付（Date Time）	許容された日付時刻表現による日付および時刻
通貨（Currency）	通貨データ型
空白	空白。BLANKとしてのデータ

表3-1　DAXのデータ型

整数・実数型の式

整数・実数型の式は四則演算、その他の計算が可能です。

◎整数と実数

整数と実数は「"」を使わずにそのまま数字を書きます。

```
EVALUATE
{
    1,
    2.5,
    -5
}
```

◎整数と実数の計算

整数と実数の計算もそのまま式を書きます。

```
EVALUATE
{
    1 + 1, 1 + 2.5, 10-5,
    2 * 3, 10 / 3, 10 ^ 3
}
```

◎数値型についての関数

数値型に関する関数の例です。

```
EVALUATE
{
    // 絶対値を返す
    ABS(-10),
    // 小数点第1位で丸める
    ROUND(10.5, 0),
    // 実数を整数値にして返す。小数点以下は切り捨てる
    INT(10.5)
}
```

◎0で除算した場合のエラー処理

数値型データ0またはブランクで除算するとエラーになります。そのため、DAXで割り算を行う場合はDIVIDE関数を使用してエラー処理を入れるのが一般的です。DIVIDE関数の第3引数にエラー時の結果を記述できますが、これを省略するとブランクになります。

```
EVALUATE
{
    2 / 0,
```

```
    2 / BLANK(),
    DIVIDE(2, 0),
    DIVIDE(2, 0, "ERROR")
}
```

文字列の式

文字列データの場合、データの前後を半角の「"」で囲います。

◎文字列型の式

基本的な文字列の式です。

```
EVALUATE
{
    // ""で囲むと文字
    "これが文字",
    // & で文字列をつなげることができる
    "DAX" & "太郎",
    // 数字も""で囲むと文字列扱いになる
    "123"
}
```

◎文字列型の関数

文字列関数の例です。

```
EVALUATE
{
    // 左側の一部を抽出
    LEFT("ABCDEF", 2),
    // 右側の一部を抽出
    RIGHT("ABCDEF", 2),
```

```
    // 途中から一部を抽出
    MID("ABCDEF", 2, 3),
    // 文字の長さを取得
    LEN("ABCDEF"),
    // 特定の文字列の位置を返す
    SEARCH("DE", "ABCDEF"),
    // 日付時刻型を文字列型に変換
    FORMAT(NOW(),"yyyy年m月d日 hh:nn:ss AMPM")
}
```

3

真偽型の式

真偽型はTRUEまたはFALSEのいずれかを返します。真偽型は後述するFILTER関数でテーブルを絞り込み、データのサブグループを作る上でとても重要です。

◎真偽式の結果

式の中で真と偽を記述する場合、TRUE、FALSEの後ろに（）を付けます。

```
EVALUATE
{
    TRUE(),
    FALSE()
}
```

◎数値の比較

数値の比較を行うと、「=」、「<」、「>」、「<>」といった比較演算子の結果として真偽型が返されます。

```
EVALUATE
{
```

```
    2 = 2,
    2 > 2,
    2 >= 2,
    1 <> 2
}
```

◎ブランクは「0」として扱われる

比較するとき、ブランクは数値の0と同じ値として扱われます。

```
EVALUATE
{
     1 > BLANK(),
    -1 < BLANK(),
     0 = BLANK()
}
```

◎文字列の比較

文字列の比較も同様に不等号で行います。

```
EVALUATE
{
    // 文字列の比較(一致)
    "真" = "真",
    // 文字列の比較(不一致)
    "真" <> "真"
}
```

◎複数の条件の組み合わせ

論理演算子を使うと、複数の条件をまとめて検証することができます。「&&」を使うと両方の条件を満たすとき（AND条件)、「||」を使うといずれかの条件を満たすとき（OR条件）に真となります。(）で括ると、その全体で条件判定

を行います。

```
EVALUATE
{
    // 両方の条件が成立するときのみ真
    "東京都" = "東京都" && "東京都" = "大阪府",
    // どちらかの条件が成立するとき真
    "東京都" = "東京都" || "東京都" = "大阪府",
    // ()で括って1つの条件にできる
    ("東京都" = "東京都" && "東京都" = "大阪府")||("東京都" =
    "東京都" || "東京都" = "大阪府")
}
```

◎NOT否定演算子を使った条件判定

NOTを使うと、真偽の逆の結果を返します。NOTは直後の条件式のみにかかるので、「&&」や「||」と組み合わせるときには注意が必要です。

```
EVALUATE
{
    NOT "東京都" = "東京都",
    NOT "東京都" = "東京都" && "東京都" = "大阪府",
    NOT("東京都" = "東京都" && "東京都" = "大阪府")
}
```

◎IN論理演算子を使った複数条件判定

IN演算子で複数の値リストに含まれているかどうかを判定できます。

```
EVALUATE
{
    "東京都" IN {"北海道", "宮城県", "東京都"},
    "東京都" IN {"北海道", "宮城県", "大阪府"}
```

```
}
```

◎IF関数による条件文

条件文は真偽式の結果を元に、結果の処理を選択させる式です。IF関数は、第1引数に条件式、第2引数に真のときの、第3引数に偽のときの式が記述されます。第3引数を省略するとブランクを返します。

```
EVALUATE
{
    IF(10 > 1, "真のとき実行", "偽のとき実行"),
    IF(10 < 1, "真のとき実行", "偽のとき実行"),
    IF(10 < 1, "真のとき実行")
}
```

日付時刻型の式

日付時刻の計算を行います。

◎日付と日付時刻型データの出力

日付の基本的な関数は以下になります。

```
EVALUATE
{
    // 今の日付データを取ってくる。時間は00:00
    TODAY(),
    // 今の日付と時間のデータを取ってくる
    NOW(),
    // 日付のみを設定
    DATE(2022, 5, 1),
    // 時刻のみを設定
    TIME(10, 15, 30),
```

```
    // 日付と時刻を加算
    DATE(2022, 5, 1)+ TIME(10, 15, 30)
}
```

◎日付と日付時刻型データから情報を抽出

日付時刻情報から一部のデータを抽出します。

```
EVALUATE
{
    // 年
    YEAR(NOW()),
    // 月
    MONTH(NOW()),
    // 日
    DAY(NOW()),
    // 時
    HOUR(NOW()),
    // 分
    MINUTE(NOW()),
    // 秒
    SECOND(NOW()),
    // 曜日(1が日曜日)
    WEEKDAY(NOW()),
    // 1年の曜日番号
    WEEKNUM(NOW())
}
```

テーブルとテーブルの集合演算

テーブルとテーブルを集合演算で組み合わせることができます。
今回はテーブルコンストラクターで疑似的にテーブルを作り動作を確認しま

すが、実際にはFILTER関数などで条件を満たすテーブルを作って、それぞれを組み合わせます。

◎テーブルとテーブルを足す：UNION関数

UNION関数は、2つのテーブルを結合して両方のデータを含むテーブルを作ります。この集合を「和集合」といいます。

```
EVALUATE
UNION(
    {"赤ワイン", "白ワイン"},
    {"ミネラルウォーター", "オレンジジュース"}
)
```

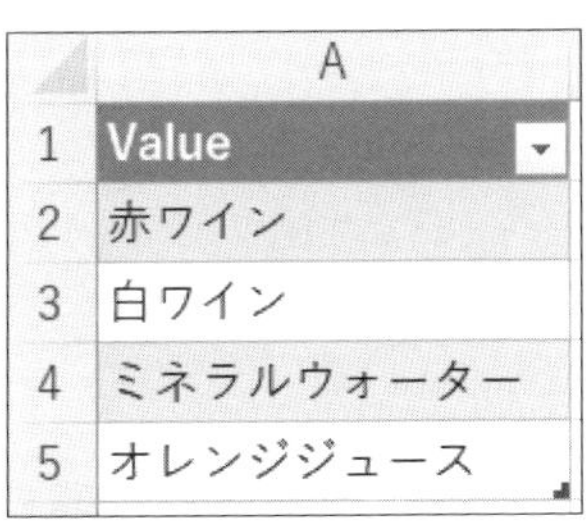

	A
1	Value
2	赤ワイン
3	白ワイン
4	ミネラルウォーター
5	オレンジジュース

以下の「ミネラルウォーター」「白ワイン」のように、両方のテーブルに同じ値がある場合は重複したデータを持つテーブルが作られます。

```
EVALUATE
UNION(
    {"赤ワイン", "白ワイン", "ミネラルウォーター"},
    {"ミネラルウォーター", "オレンジジュース", "白ワイン"}
)
```

	A
1	Value
2	赤ワイン
3	白ワイン
4	ミネラルウォーター
5	ミネラルウォーター
6	オレンジジュース
7	白ワイン

重複したデータ

重複した値を統合する場合は、DISTINCT関数を使います。

```
EVALUATE
    DISTINCT(
      UNION(
        {"赤ワイン", "白ワイン", "ミネラルウォーター"},
        {"ミネラルウォーター", "オレンジジュース", "白ワイン"}))
```

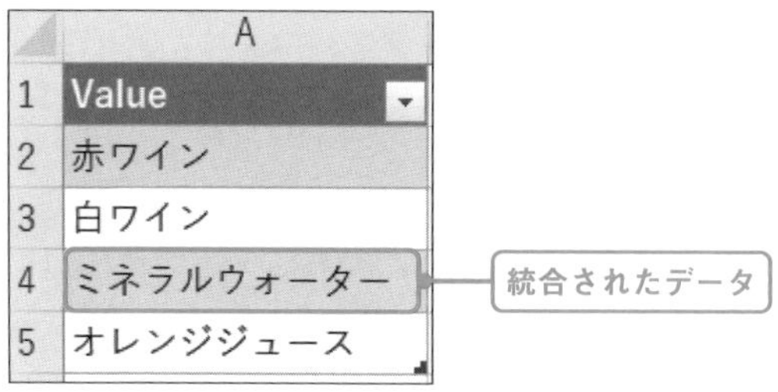

	A
1	Value
2	赤ワイン
3	白ワイン
4	ミネラルウォーター
5	オレンジジュース

◎両方テーブルに共通する値を残す：INTERSECT関数

INTERSECT関数は、両方に共通する値のテーブルを返します。この集合を「積集合」といいます。以下の例では両方のテーブルに共通する「白ワイン」と「ミネラルウォーター」のテーブルが作られます。

```
EVALUATE
INTERSECT(
    {"赤ワイン", "白ワイン", "ミネラルウォーター"},
```

```
    {"ミネラルウォーター", "オレンジジュース", "白ワイン"})
```

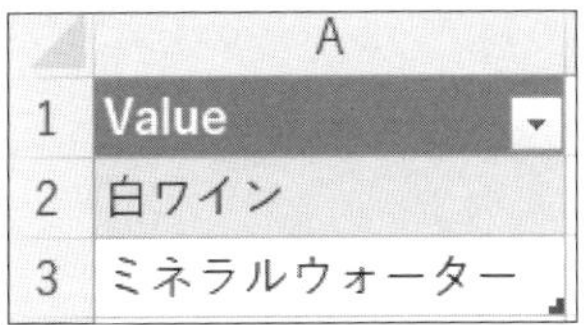

	A
1	Value
2	白ワイン
3	ミネラルウォーター

◎テーブルとテーブルの引き算をする：EXCEPT関数

EXCEPT関数は1つ目のテーブルから2つ目のテーブルに登場する値を除外したテーブルを作ります。この集合を「差集合」といいます。

```
EVALUATE
EXCEPT(
    {"赤ワイン", "白ワイン", "ミネラルウォーター"},
    {"ミネラルウォーター", "オレンジジュース", "白ワイン"})
```

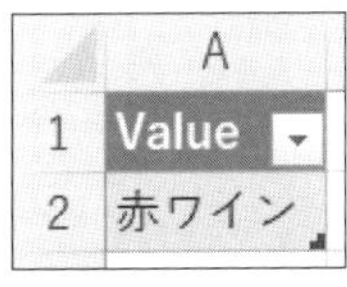

	A
1	Value
2	赤ワイン

4 データモデルのテーブルを参照する

ここからデータモデルに存在するデータをDAXクエリで参照します。メジャーを書くときには、仮想テーブルを作ることがありますが、そのときにこれらの知識が役立ちます。

テーブル・テーブルの列・メジャーの参照の仕方

DAX式の中で参照するのは、テーブル・テーブルの列・メジャーの3つです。それぞれ以下の3つの書式で参照できます。

テーブル名	'F_売上'	(テーブル名の前後を「'」で囲む)
テーブルの列名	'F_売上'[販売数量]	(テーブル名の後に[ ]で列名を指定)
メジャー	[販売数量合計]	([ ]でメジャー名を指定)

表3-2　テーブル・テーブルの列・メジャーの書式

1
2
3

テーブル名については、名前にスペース、特殊文字、英語以外のアルファベットや数字が含まれていない場合は、「'」で囲まなくても参照できます。

テーブルをそのまま参照する：EVALUATE

データモデルの中のテーブルをそのまま参照するには、EVALUATEキーワードの次にテーブル名を記述します。

```
EVALUATE
'F_売上'
```

	A	B	C	D	E	F	G	H
1	受注番号	受注明細番号	顧客ID	商品ID	支店ID	顧客担当社員ID	商品担当社員ID	定価
2	20230320001	1	C0006	P0002	B003	E004	E006	37500
3	20221223002	1	C0030	P0001	B003	E003	E006	6700
4	20221209004	1	C0028	P0034	B003	E004	E006	40100
5	20230322002	1	C0023	P0005	B003	E005	E006	800
6	20220915003	1	C0014	P0007	B003	E001	E006	49700
7	20220912001	1	C0012	P0003	B003	E005	E006	24800
8	20220830002	1	C0002	P0036	B003	E001	E006	18200

テーブルに任意の列を追加する：ADDCOLUMNS関数

テーブルに任意の列を追加するには、ADDCOLUMNS関数を使用します。第1引数にテーブルを指定し、その後に「追加する列名+式」というセットを追加する列の数だけ記述します。

◎同じ行の異なる列の文字列を連結する

受注番号と受注明細番号を結合します。

```
EVALUATE
ADDCOLUMNS(
    'F_売上',
    "@受注明細キー",
        'F_売上'[受注番号] & "_" & 'F_売上'[受注明細番号])
```

P	Q	R
受注明細キー	受注日YYYYMMDD	@受注明細キー
20160426002_1	20160426	20160426002_1
20160729003_1	20160729	20160729003_1
20160816001_1	20160816	20160816001_1

新しく追加した列の名前に「@」を付けて区別しています。文法的になくても問題ありませんが、このようにしておくと式が分かりやすくなります。

◎同じ行の異なる値を使って計算する

販売価格と販売数量を乗算して「売上」を計算します。

```
EVALUATE
ADDCOLUMNS(
    'F_売上',
    "@売上",
```

```
        'F_売上'[販売価格] * 'F_売上'[販売数量])
```

I	J	K	L	M	N	O	P	Q	R
販売価格	割引率	販売数量	受注日	出荷日	請求日	入金日	受注明細キー	受注日YYYYMMDD	@売上
23560	5	23	2016/4/26	2016/4/29	2016/5/10	2016/5/24	20160426002_1	20160426	541,880
36090	10	13	2016/4/27	2016/4/29	2016/5/4	2016/5/11	20160427001_1	20160427	469,170
13650	25	12	2016/6/21	2016/6/22	2016/7/5	2016/7/19	20160621002_1	20160621	163,800

◎リレーションシップでつながれたテーブルの列を参照する：RELATED関数

F_売上とリレーションシップでつながれたG_商品の値を参照します。リレーションシップでつながれた先のテーブルを参照するにはRELATED関数を使います。RELATED関数はリレーションシップでいうと「多」のテーブルから「1」のテーブルを参照するときのみ使用できます。直接つながったテーブルだけでなく、その先のG_商品カテゴリーも参照できます。

```
EVALUATE
ADDCOLUMNS(
        'F_売上',
        "@商品名",             RELATED('G_商品'[商品名]),
        "@商品カテゴリー",  RELATED('G_商品カテゴリー'[商品カテゴリー]))
```

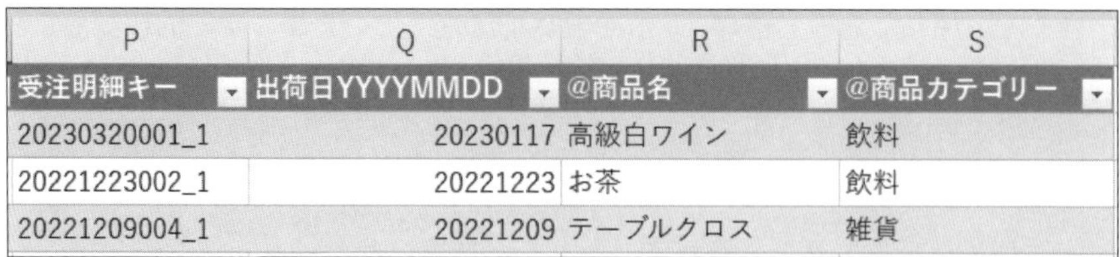

P	Q	R	S
受注明細キー	出荷日YYYYMMDD	@商品名	@商品カテゴリー
20230320001_1	20230117	高級白ワイン	飲料
20221223002_1	20221223	お茶	飲料
20221209004_1	20221209	テーブルクロス	雑貨

なお、リレーションが作られていないテーブルに対としてRELATED関数を使うと、以下のエラーメッセージが表示されます。

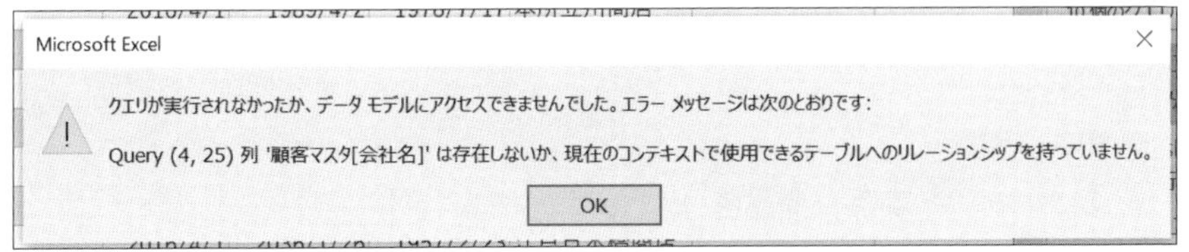

重複した値を除いて「集計単位」を作る：グループ化

集計単位を作る上で重要な「グループ化」を行います。グループ化とは重複した値を除いたユニークな値の一覧を作ることです。これが集計単位になります。集計単位は1つの列で構成されることもあれば、複数の列で構成されることもあります。

◎1つの列で「集計単位」を作る：VALUES関数

1つの列を使って「集計単位」を作るにはVALUES関数を使います。

F_売上は、「受注番号」と「受注明細番号」の組み合わせで構成されています。したがって、テーブルの中に重複した受注番号が多数あります。これを統一し、ユニークな受注番号の一覧を作ります。

```
EVALUATE
VALUES('F_売上'[受注番号])
```

以下のようにユニークな「受注番号」の一覧が作成されました。

	A
1	受注番号
2	20160401001
3	20160401002
4	20160401003

上の例では数字テーブルのF_売上でVALUES関数を使いましたが、実務上はまとめテーブルの項目で使うことが多いです。まとめテーブルは最初から項目

がユニークですが、その場合でもVALUES関数を使います。

```
EVALUATE
VALUES('G_商品'[商品名])
```

◎2つ以上の列で「集計単位」を作る：SUMMARIZE関数

先ほど紹介したVALUES関数は1つの列で値のリストを作りました。2列以上を使ってユニークなリストを作るにはSUMMARIZE関数を使います。


```
EVALUATE
SUMMARIZE(
    'F_売上',
    'F_売上'[商品ID],
    'F_売上'[顧客ID])
```

	A	B
1	商品ID	顧客ID
2	P0025	C0007
3	P0025	C0006
4	P0025	C0026
5	P0025	C0004
6	P0025	C0030

SUMMARIZE関数は1つのテーブルだけでなく、異なるテーブルの項目も参照してユニークな組み合わせを作ることもできます。

```
EVALUATE
SUMMARIZE(
    'F_売上',
    'G_商品'[商品名],
    'G_顧客'[顧客名])
```

	A	B
1	商品名	顧客名
2	お茶	木村
3	お茶	太田
4	お茶	寺尾
5	お茶	相原
6	お茶	佐々木

なお、今回の例ではまとめテーブルのG_商品とG_顧客の列が出力され、F_売上の列は結果に含まれていません。しかし、SUMMARIZE関数の第1引数にはF_売上を指定しなくてはなりません。

リレーションシップの観点で考えると、G_商品とG_顧客は直接的にリレーションシップではつながれていないため、1：多の関係でいう「多」側のF_売上を中継しなくてはならないからです。また、SUMMARIZE関数の中で他の列を参照するとき、RELATED関数は不要です。

なお以下の式では、第1引数にまとめテーブルG_商品を指定しているのでエラーになります。G_商品はG_顧客を中継できるリレーションシップを持っていないからです。

```
EVALUATE
SUMMARIZE(
      'G_商品',
      'G_商品'[商品名],
      'G_顧客'[顧客名])
```

5 関数で「1つの値」を作る

グループ化で用意した集計単位を元に、CALCULATE関数で環境移行を行い、サブグループごとに集計関数で「1つの値」を作ります。

1つの集計単位で集計する：VALUES関数

1
2
3

VALUES関数とADDCOLUMNS関数を組み合わせて、1つの集計単位で集計します。

以下の式はG_商品［商品名］ごとにF_売上［販売数量］の合計を計算します。

```
EVALUATE
ADDCOLUMNS(
    VALUES('G_商品'[商品名]),
    "@販売数量合計",
        CALCULATE(
            SUMX('F_売上', 'F_売上'[販売数量])))
```

	A	B
1	商品名	@販売数量合計
2	お茶	3080
3	高級白ワイン	2946
4	白ワイン	2775
5	シャンパン	2850

◎定義済みのメジャーを使って集計する

すでに見たようにメジャーを使った集計が可能です。メジャーはその中に隠れたCALCULATE関数が存在するため、自動的に環境移行が行われ、サブグループ対象に集計できます。

```
EVALUATE
ADDCOLUMNS(
    VALUES('G_商品'[商品名]),
    "@販売数量合計", [販売数量合計])
```

◎DAXクエリの中でメジャーを作る

DAXクエリの中だけで使用するメジャーを追加することが可能です。メジャーを追加するにはEVALUATEの前にDEFINEキーワードを追加し、そこでメジャーを定義します。

```
DEFINE
    MEASURE 'F_売上'[MS販売数量合計] =
        SUMX('F_売上', 'F_売上'[販売数量])

EVALUATE
ADDCOLUMNS(
    VALUES('G_商品'[商品名]),
    "@MS販売数量合計", [MS販売数量合計])
```

2つ以上の集計単位で集計する：SUMMARIZE関数

2つ以上の列でできた集計単位を使うには、VALUES関数の代わりにSUMMARIZE関数を使います。

以下は、「商品名」と「顧客名」の2つの列の組み合わせの集計単位で販売数量合計を計算します。

```
EVALUATE
ADDCOLUMNS(
    SUMMARIZE(
        'F_売上',
        'G_商品'[商品名],
```

```
            'G_顧客'[顧客名]),
        "@販売数量合計", [販売数量合計])
```

	A	B	C
1	商品名	顧客名	@販売数量合計
2	お茶	佐々木	173
3	お茶	緒形	120
4	お茶	金田	86
5	お茶	元木	72
6	お茶	真矢	34

変数（VAR）を使って式を見やすくする

式に（）が階層的に連なる「ネスト」が続くと、式の構造が直感的に理解しにくくなります。式のネストを防ぐにはVARを使って式の値を変数に代入し、途中のステップを理解しやすい単位に分割するとよいでしょう。

以下の式はSUMMARIZEで作った集計単位のテーブルを「t_Product_x_Customer」という変数に格納し、ADDCOLUMNS関数に渡しています。変数名の先頭の「t_」は必須ではありませんが、この変数がテーブル型であることを示す命名ルールです。

※環境によってはDAXクエリ内でDEFINE句を使うとパワークエリのデータ更新ができなくなる障害が確認されています。その場合はDEFINE句を削除すると更新ができるようになります。

```
DEFINE
    VAR t_Product_x_Customer =
        SUMMARIZE(
            'F_売上',
            'G_商品'[商品名], 'G_顧客'[顧客名])
EVALUATE
ADDCOLUMNS(
    t_Product_x_Customer,
    "@販売数量合計", [販売数量合計])
```

6 テーブルを絞り込む：FILTER関数

FILTER関数はテーブルを引数に取り、条件を満たす行に絞り込んだテーブルを返す関数です。

データの絞り込みのパターンは、以下の4つです。

- テキストによる絞り込み
- 数値による絞り込み
- 複数の条件を組み合わせた絞り込み
- メジャーの値を使った絞り込み

文字列による絞り込み

文字列による絞り込みの条件には、等号の=、不一致の<>、論理演算子のIN、テキストの部分一致があります。

◎文字列が等しいものを選ぶ：=

文字列が等しい条件で絞り込むには「=」を使います。以下の例は商品カテゴリーが「菓子」であるものを残します。

```
EVALUATE
FILTER(
	'G_商品カテゴリー',
	'G_商品カテゴリー'[商品カテゴリー] = "菓子")
```

◎文字列が等しくないものを選ぶ：<>

テキストが合致しないものに絞り込むには「<>」を使います。以下の式は商品カテゴリーが「菓子」でないものを残します。

```
EVALUATE
FILTER(
    'G_商品カテゴリー',
    'G_商品カテゴリー'[商品カテゴリー] <> "菓子")
```

◎複数の文字列のいずれかと一致するものを選ぶ：IN

複数の文字列のいずれかと一致するものを選ぶには、INとテーブルコンストラクターの{}を使います。

```
EVALUATE
FILTER(
    'G_商品',
    'G_商品'[商品名] IN {"シャンパン","スパゲティ"})
```

逆に、指定した文字列と一致しないものを選ぶ場合にはNOT演算子を使います。NOTは条件式の先頭に付きます。

```
EVALUATE
FILTER(
    'G_商品',
    NOT 'G_商品'[商品名] IN {"シャンパン","スパゲティ"})
```

◎複数の列の組み合わせで絞り込む（2列以上）

INを使って2列以上のデータの組み合わせで絞り込むこともできます。

以下の式は、商品IDと支店IDと顧客IDの3つの組み合わせが一致しているレコードのみに絞ります。

```
EVALUATE
FILTER(
    'F_売上',
   ('F_売上'[商品ID], 'F_売上'[支店ID], 'F_売上'[顧客ID])IN {
```

```
            ("P0021", "B002", "C0001"),
            ("P0010", "B003", "C0002")})
```

リレーションシップとRELATED関数を組み合わせることで、まとめテーブルを条件に使用することも可能です。

```
EVALUATE
FILTER(
    'F_売上',
    (RELATED('G_商品カテゴリー'[商品カテゴリー]),
    RELATED('G_顧客'[会社名]))IN {
        ("菓子", "江戸日本橋商店"),
        ("雑貨", "大野新田商店")})
```

◎文字列が部分的に含まれるものを選ぶ：SEARCH関数

文字列が部分的に含まれるものを選ぶにはSEARCH関数を使います。

SEARCH関数は、検索する文字列が何文字目かに来るかを返しますが、文字列が見つからなかったときの値を第4引数に設定できます。以下は、「ワイン」という文字が「商品名」に含まれているG_商品を返します。

```
EVALUATE
FILTER(
    'G_商品',
     SEARCH("ワイン", 'G_商品'[商品名], , 0) <> 0)
```

以下は「ワイン」という文字が含まれないテーブルを返します。

```
EVALUATE
FILTER(
    'G_商品',
     SEARCH("ワイン", 'G_商品'[商品名], , 0) = 0)
```

SEARCH関数は決まった文字列だけでなく、「ワイルドカード検索」も使用可能です。以下の例は「オ」で始まり「ジ」で終わる文字が含まれている行に絞り込みます。

```
EVALUATE
FILTER(
      'G_商品',
       SEARCH("オ*ジ", 'G_商品'[商品名], , 0) <> 0)
```

1
2
3

1文字だけのワイルドカードを指定する場合は「?」を追加します。

```
EVALUATE
FILTER(
      'G_商品',
       SEARCH("ワ?ン", 'G_商品'[商品名], , 0) <> 0)
```

数値による絞り込み

数字の条件で絞り込むには、等号=、不等号の<>を組み合わせます。文字列での絞り込みでは、「菓子」や「オレンジジュース」といった決められた値の一覧と比較しましたが、数字の場合は「量」と比較します。

以下の式は販売価格が40,000円以上のF_売上に絞り込む式です。

```
EVALUATE
FILTER(
      'F_売上',
      'F_売上'[販売価格] >= 40000)
```

金額が○○円から××円というように一定の期間で絞りたいときは以下のように&&論理演算子でAND条件を使って絞り込みます。以下は、40,000円以上、45,000円未満の販売価格のF_売上に絞り込む式です。

```
EVALUATE
FILTER(
    'F_売上',
    'F_売上'[販売価格] >= 40000&&
    'F_売上'[販売価格] < 45000)
```

◎変数VARとメジャーを組み合わせて絞り込む

「40000」のように、特定の値を直接式に書き込むことを「ハードコーディング」といいます。

ハードコーディングでなく、「販売価格の全体平均」以上に絞り込むというようにワンステップ計算を経た条件で絞り込むにはVARを使います。以下の式は販売価格の平均を変数「s_AvgSales」に代入し、その値でF_売上を絞り込んでいます。なお、変数名の先頭の「s」は「1つの値」＝スカラー（Scalar）であることを示す命名ルールです。

```
DEFINE
    VAR s_AvgSales =AVERAGEX('F_売上', 'F_売上'[販売価格])
EVALUATE
FILTER(
    'F_売上',
    'F_売上'[販売価格] >= s_AvgSales)
```

◎メジャーと組み合わせて絞り込む

ここまでF_売上に対して絞り込みをかけていました。しかし、実務上は実際には「売上合計が○○円以上の**顧客**に絞り込む」というように、まとめテーブルの集計結果で絞り込むことが多いのではないでしょうか。

その場合、メジャーと組み合わせることで絞り込みができます。メジャーの条件を記述するには、[メジャー名] >= 500というようにメジャーの値に対して直接条件式を書きます。以下は、売上の合計が100,000,000円以上の顧客をリストする式です。

```
EVALUATE
FILTER(
    'G_顧客',
    [売上合計] >= 100000000)
```

7 メジャーの基本と約束事

ここからメジャーに移ります。

メジャーとは、ピボットテーブルのそれぞれのセルの条件に応じたデータのサブグループに対して、特定の列の集計結果を「1つの値（スカラー）」に変換する式です。DAXクエリは行と列の組み合わせから成るテーブルを返しましたが、メジャーは「100」や「オレンジジュース」といった1つの値を返します。

メジャーの基本となる集計関数

メジャーで「1つの値」を返すとき、主役になるのはSUMXやMAXX関数といった「集計関数」です。集計関数はサブグループとして与えられたテーブルを、その集まりの性質を代表する「1つの値」に変換します。

これら集計関数は、常に2つのアクションを実行します。まず、①与えられたテーブルのすべての行で式を実行します。それが終わったら②すべての行の結果を合計・平均・最大・最小といった方法で「1つの値」に変換します。

ここでは、最も基本となる合計を出すSUMX関数を使って説明します。

◎ピボットテーブルを作る

まず集計の枠を作るため、ピボットテーブルを用意します。

- シートの［+］をクリックして新しいシートを作る
- B2セルを選択→［挿入］タブ→［ピボットテーブル］→［データモデルから］

▶［OK］をクリック

▶ピボットテーブルにカーソルを置く→画面右の「ピボットテーブルのフィールド」の［すべて］をクリック→G_カレンダー［暦年］を［行］に設定

行ラベル ▾
2016
2017

このとき、2025年まで値が表示されていることに注意してください。実績のF_売上には2025年の売上は存在していませんが、G_カレンダーは2025年までデータがあるためです。

2025
総計

◎列の値をそのまま合計する

特定の列の値を合計します。以下の「販売数量合計」メジャーを［値］に追加します。［fx販売数量合計］の式は以下です。

```
販売数量合計
= SUMX('F_売上', 'F_売上'[販売数量])
```

▶ピボットテーブルの「検索」に「販売数量合計」と入力

▶「販売数量合計」を［値］にドラッグ&ドロップ

以下のように、年ごとの「販売数量」の合計が計算されました。

行ラベル ▾	販売数量合計
2016	6,608
2017	16,247
2018	16,485

2016年は6,608

2016年の行の結果は「6,608」となっていますが、このときのサブグループを確認します。以下のDAXクエリを実行してください。

```
EVALUATE
FILTER(
    'F_売上',
    RELATED('G_カレンダー'[暦年]) = 2016)
```

「販売数量」の列を選択すると、画面右下の「合計」が6608となっていることを確認できます。

定価	販売価格	割引率	販売数量
37500	37500	0	21
40100	34085	15	30
6700	6700	0	28

列を選択

これがピボットテーブルとSUMX関数は、各セルでこれと同じ計算を繰り返しています。

◎結果が「ブランク」のときはピボットテーブルに表示されない

ここでピボットテーブルに表示された「暦年」をもう一度確認してください。

2022	16,871
2023	2,028
総計	**106,018**

メジャーを置く前は「2025」年まで表示されていましたが、[fx販売数量合計]メジャーを追加すると、2024年と2025年の数字が消えました。

つまり、ピボットテーブルにメジャーが追加されたとき、その式の結果が「ブランク」の場合、ピボットテーブルのセルは非表示になります。

◎各行で式を計算した後に集計する

先ほどは列の値をそのまま合計しましたが、集計関数は式の結果を集計できます。今度は［fx売上合計］メジャーをピボットテーブルに追加します。［fx売上合計メジャー］の式は以下です。

```
売上合計
= SUMX('F_売上', 'F_売上'[販売価格] * 'F_売上'[販売数量])
```

以下のように、F_売上の各行で「販売価格」と「販売数量」をかけて売上を計算し、その後にそれらをすべて合計しています。

行ラベル	販売数量合計	売上合計
2016	6,608	139,314,090
2017	16,247	363,216,010
2018	16,485	394,648,240

こちらをDAXクエリで表現すると、以下の式になります。「@売上」列の合計がメジャーの結果と一致します。

```
EVALUATE
ADDCOLUMNS(
    FILTER(
        'F_売上',
        RELATED('G_カレンダー'[暦年]) = 2016),
    "@売上", 'F_売上'[販売価格] * 'F_売上'[販売数量])
```

◎VARを使った応用

VARを使うと少し凝った集計を行うことが可能です。以下は各ピボットテーブルのセルの「販売単価平均」を求め、それを上回る単価の売上を合計する式です。

DAXクエリと異なり、メジャーで変数を使用する場合はDEFINE句は不要です。VARで変数を定義し、最終的な結果を返す式をRETURNの後ろに書きます。

```
売上合計(平均単価以上)
= VAR s_AvgSalesPrice = AVERAGEX('F_売上', 'F_売上'[販売価格])
RETURN
    SUMX(
        'F_売上',
        IF('F_売上'[販売価格] >= s_AvgSalesPrice,
        'F_売上'[販売価格]* 'F_売上'[販売数量], 0))
```

行ラベル	販売数量合計	売上合計	売上合計（平均単価以上）
2016	6,608	139,314,090	97,607,150
2017	16,247	363,216,010	253,625,985
2018	16,485	394,648,240	287,896,565
2019	15,320	352,850,500	249,768,760
2020	16,840	389,018,915	274,888,270
2021	15,619	351,743,400	251,706,580
2022	16,871	388,289,635	273,453,345
2023	2,028	51,222,355	38,512,315
総計	**106,018**	**2,430,303,145**	**1,721,092,055**

4つの集計関数

以上、SUMX関数を例に集計関数の特徴を見てきました。これら集計関数は第1引数にテーブルを、第2引数に式を取ります。集計の代表的なものには合計、平均、最大、最小があります。

◎合計：SUMX

SUMX関数は「合計」を出力する関数です。すでに見てきたように、1つの応用としてSUMX関数の第2引数に「1」を設定すると、テーブルの行数の計算ができます。

```
明細件数
= SUMX('F_売上', 1)
```

◎平均：AVERAGEX

平均を出すにはAVERAGEX関数を使います。

```
販売価格平均
= AVERAGEX('F_売上', 'F_売上'[販売価格])
```

◎最大：MAXX

最大を出すにはMAXX関数を使います。

```
販売価格最大
= MAXX('F_売上', 'F_売上'[販売価格])
```

◎最小：MINX

最小を出すにはMINX関数を使います。

```
販売価格最小
= MINX('F_売上', 'F_売上'[販売価格])
```

1行1列のテーブルは「1つの値」になる

メジャーは、複数の値を1つの値に代表させる集計を行います。しかし、対象のセルが「1行1列のテーブル」である場合、例外的に値そのものを表示できます。このテーブルは集計するまでもなく最初から「1つの値」であるためです。

例えば、G_支店を元にピボットテーブルを作ります。

以下のようなピボットテーブルを用意します。

▶「行」→G_支店[支店名]

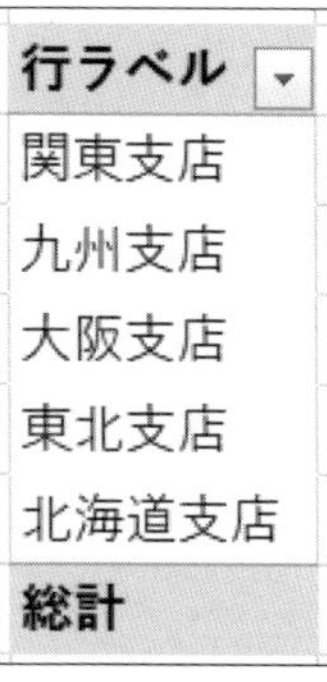

行ラベル
関東支店
九州支店
大阪支店
東北支店
北海道支店
総計

以下のメジャーを作成しピボットテーブルに追加します。これは集計関数で結果を「1つの値」にしていないので、合計でも平均でもなく、各支店の人数のデータをそのまま表示させるメジャーです。

```
支店人数
= VALUES('G_支店'[人数])
```

すると、以下のエラーメッセージが表示され、メジャーを追加できません。

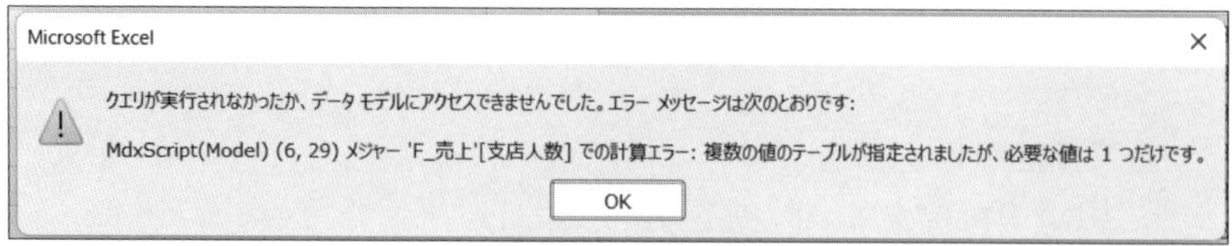

これは本来「1つの値」しかあってはならないはずのセルに複数の値が存在しているという意味です。これは「総計」に全支店のサブグループが存在しているためです。

以下の設定で総計を非表示にして、もう一度メジャーを追加します。

- ピボットテーブルにカーソルを置く→［デザイン］タブ
- ［総計］→［行と列の集計を行わない］を選択

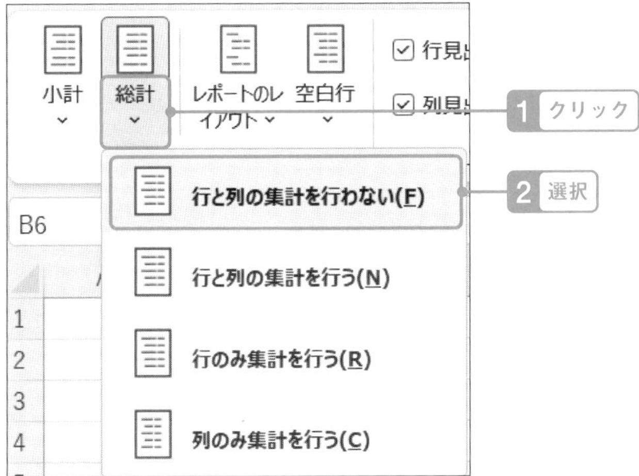

- ピボットテーブルの「値」に［fx支店人数］メジャーを設定する

今度はエラーを起こさずに各支店の人数をそのまま表示できました。

行ラベル	支店人数
関東支店	20
九州支店	10
大阪支店	15
東北支店	7
北海道支店	5

ピボットテーブルの「総計」の設定を毎回変更するのは手間ですので、1つの決まったお作法として「行数が1つだけのとき値を表示する」のが一般的です。メジャーを以下のように変更し、「総計」の設定を元に戻します。

```
支店人数
= VAR s_RowCount = SUMX('G_支店', 1)
RETURN IF(s_RowCount = 1, VALUES('G_支店'[人数]))
```

▶ 総計→［行と列の集計を行う］を選択

行ラベル	支店人数
関東支店	20
九州支店	10
大阪支店	15
東北支店	7
北海道支店	5

IF文の第2引数が省略されているので、1行以上のときは自動的にブランクになります。

［第2部］3つのルール

パワーピボットの集計の仕組みとDAXの基礎を身に付けたので、ここから3つのルールを学んでいきます。この3つのルールは、一度学習した後でも折に触れ復習することで、DAXの理解をより強固なものにできるでしょう。

［第1章］

フィルター

いよいよ本章からDAXを理解するための3つのルールについて学んでいきます。

まずはデータのサブグループを作るため「フィルター」の仕組みを理解します。

学習のポイントはフィルターの「見える化」のテクニックと、3つの手動フィルターと、ALL関数によるフィルターの解除を理解することです。

1 フィルターとは

「フィルター」は、メジャーの働きのうち、データモデルからデータのサブグループを作るプロセスです。

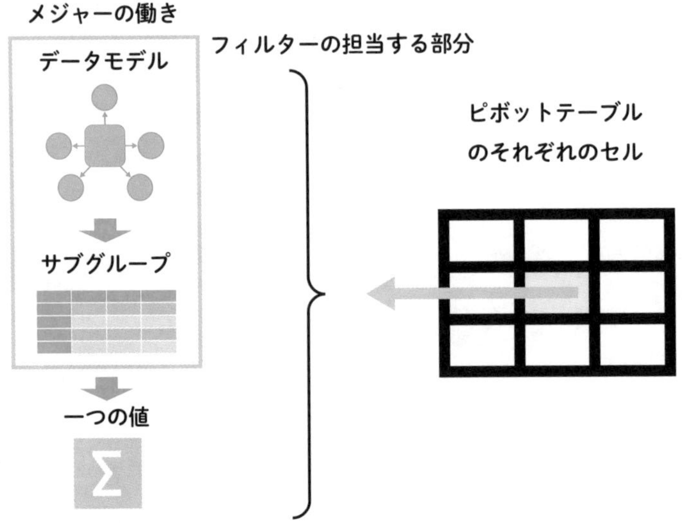

図1-1　フィルター

ピボットテーブルは、行・列・スライサーの組み合わせで、データの絞り込み条件を作ります。格子状の各セルの「絞り込み条件」を使って、集計対象のデータ＝サブグループを作るプロセスが「フィルター」です。

DAXを正しく活用するためには、これらのフィルター条件を直接的および間接的に利用することがポイントです。すでに見てきたように、「フィルター」プロセスでは、DAXの最も重要な関数のCALCULATE関数を使いますが、この関数を上手に使うことでフィルターを目的に沿って「都合よく」使うことができます。

フィルターの理解に関しては以下3つのポイントがあります。本章ではこの観点からフィルターを掘り下げます。

・どのようなフィルターがかかっているかを知る
・CALCULATEはフィルターをどのように変えるかを知る
・ALLによるフィルターの解除と再適用を行う

2 今のセルにかかったフィルターを「見える化」する

メジャーがうまく作れない場合は、それぞれのセルにどのようなフィルターが効いているのかを「見える化」することが解決への第一歩です。本節ではフィルターの中身を知る手順をマスターします。

確認用のピボットテーブルを作る

まずは以下のピボットテーブルを作り、商品カテゴリーごとの［fx販売数量合計］を求めます。

- 行: G_商品カテゴリー[商品カテゴリー]（G_商品でないことに注意）
- スライサー: G_支店[支店名]
- 値: [fx販売数量合計]

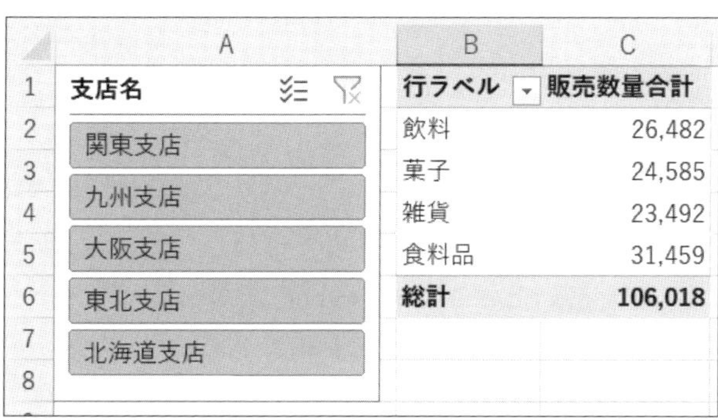

行ラベル	販売数量合計
飲料	26,482
菓子	24,585
雑貨	23,492
食料品	31,459
総計	**106,018**

フィルターを確認する（直接フィルター）

フィルターは、データモデルのテーブルの「列」の値を条件にしてサブグループを作ります。本書ではピボットテーブルの行・列・スライサーで指定されたフィルターを「直接フィルター」と呼びますが、これから直接フィルターをかけた列と値を確認する方法を説明します。

◎フィルターをかけた「列」を確認する（ISFILTERED関数）

「絞り込みがかかっている列」を確認するにはISFILTERED関数を使います。

G_商品カテゴリー［商品カテゴリー］がピボットテーブルでフィルターとして働いているのかを確認するため、以下のメジャーを追加します。

```
ISFILTERED_商品カテゴリー
= ISFILTERED('G_商品カテゴリー'[商品カテゴリー])
```

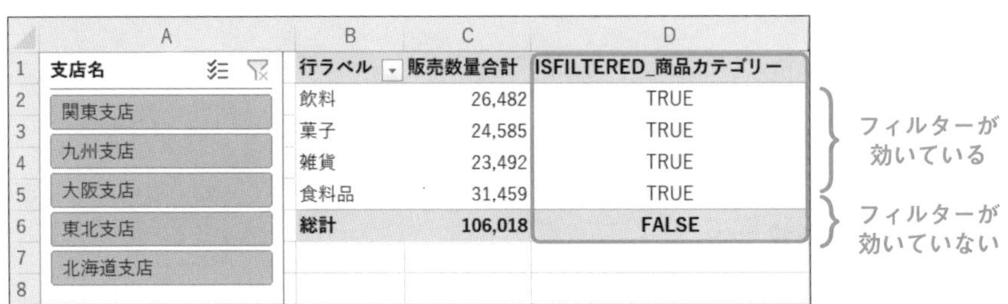

行ラベル	販売数量合計	ISFILTERED_商品カテゴリー
飲料	26,482	TRUE
菓子	24,585	TRUE
雑貨	23,492	TRUE
食料品	31,459	TRUE
総計	106,018	FALSE

結果を見ると、「飲料」から「食料品」の行がTRUEとなり、「商品カテゴリー」のフィルターが効いていることが分かります。

なお、「総計」を見ると、FALSEになっています。つまり、総計は「飲料」から「食料品」の各行までの販売数量を合計したものではなく、単に商品カテゴリーのフィルターがかかっていないためにすべての販売数量を表示しているだけなのです。この違いは誤解しがちですが、正しく理解しておかないと誤った集計を行うケースもあります。

◎フィルターをかけた「値」を確認する（FILTERS関数）

今度は「飲料」「菓子」といったように「直接フィルターのどの値のフィルターがかかっているのか」を見える化します。

直接フィルターの値を確認するにはFILTERS関数を使います。テーブルの絞り込みを行うFILTER関数とよく似ていますが、最後に「S」が付いている点が異なります。

なお、FILTERS関数の戻り値はテーブル型なので、そのままメジャーのアウトプットに指定するとエラーになります。今回は、FILTERS関数で作成したテーブルをCONCATENATEX関数に渡し、その値を連結して「1つの値」にします。

```
FILTERS_商品カテゴリー
= CONCATENATEX(
    FILTERS('G_商品カテゴリー'[商品カテゴリー]),
    'G_商品カテゴリー'[商品カテゴリー], "-")
```

それぞれの行で対応する商品カテゴリーの値が表示されます。総計行では直接フィルターは限定されていないので、すべての商品カテゴリーが表示されています。

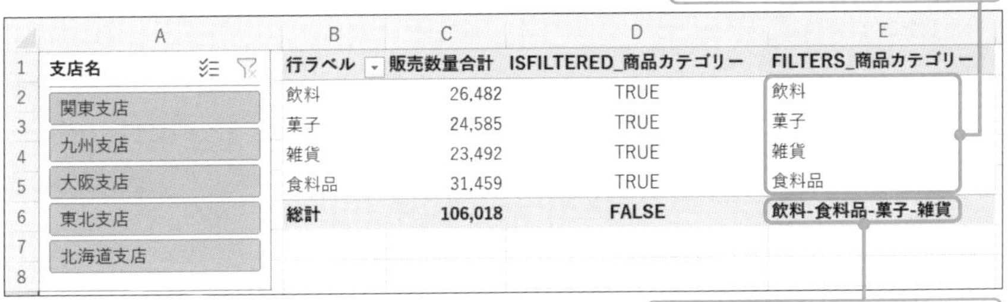

	A	B	C	D	E
1	支店名	行ラベル	販売数量合計	ISFILTERED_商品カテゴリー	FILTERS_商品カテゴリー
2	関東支店	飲料	26,482	TRUE	飲料
3	九州支店	菓子	24,585	TRUE	菓子
4	大阪支店	雑貨	23,492	TRUE	雑貨
5	東北支店	食料品	31,459	TRUE	食料品
6	北海道支店	総計	106,018	FALSE	飲料-食料品-菓子-雑貨
7					
8					

次に、スライサーの直接フィルターの中身を確認するため、「支店名」についても同様のメジャーを作ります。

```
ISFILTERED_支店名
= ISFILTERED('G_支店'[支店名])

FILTERS_支店名
= CONCATENATEX(
    FILTERS('G_支店'[支店名]), 'G_支店'[支店名], "-")
```

スライサーが何も選択されていない状態では「ISFILTERED_支店名」はすべてFALSEの値を、「FILTERS_支店名」ではすべての支店名を表示しています。

	A	B	C	D	E	F	G
1	支店名	行ラベル	販売数量合計	ISFILTERED_商品カテゴリー	FILTERS_商品カテゴリー	ISFILTERED_支店名	FILTERS_支店名
2	関東支店	飲料	26,482	TRUE	飲料	FALSE	北海道支店-東北支店-関東支店-大阪支店-九州支店
3	九州支店	菓子	24,585	TRUE	菓子	FALSE	北海道支店-東北支店-関東支店-大阪支店-九州支店
4	大阪支店	雑貨	23,492	TRUE	雑貨	FALSE	北海道支店-東北支店-関東支店-大阪支店-九州支店
5	東北支店	食料品	31,459	TRUE	食料品	FALSE	北海道支店-東北支店-関東支店-大阪支店-九州支店
6	北海道支店	総計	106,018	FALSE	飲料-食料品-菓子-雑貨	FALSE	北海道支店-東北支店-関東支店-大阪支店-九州支店

次にスライサーを選択するとどうなるでしょうか？　スライサーで「関東支店」と「大阪支店」を選択してください。今度はすべての行で「ISFILTERED_支店名」はTRUE、「FILTERS_支店名」は「関東支店-大阪支店」と表示されます。

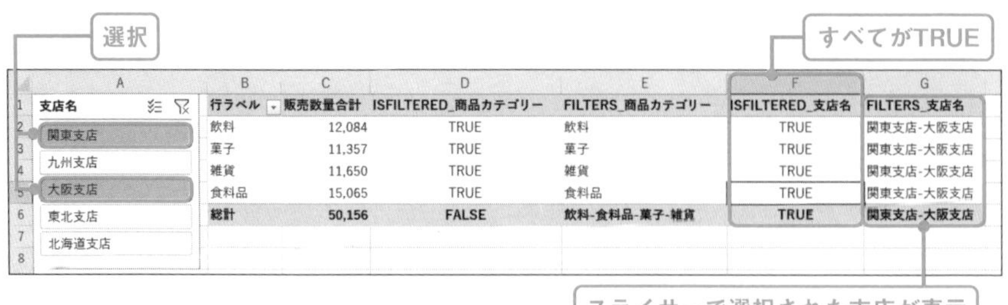

	A	B	C	D	E	F	G
1	支店名	行ラベル	販売数量合計	ISFILTERED_商品カテゴリー	FILTERS_商品カテゴリー	ISFILTERED_支店名	FILTERS_支店名
2	関東支店	飲料	12,084	TRUE	飲料	TRUE	関東支店-大阪支店
3	九州支店	菓子	11,357	TRUE	菓子	TRUE	関東支店-大阪支店
4	大阪支店	雑貨	11,650	TRUE	雑貨	TRUE	関東支店-大阪支店
5	東北支店	食料品	15,065	TRUE	食料品	TRUE	関東支店-大阪支店
6	北海道支店	総計	50,156	FALSE	飲料-食料品-菓子-雑貨	TRUE	関東支店-大阪支店

これらのことから直接フィルターが以下の動作をしていることが分かります。

・行（または列）：セルの場所により、異なるフィルターをかける
・スライサー：どのセルでも同じフィルターをかける

クロスフィルター：直接フィルターの影響範囲

先の例では直接フィルターが働く列を表示させました。次に、この直接フィルターの影響が届く範囲を見える化します。

直接フィルターは、以下の条件で他の列に影響を与えることができます。

・直接フィルターがかかったテーブルの列
・リレーションシップのカーディナリティが1→Mにあるテーブルの列

直接フィルターの影響でテーブルの行を間接的・連鎖的に絞り込むことを「クロスフィルター」と呼びます。直接フィルターはクロスフィルターを使って集計対象のサブグループを作ります。

2つ目の条件の「リレーションシップのカーディナリティが1→Mにあるテーブル」ですが、これはリレーションシップでつながれたテーブルの対応関係のことです。詳細は後述しますが、今は「まとめテーブル→数字テーブル」の方向でクロスフィルターが働くと覚えておいてください。

◎ISCROSSFILTERED関数：クロスフィルターが届く列を確認する

特定の列が直接フィルターの影響を受けているかを確認するには、ISCROSSFILTERED関数を使います。

まずは、G_商品カテゴリーからG_商品［商品名］列にクロスフィルターが届いているか確認します。支店名スライサーを全部解除し、以下のメジャーを追加します。

```
ISCROSSFILTERED_商品名
= ISCROSSFILTERED('G_商品'[商品名])
```

結果を見ると「ISCROSSFILTERED_商品名」の値は、「ISFILTERED_商品カテゴリー」と同期してTRUEまたはFALSEとなっています。

	A	B	C	D	E
1	支店名	行ラベル	販売数量合計	ISFILTERED_商品カテゴリー	ISCROSSFILTERED_商品名
2	関東支店	飲料	26,482	TRUE	TRUE
3	九州支店	菓子	24,585	TRUE	TRUE
4	大阪支店	雑貨	23,492	TRUE	TRUE
5	東北支店	食料品	31,459	TRUE	TRUE
6	北海道支店	**総計**	**106,018**	**FALSE**	**FALSE**
7					
8					

続いて、もう1つのリレーションシップでつながれたF_売上にクロスフィルターが効いているかを確認します。テーブルの対応関係は以下のようになります。

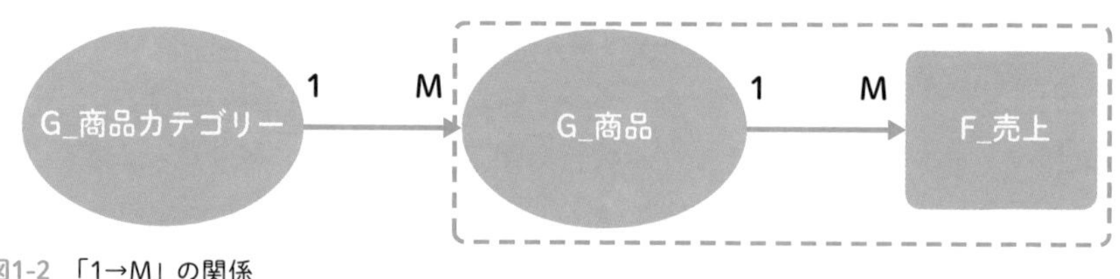

図1-2 「1→M」の関係

以下のメジャーを追加して「販売数量」にクロスフィルターが効いているか確認します。

```
ISCROSSFILTERED_販売数量
= ISCROSSFILTERED('F_売上'[販売数量])
```

こちらも「ISFILTERED_商品カテゴリー」と結果が同期しており、クロスフィルターが効いていることが確認できます。

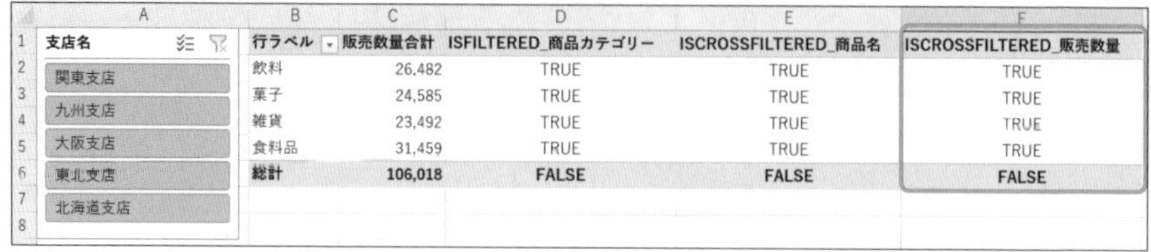

	A	B	C	D	E	F
1	支店名	行ラベル	販売数量合計	ISFILTERED_商品カテゴリー	ISCROSSFILTERED_商品名	ISCROSSFILTERED_販売数量
2	関東支店	飲料	26,482	TRUE	TRUE	TRUE
3	九州支店	菓子	24,585	TRUE	TRUE	TRUE
4	大阪支店	雑貨	23,492	TRUE	TRUE	TRUE
5	東北支店	食料品	31,459	TRUE	TRUE	TRUE
6	北海道支店	**総計**	**106,018**	**FALSE**	**FALSE**	**FALSE**
7						
8						

◎クロスフィルターが届かない方向

次にG_支店への影響を確認します。この場合、F_売上とG_支店の関係性は「M→1」でこれまでとは逆になっています。

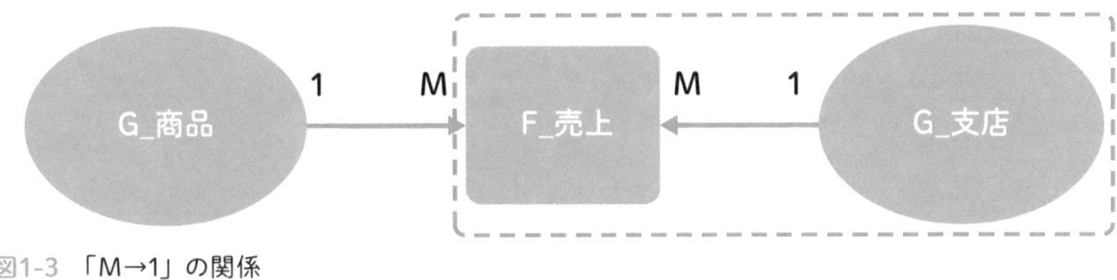

図1-3 「M→1」の関係

以下のメジャーを追加して「所在地」へのクロスフィルターを確認します。

```
ISCROSSFILTERED_所在地
= ISCROSSFILTERED('G_支店'[所在地])
```

今回はすべてFALSEとなっており、商品カテゴリーからのクロスフィルターは効いていないことが分かります。

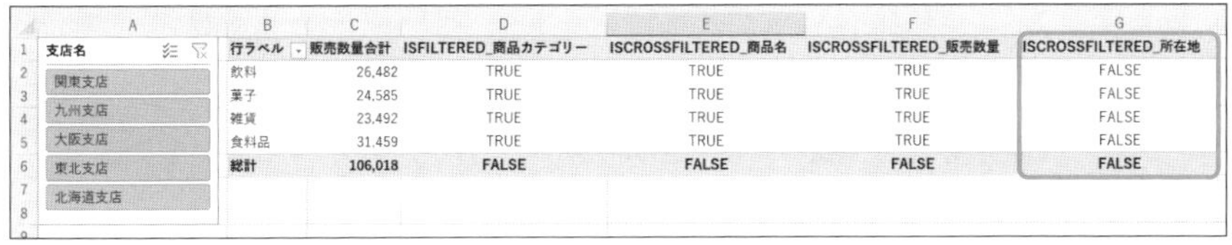

支店名
関東支店
九州支店
大阪支店
東北支店
北海道支店

行ラベル	販売数量合計	ISFILTERED_商品カテゴリー	ISCROSSFILTERED_商品名	ISCROSSFILTERED_販売数量	ISCROSSFILTERED_所在地
飲料	26,482	TRUE	TRUE	TRUE	FALSE
菓子	24,585	TRUE	TRUE	TRUE	FALSE
雑貨	23,492	TRUE	TRUE	TRUE	FALSE
食料品	31,459	TRUE	TRUE	TRUE	FALSE
総計	**106,018**	**FALSE**	**FALSE**	**FALSE**	**FALSE**

以上より、「M→1」の方向へはクロスフィルターは届かない結果になりました。

◎クロスフィルターで絞られた値を一覧表示する（VALUES関数）

クロスフィルターが効いて絞り込まれた値を一覧表示するには、VALUES関数を使います。今回もCONCATENATEX関数を使ってVALUES関数の結果を「1つの値」に変換します。

以下のメジャーを追加して、絞り込まれた商品名を確認します。メジャー名の先頭に付加した「LOV」はList of Valuesの略号で、「値の一覧」の意味です。

```
LOV_商品名
= CONCATENATEX(VALUES('G_商品'[商品名]), 'G_商品'[商品名], ", ")
```

それぞれの商品カテゴリーに属する商品名が表示されました。総計行ではフィルターは効いていないので、すべての商品名が列挙されています。

支店名	行ラベル	ISFILTERED_商品カテゴリー	ISCROSSFILTERED_商品名	LOV_商品名
関東支店	飲料	TRUE	TRUE	お茶, 高級白ワイン, 白ワイン, シャンパン, ミネラルウォーター, ウィスキー, 高級赤ワイン, 赤ワイン, オレンジジュース
九州支店	菓子	TRUE	TRUE	ショートケーキ, アイスクリーム, プリン, マカロン, チョコレート, パフェ, カップケーキ, ドーナツ
大阪支店	雑貨	TRUE	TRUE	ペーパータオル, 紙皿, 紙コップ, 割りばし, つまようじ, テーブルクロス, ピッチャー, フォーク
東北支店	食料品	TRUE	TRUE	カップラーメン, ビーフ, ポーク, チキン, ミックスベジタブル, 塩, 米, スパゲティ, コーンフレーク, 蕎麦, うどん
北海道支店	**総計**	**FALSE**	**FALSE**	**お茶, 高級白ワイン, 白ワイン, シャンパン, ミネラルウォーター, ウィスキー, 高級赤ワイン, 赤ワイン, オレンジジュース,**

3 CALCULATE関数：自動フィルターと手動フィルター

ここからDAXで最も重要な関数、CALCULATE関数について深堀りします。CALCULATE関数は、「①絞り込み条件を適用してサブグループを作り、②そのサブグループに対して計算式を実行する」のが仕事です。

①に関して、CALCULATE関数はピボットテーブルのセルまたはテーブルの行参照環境を元に自動フィルターを作り、サブグループを作ります。

一方、CALCULATE関数は絞り込みの条件を引数で設定することもできます。このフィルターのことを本書では「手動フィルター」と呼びます。

手動フィルターを追加するときは、ピボットテーブルから取得した自動フィルターと同じ項目に絞り込みを行ったかどうかで、その働きが変化します。つまり、手動フィルターと自動フィルターの組み合わせにより、最終的にかかるフィルターは以下3つのうちいずれかになります。

平行フィルター	両者は別な項目なので互いに干渉しない
上書きフィルター	手動フィルターが自動フィルターを上書きする
合成フィルター	手動フィルターと自動フィルターの両方の条件を満たす

表1-1　フィルターの働き

メジャーを作る際はこの自動フィルターと手動フィルターをうまくコントロールすることで多様な条件を生み出すことができます。その際、この2つのフィルターの組み合わせが、3つのどのパターンで動いているのかを明確に意識することが正しいフィルターを書くための鉄則です。

CALCULATE関数と手動フィルター

CALCULATE関数は、第1引数に計算式を、第2引数以降に手動フィルターの条件を指定できます。

手動フィルターは複数追加することもできますし、逆に省略することも可能です。省略した場合は自動フィルターのみが適用されます。これら手動フィルターの動作を確認するため、空のピボットテーブルを用意し、以下のメジャーを追加します。

```
販売数量合計_手動フィルター
= CALCULATE([販売数量合計])
```

販売数量合計_手動フィルター
106,018

この段階ではピボットテーブルに何も条件がないため、自動フィルターは効いていません。また、CALCULATE関数の第2引数も省略されているので、手動フィルターも効いていません。F_売上すべての行の「販売数量」を合計した値が表示されています。

◎手動フィルターの追加

次に手動フィルターを1つ追加してみます。先ほど作成した［fx販売数量合計_手動フィルター］を以下のように修正してください。手動フィルターを追加するときは、TRUE/FALSEで結果が判定される条件式を記述します。今回は商品カテゴリーが「飲料」という条件を追加します。

```
販売数量合計_手動フィルター
= CALCULATE(
      [販売数量合計],
      'G_商品カテゴリー'[商品カテゴリー] = "飲料")
```

販売数量合計_手動フィルター
26,482

1

今度は、G_商品カテゴリー→G_商品→F_売上というリレーションシップをたどり、商品カテゴリーが「飲料」のサブグループの販売数量合計が集計されました。

続いてもう1つ条件を追加します。今度はF_売上のうち、販売数量が20以上という条件を追加します。[fx販売数量合計_手動フィルター] メジャーを以下のように修正してください。

```
販売数量合計_手動フィルター
= CALCULATE(
      [販売数量合計],
      'G_商品カテゴリー'[商品カテゴリー] = "飲料",
      'F_売上'[販売数量] >= 20)
```

販売数量合計_手動フィルター
16,007

商品カテゴリーが「飲料」かつ「販売数量」が20以上の「販売数量合計」になりました。**CALCULATE関数で手動フィルターを追加した場合、それら複数の条件をすべて満たす「AND条件」でフィルターがかかります。**いずれかの条件を示す「OR条件」でないことに注意してください。

ここまで確認したらピボットテーブルを以下の設定にします。

- 行：G_商品カテゴリー[商品カテゴリー]
- 値：[fx販売数量合計]

行ラベル	販売数量合計
飲料	26,482
菓子	24,585
雑貨	23,492
食料品	31,459
総計	**106,018**

平行フィルター：手動フィルターが自動フィルターに干渉しない

まず自動フィルターと手動フィルターが干渉しない「平行フィルター」を確認します。「自動フィルターと手動フィルターが干渉しない」とは、ピボットテーブルとCALCULATE関数で指定した項目とが異なるケースです。以下メジャーを追加します。

```
販売数量 >= 20
= CALCULATE(
      [販売数量合計],
      'F_売上'[販売数量] >= 20)
```

以下の結果になりました。

行ラベル	販売数量合計	販売数量 >= 20
飲料	26,482	16,007
菓子	24,585	15,048
雑貨	23,492	13,879
食料品	31,459	18,659
総計	**106,018**	**63,593**

「商品カテゴリー」と「販売数量」は同じ項目でないため、2つの条件は相互に干渉せず、以下2つをAND条件で絞り込んだサブグループになります。

```
・'G_商品'[商品カテゴリー] = "飲料"
・'F_売上'[販売数量] >= 20
```

このように**自動フィルターと手動フィルターが互いに干渉せず、異なる項目にAND条件でかかるフィルター**を「平行フィルター」と呼びます。

上書きフィルター：手動フィルターが自動フィルターに干渉する場合①

「自動フィルターと手動フィルターが干渉する」とは、ピボットテーブルの条件の項目と、CALCULATE関数で指定した項目が同じであるケースです。

ピボットテーブルの行に「商品カテゴリー」があるのでその項目を手動フィルターに追加します。先ほど作成した［fx販売数量合計>=20］のメジャーは外し、以下のメジャーを追加してください。

```
販売数量_商品カテゴリー=菓子
= CALCULATE(
    [販売数量合計],
    'G_商品カテゴリー'[商品カテゴリー] = "菓子")
```

結果を見ると、すべての行で商品カテゴリー＝「菓子」の販売数量合計が表示されました。

行ラベル	販売数量合計	販売数量_商品カテゴリー=菓子
飲料	26,482	24,585
菓子	24,585	24,585
雑貨	23,492	24,585
食料品	31,459	24,585
総計	**106,018**	**24,585**

すべての行で「菓子」の結果になる

つまり、自動フィルターで設定されたのと同じ項目が手動フィルターで指定されると、**元々あった自動フィルターの条件が無視され、手動フィルターの条件で上書き**されます。式でイメージすると以下のようになります。

```
CALCULATE(
    [販売数量合計],
    'G_商品カテゴリー'[商品カテゴリー] = "飲料"
    'G_商品カテゴリー'[商品カテゴリー] = "菓子")
```

取り消し線の部分は、それぞれの行の条件が入ります。このように手動フィルターが自動フィルターを上書きするパターンを「上書きフィルター」と呼びます。

次に上書きフィルターの場合、商品カテゴリーにどのような直接フィルターがかかっているのかを可視化します。以下のメジャーを追加します。[fxFILTERS_商品カテゴリー] メジャーも追加して結果を比較しましょう。

```
FILTERS_商品カテゴリー_CAL
= CALCULATE(
    [FILTERS_商品カテゴリー],
    'G_商品カテゴリー'[商品カテゴリー] = "菓子")
```

以下の結果となります。

行ラベル	販売数量合計	販売数量_商品カテゴリー=菓子	FILTERS_商品カテゴリー_CAL	FILTERS_商品カテゴリー
飲料	26,482	24,585	菓子	飲料
菓子	24,585	24,585	菓子	菓子
雑貨	23,492	24,585	菓子	雑貨
食料品	31,459	24,585	菓子	食料品
総計	**106,018**	**24,585**	**菓子**	**飲料-食料品-菓子-雑貨**

このように手動フィルターをCALCULATEで追加したケースでは、すべての行で商品カテゴリーの条件が「菓子」で上書きされていることが分かります。

合成フィルター：手動フィルターが自動フィルターに干渉する場合②

自動フィルターと手動フィルターが干渉するケースのもう1つのパターンです。今度はCALCULATE関数の条件をKEEPFILTERS関数で囲ったメジャーを追加します。KEEPFILTERS関数は、すでにある自動フィルターの条件を上書きせずに、同じ項目にAND条件で手動フィルターをかけます。

1
2
3

```
販売数量_商品カテゴリー=菓子_KF
= CALCULATE(
    [販売数量合計],
    KEEPFILTERS('G_商品カテゴリー'[商品カテゴリー] = "菓子"))
```

行ラベル	販売数量合計	販売数量_商品カテゴリー=菓子_KF
飲料	26,482	
菓子	24,585	24,585
雑貨	23,492	
食料品	31,459	
総計	**106,018**	**24,585**

上書きフィルターのケースでは、すべての行で「菓子」の結果が表示されましたが、今回は商品カテゴリーが「菓子」の行と総計行のみで「菓子」の合計を表示しました。これは、自動フィルターを上書きしたのではなく、自動フィルターと手動フィルターの両方の条件を同時に満たす条件がかかったためです。このように、**同一の項目に両方のフィルターの条件をAND条件で合わせたフィルター**を「合成フィルター」と呼びます。

合成フィルターの場合、各行によって結果が異なります。CALCULATE関数は以下の式と同じ働きをします。

「商品カテゴリー」が「飲料」の行

```
= CALCULATE([販売数量合計],
```

```
'G_商品カテゴリー'[商品カテゴリー] = "飲料",
'G_商品カテゴリー'[商品カテゴリー] = "菓子")
```

「商品カテゴリー」が「菓子」の行

```
= CALCULATE([販売数量合計],
    'G_商品カテゴリー'[商品カテゴリー] = "菓子",
    'G_商品カテゴリー'[商品カテゴリー] = "菓子")
```

CALCULATE関数はそれぞれの条件をAND条件で処理するので、相互に矛盾のない「菓子」の行だけ結果を表示します。

次にFILTERS関数で実際のフィルターを確認します。

```
FILTERS_商品カテゴリー_CAL_KF
= CALCULATE(
    [FILTERS_商品カテゴリー],
    KEEPFILTERS('G_商品カテゴリー'[商品カテゴリー] = "菓子"))
```

こちらも「菓子」だけが表示されました。

行ラベル	販売数量合計	販売数量_商品カテゴリー=菓子_KF	FILTERS_商品カテゴリー_CAL_KF
飲料	26,482		
菓子	24,585	24,585	菓子
雑貨	23,492		
食料品	31,459		
総計	**106,018**	**24,585**	**菓子**

クロスフィルターの効いたテーブルでの手動フィルター

これまで同じテーブル内のフィルター干渉を見てきました。それでは、クロスフィルターの影響を受けたテーブルに手動フィルターをかけるとどうなるでしょうか？

今回のデータモデルには【商品カテゴリー→商品】というリレーションシップがあるので、「商品カテゴリー」が決まると、クロスフィルターの働きで「商品」

も限定されます。その限定された「商品」に手動フィルターをかけた場合、どのような動きになるのでしょうか？　以下のメジャーを追加してください。

```
販売数量_商品名=ショートケーキ
= CALCULATE(
      [販売数量合計],
      'G_商品'[商品名] = "ショートケーキ")
```

以下の結果となりました。

行ラベル	販売数量合計	販売数量_商品名=ショートケーキ
飲料	26,482	
菓子	24,585	3,041
雑貨	23,492	
食料品	31,459	
総計	**106,018**	**3,041**

「ショートケーキ」は「菓子」に所属している商品なので、「菓子」の行でしか表示されていません。上書きフィルターのように、すべての行で「ショートケーキ」の結果を表示することはありませんでした。つまり、異なるテーブルであれば、クロスフィルターの影響を受けるテーブルであっても、自動フィルターを上書きせずに、平行フィルターの動作をします。

CALCULATE関数で表現すると以下の式となります。

```
「商品カテゴリー」が「飲料」の行
 = CALCULATE(
      [販売数量合計],
      'G_商品カテゴリー'[商品カテゴリー] = "飲料",
      'G_商品'[商品名] = "ショートケーキ")

「商品カテゴリー」が「菓子」の行
 = CALCULATE(
```

```
[販売数量合計],
'G_商品カテゴリー'[商品カテゴリー] = "菓子",
'G_商品'[商品名] = "ショートケーキ")
```

商品カテゴリーが「飲料」の行では、商品カテゴリーが「飲料」であり、かつ商品が「ショートケーキ」であるという矛盾した条件であるため結果を返しません。一方、「菓子」の行は矛盾しないので、「ショートケーキ」の結果を表示します。

最後にG_商品のG_商品[商品名]をピボットテーブルの行の「商品カテゴリー」の下に追加してピボットテーブルの動作を確認します。

行ラベル	販売数量合計	販売数量_商品名=ショートケーキ
⊟飲料		
ウィスキー	2,616	
オレンジジュース	3,274	
お茶	3,080	
シャンパン	2,850	
ミネラルウォーター	2,810	
高級赤ワイン	3,125	
高級白ワイン	2,946	
赤ワイン	3,006	
白ワイン	2,775	
⊟菓子		
アイスクリーム	3,146	3,041
ウィスキー		3,041
うどん		3,041

「ショートケーキ」で上書き

1つ階層を下げて「商品名」の階層になると同一テーブルのフィルターになるため、今度は手動フィルターで指定された「商品名」が上書きフィルターの動作をします。

このように同じ手動フィルターが定義されていたとしても、ピボットテーブルの条件次第で動作が異なることを理解してください。

4 自動フィルターの解除と手動フィルターの再適用

ここまでフィルター条件の追加を見てきました。フィルターを追加するという作業は、「絞り込みがかかったサブグループをさらに絞り込む」という集計対象をさらに狭くしていくベクトルです。

しかし、それだけでは集計対象のサブグループを自由自在にコントロールするには不十分です。例えば、「ある四半期の売上がその会計年度全体に占める売上」を集計したい場合、いったん「四半期」という自動フィルターから外に出て、その年全体のサブグループで集計した値と比較する必要があります。

そこで今度は絞り込むのとは逆に、「自動フィルターを解除する」ことでサブグループを拡張する方法を確認します。

フィルターを使いこなして目的のサブグループを作るための極意は①自動フィルターを外すことと、②手動フィルターをかけ直すことです。つまり、「拡張すること」と「絞り込むこと」の相反するベクトルを自分のものにして初めて、集計対象のサブグループを自由自在に取得できるようになります。

ALL関数について

自動フィルターを解除するにはCALCULATE関数の中でALL関数を使います。

これまではCALCULATE関数の引数としてデータを絞り込むための手動フィルターを追加してきました。これに対して、ALL関数はテーブルや列単位で自動フィルターを解除します。このようにCALCULATE関数の中で使用されて効果を発揮する関数を「CALCULATE修飾子（CALCULATE Modifier）」といいます。その他の例としてUSERELATIONSHIP関数やCROSSFILTER関数などがあります。

これらCALCULATE修飾子は手動フィルターと同時に使用することができます。つまりいったんALL関数で自動フィルターを外した後に、必要な条件を選択的に手動フィルターで追加することが可能です。この働きによりフィルターの解除とフィルターの再適用を実行できるようになるので、晴れてピボットテーブルのセルを超えたサブグループを作れるようになります。

◎ALL関数（CALCULATE修飾子）と手動フィルターの実行順序

CALCULATE修飾子にはとても重要な特徴があります。それは**CALCULATE修飾子は手動フィルターの実行前に実行される**ということです。

例えば、「会計四半期の販売数量が、年間合計に占める割合」を計算する準備として、「ある会計年度の販売数量合計」を計算するメジャーを考えます。

以下のピボットテーブルを用意してください。

- 行：G_カレンダー[会計年度]、G_カレンダー[会計四半期]
- 値：[fx販売数量合計]

行ラベル	販売数量合計
⊟2016	
Q1	1,520
Q2	2,300
Q3	2,788
Q4	3,620
⊟2017	
Q1	4,580
Q2	4,001

ここで以下3つのメジャーを追加します。なお、今回追加する手動フィルターは、これまでの例のように列指定ではなく、VALUES関数で用意したテーブルを使用します（テーブル渡しのフィルター）。

```
販売数量合計_カレンダーOFF
= CALCULATE(
    [販売数量合計],
    ALL('G_カレンダー'))
```

```
販売数量合計_カレンダーOFF_会計年度
= CALCULATE(
      [販売数量合計],
      ALL('G_カレンダー'),
      VALUES('G_カレンダー'[会計年度]))

販売数量合計_会計年度_カレンダーOFF
= CALCULATE(
      [販売数量合計],
      VALUES('G_カレンダー'[会計年度]),
      ALL('G_カレンダー'))
```

以下の結果となりました。

すべてのカレンダーがOFF

2016年のみ

行ラベル	販売数量合計	販売数量合計_カレンダーOFF	販売数量合計_カレンダーOFF_会計年度	販売数量合計_会計年度_カレンダーOFF
⊟2016				
Q1	1,520	106,018	10,228	10,228
Q2	2,300	106,018	10,228	10,228
Q3	2,788	106,018	10,228	10,228
Q4	3,620	106,018	10,228	10,228
⊟2017				
Q1	4,580	106,018	16,698	16,698
Q2	4,001	106,018	16,698	16,698

2017年のみ

最初の［fx販売数量合計_カレンダーOFF］は単純に「G_カレンダー」の自動フィルターを解除しただけです。したがって、すべての年を含んだ販売数量の合計を表示しています。

［fx販売数量合計_カレンダーOFF_会計年度］と［fx販売数量合計_会計年度_カレンダーOFF］は、それぞれの会計年度の販売数量合計を正しく計算しています。つまり、**この2つの式はALLとVALUESの引数の並び順が逆でも、同じ結果になっています**。このとき両者の処理の実行順序は以下のようになります。

【CALCULATE内の実行順序】

① ALL関数で自動フィルターが解除（CALCULATE修飾子の実行）

② 「会計年度」の手動フィルターが適用

③ 「販売数量合計」メジャーを実行

つまり、CALCULATE関数の引数の順番に関係なく、CALCULATE修飾子は手動フィルターの追加前に実行されています。

仮にこの順番が逆に実行されたとすると、最初に設定した「会計年度」の手動フィルターが、後続するALL関数で解除されてしまい、結果としてすべての年の販売数量を示すことになります。したがって、**CALCULATE修飾子→手動フィルター→計算式**という実行順序は極めて理にかなっています。

しかし、私は式の書き方として「販売数量合計_会計年度_カレンダーOFF」のように、一番下から①CALCULATE修飾子、その上に②手動フィルターを書く順番を推奨します。そうすると、引数を下から追うことで計算の順番を視覚的・直感的に把握できるからです。

```
   =CALCULATE (
③  [販売数量合計,
②  VALUES ('G_カレンダー'[会計年度]),
①  ALL ('G_カレンダー'))
```

図1-4　CALCULATE内の実行順序

テーブルのフィルターを解除する

テーブル全体のフィルターを解除するにはALL関数に「ALL('G_商品カテゴリー')」というようにテーブル名を指定します。このとき一度に指定できるテーブルは1つだけです。テーブルのフィルターを解除すると、そのテーブルにあるすべての列の自動フィルターが解除されます。

◎「商品カテゴリー」テーブルの自動フィルターを解除する

以下のピボットテーブルを用意してください。

- 行：G_商品カテゴリー[商品カテゴリー]、G_商品[商品名]
- 値：[fx販売数量合計]

次に、G_商品カテゴリーの自動フィルターをすべて解除する。以下のメジャーを追加します。

```
販売数量合計_商品カテゴリーT_OFF
= CALCULATE(
    [販売数量合計],
    ALL('G_商品カテゴリー'))
```

G_商品カテゴリーの自動フィルターは解除され、すべての行が総計と一致しています。

行ラベル	販売数量合計	販売数量合計_商品カテゴリーT_OFF
⊞飲料	26,482	106,018
⊞菓子	24,585	106,018
⊞雑貨	23,492	106,018
⊞食料品	31,459	106,018
総計	106,018	106,018

同様に同じG_商品カテゴリーの他の列のフィルターも解除されるか確認します。行をG_商品カテゴリー［商品カテゴリーID］に差し替えてください。このときG_商品ではなく、G_商品カテゴリーの列を持ってくるように注意してください。

行ラベル	販売数量合計	販売数量合計_商品カテゴリーT_OFF
⊞PC01	26,482	106,018
⊞PC02	31,459	106,018
⊞PC03	24,585	106,018
⊞PC04	23,492	106,018
総計	106,018	106,018

こちらも同じ結果になりました。ここまで確認できたら、行を元の「商品カテゴリー」に戻します。

◎クロスフィルター範囲の他のテーブルへの自動フィルター解除

次にG_商品カテゴリーの直接フィルター解除が他のテーブルに影響するかを確認します。今回はテーブルの対応関係がG_商品カテゴリーから見て「1→M」の方向にあるG_商品への影響を確認するため、「飲料」の行を展開します。

行ラベル	販売数量合計	販売数量合計_商品カテゴリーT_OFF
⊟飲料		
アイスクリーム		3,146
ウィスキー	2,616	2,616
うどん		2,629
オレンジジュース	3,274	3,274

すると、飲料に属していない「アイスクリーム」や「うどん」まで表示されてしまいました。直接フィルターで残る値を確認するため、[fxFILTERS_商品カテゴリー] と以下のメジャーを追加します。

```
FILTERS_商品カテゴリー_商品カテゴリーT_OFF
= CALCULATE(
    CONCATENATEX(
        FILTERS('G_商品カテゴリー'[商品カテゴリー]),
        'G_商品カテゴリー'[商品カテゴリー], "-"),
    ALL('G_商品カテゴリー'))
```

すると、ALL関数を使用しない方では、第1階層の「商品カテゴリー」が表示されていますが、ALL関数を使用した方にはすべての「商品カテゴリー」が表示されます。

行ラベル	販売数量合計	販売数量合計_商品カテゴリーT_OFF	FILTERS_商品カテゴリー	FILTERS_商品カテゴリー_商品カテゴリーT_OFF
⊟飲料				
アイスクリーム		3,146	飲料	飲料-食料品-菓子-雑貨
ウィスキー	2,616	2,616	飲料	飲料-食料品-菓子-雑貨
うどん		2,629	飲料	飲料-食料品-菓子-雑貨
オレンジジュース	3,274	3,274	飲料	飲料-食料品-菓子-雑貨

すべての商品カテゴリーが表示

つまり、行にG_商品カテゴリーの自動フィルターがセットされていてもALLがそれを解除するため、結果として「1→M」のM側のG_商品のすべての商品を2階層目に表示させることになりました。

列フィルターを解除する

特定の列のフィルターを解除するには、「ALL('G_カレンダー'[会計四半期])」というように列名を指定します。列名は「ALL('G_カレンダー'[会計四半期], 'G_カレンダー'[月])」というように複数の列を選択することもできますし、異なるテーブルの列も選択できます。

◎1つの列の自動フィルターを解除する

まず以下のピボットテーブルを用意します。

- 行：G_商品[商品名]
- 値：[fx販売数量合計]

次に「商品名」列の自動フィルターを解除する以下のメジャーを追加します。

```
販売数量合計_商品名C_OFF
= CALCULATE(
      [販売数量合計],
      ALL('G_商品'[商品名]))
```

「商品名」の自動フィルターが解除された集計値になります。

行ラベル	販売数量合計	販売数量合計_商品名C_OFF
アイスクリーム	3,146	106,018
ウィスキー	2,616	106,018
うどん	2,629	106,018

次に列フィルターの解除対象ではないG_商品［商品ID］を「商品名」の下に追加します。

今度は各行で「販売数量合計」を計算するようになりました。

行ラベル	販売数量合計	販売数量合計_商品名C_OFF
⊟アイスクリーム		
P0022	3,146	3,146
⊟ウィスキー		
P0006	2,616	2,616
⊟うどん		
P0020	2,629	2,629

このことから、テーブルにALLをかけた場合はそのテーブルに所属するすべての列の自動フィルターが解除されましたが、列にかけた場合はその列のみフィルターが解除されるということがいえます。

このときの自動フィルターの動作を比較しましょう。以下2つのメジャーを追加してください。

```
FILTERS_商品名_商品名C_OFF
= CALCULATE(
    CONCATENATEX(
    FILTERS('G_商品'[商品名]), 'G_商品'[商品名], "-"),
    ALL('G_商品'[商品名]))

FILTERS_商品ID
```

```
= CALCULATE(
    CONCATENATEX(
        FILTERS('G_商品'[商品ID]), 'G_商品'[商品ID], "-"))
```

結果を確認すると、ALLのかかっている「商品名」の方ではすべての商品名が表示されていますが、「商品ID」の方では自動フィルターが効いていることが分かります。

行ラベル	販売数量合計	販売数量合計_商品名C_OFF	FILTERS_商品名_商品名C_OFF
⊟アイスクリーム			
P0022	3,146	3,146	お茶-高級白ワイン-白ワイン-シ
⊟ウィスキー			
P0006	2,616	2,616	お茶-高級白ワイン-白ワイン-シ
⊟うどん			
P0020	2,629	2,629	お茶-高級白ワイン-白ワイン-シ

FILTERS_商品ID
P0022
P0006
P0020

ALLのかかった「商品名」はフィルター解除

ALLのかかっていない「商品ID」には影響がない

◎複数の列の自動フィルターを解除する

ALL関数は複数の列を指定できるので、次にG_商品［商品ID］列のフィルターも解除してみましょう。以下のメジャーを追加します。

```
販売数量合計_商品名_ID_C_OFF
= CALCULATE(
    [販売数量合計],
    ALL('G_商品'[商品名], 'G_商品'[商品ID]))
```

「商品名」、「商品ID」の両方のフィルターを解除した結果になりました。

行ラベル	販売数量合計	販売数量合計_商品名C_OFF	販売数量合計_商品名_ID_C_OFF
⊟アイスクリーム			
P0022	3,146	3,146	106,018
⊟ウィスキー			
P0006	2,616	2,616	106,018
⊟うどん			
P0020	2,629	2,629	106,018

指定した列以外の自動フィルターを解除する①

ここまで、テーブルと列の自動フィルターを解除する方法を確認してきました。今度は「指定列以外の自動フィルターを解除する」方法を確認します。

指定した列以外の自動フィルターを解除するには、ALLEXCEPT関数を使用します。ALLEXCEPT関数は、第1引数に対象のテーブルを指定し、その後で自動フィルターを残す列を指定します。テーブルは1つしか選択できません。

「商品ID」の自動フィルターを残して、G_商品のすべてのフィルターを解除する以下のメジャーを追加します。

```
販売数量合計_商品名_C_EX_OFF
= CALCULATE(
    [販売数量合計],
    ALLEXCEPT('G_商品', 'G_商品'[商品ID]))
```

行の設定を変更して動作を確認します。

▶ 行：G_商品［商品ID］

自動フィルターが効いています。

行ラベル	販売数量合計	販売数量合計_商品名_C_EX_OFF
P0001	3,080	3,080
P0002	2,946	2,946
P0003	2,775	2,775

「商品ID」のフィルターは残る

フィルター 1 2 3 第2部「3つのルール」

▶ 行：G_商品［商品名］

自動フィルターが解除されます。

行ラベル	販売数量合計	販売数量合計_商品名_C_EX_OFF
アイスクリーム	3,146	106,018
ウィスキー	2,616	106,018
うどん	2,629	106,018

「商品ID」以外のフィルターは除外される

1
2
3

指定した列以外の自動フィルターを解除する②

ところで、「指定した列以外のフィルターを解除する」は、「すべてのフィルターを解除する。ただし、このフィルターは追加する」といいかえることができます。つまり、ALL関数でテーブルの自動フィルターを解除した後に、VALUES関数で選択的に手動フィルターを追加するとどうなるでしょうか？以下2つのメジャーを追加して動作を比較します。

```
販売数量合計_商品名カテゴリーID_C_EX_OFF
= CALCULATE(
      [販売数量合計],
      ALLEXCEPT('G_商品', 'G_商品'[商品カテゴリーID]))

販売数量合計_ALL_VALUES_商品カテゴリーID
= CALCULATE(
      [販売数量合計],
      VALUES('G_商品'[商品カテゴリーID]),
      ALL('G_商品'))
```

行にG_商品［商品カテゴリーID］を追加します。すると、「商品カテゴリーID」の自動フィルターは残しているので、予想通り同じ結果になりました。

行ラベル	販売数量合計	販売数量合計_商品名カテゴリーID_C_EX_OFF	販売数量合計_ALL_VALUES_商品カテゴリ-ID
PC01	26,482	26,482	26,482
PC02	31,459	31,459	31,459
PC03	24,585	24,585	24,585
PC04	23,492	23,492	23,492
総計 *	**106,018**	**106,018**	**106,018**

では次に行をG_商品［商品名］に差し替えてください。

行ラベル	販売数量合計	販売数量合計_商品名カテゴリーID_C_EX_OFF	販売数量合計_ALL_VALUES_商品カテゴリ-ID
アイスクリーム	3,146	106,018	24,585
ウィスキー	2,616	106,018	26,482
うどん	2,629	106,018	31,459
オレンジジュース	3,274	106,018	26,482

今度は予想に反して異なる結果になりました。

これはALL関数＋VALUES関数の場合では「クロスフィルター」が効いているためです。それぞれの内部の動作を図にすると、以下のようになります。

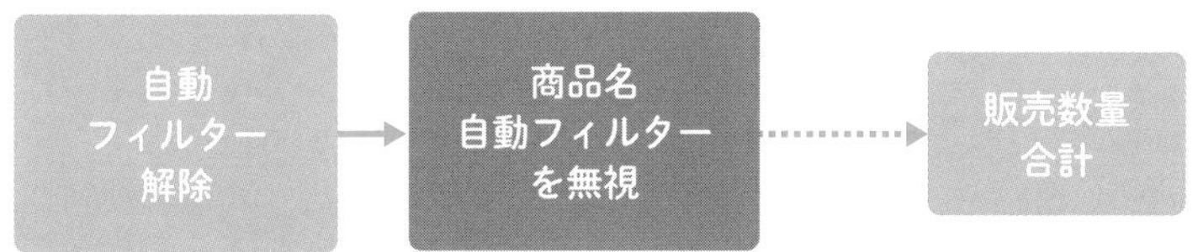

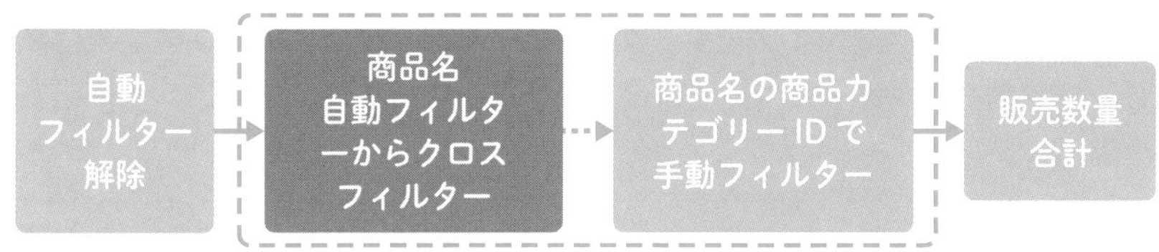

図1-5　内部の動作

まとめるとALLEXCEPT関数は「指示された自動フィルター以外は一切無視する」のに対して、ALL関数＋VALUES関数は「いったんすべての自動フィルターを解除したのち、自動フィルターを再キャッチし、それを元にクロスフィルターの効く範囲にフィルターをかける」という違いがあります。

5 計算式の結果（メジャー）の値によるフィルター

CALCULATE関数で、テーブルの列で手動フィルターをかけることができました。例えば以下の式の場合、G_商品カテゴリー［商品カテゴリー］列の値が「飲料」であるサブグループの販売数量合計を求めることができます。

```
CALCULATE(
        [販売数量合計] ,
        'G_商品カテゴリー'[商品カテゴリー] = "飲料")
```

しかし、CALCULATE関数では、以下のように計算式（メジャー）の条件を記述することはできません。

```
CALCULATE([販売数量合計],[販売数量合計] >= 100)
```

このような場合、代わりにFILTER関数などで絞り込んだテーブルをCALCULATE関数の引数に渡すことでフィルターをかけることができます。このテーブル単位のフィルターを使用すると、「商品ごと」や「顧客ごと」といった集計単位でフィルターをかけることができます。今度はそのような「テーブル渡し」の手動フィルターについて確認します。

テーブル渡しの手動フィルター

テーブル渡しのフィルターの使い方を確認します。まず以下のピボットテーブルを用意します。

▶ 行：G_顧客［顧客名］
▶ 値：［fx販売数量合計］

行ラベル	販売数量合計
奥村	3,058
岩城	3,572
金田	3,271

◎CALCULATE関数に直接条件を書くとどうなるか？

最初にエラーを体験します。「商品ごと」の販売数量合計が100以上の商品の販売数量合計を計算します。以下のメジャーを新規メジャー作成画面で入力し、「DAX式を確認」を押してください。

```
販売数量 商品ごと >= 100 エラー
= CALCULATE([販売数量合計],[販売数量合計] >= 100)
```

以下のようにエラーとなりました。

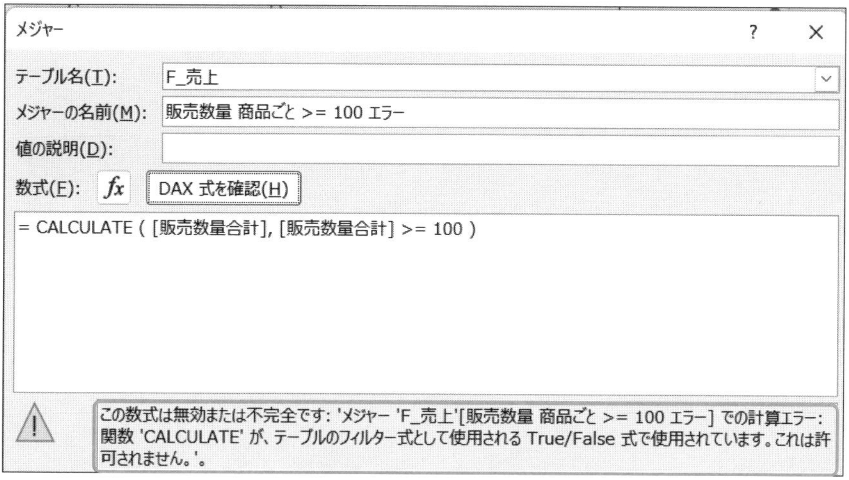

メジャー ? ×

テーブル名(T): F_売上

メジャーの名前(M): 販売数量 商品ごと >= 100 エラー

値の説明(D):

数式(F): fx DAX 式を確認(H)

= CALCULATE ([販売数量合計], [販売数量合計] >= 100)

この数式は無効または不完全です: 'メジャー 'F_売上'[販売数量 商品ごと >= 100 エラー] での計算エラー: 関数 'CALCULATE' が、テーブルのフィルター式として使用される True/False 式で使用されています。これは許可されません。'。

これはCALCULATE関数が手動フィルターの引数として、メジャーの条件式を認めていないからです。また、上記の式ではそもそも「商品ごと」の指定が入っていませんので式としても誤りです。

◎FILTER関数とメジャーの結果でフィルターをかける

次にテーブル渡しメジャーを書きます。テーブル渡しのフィルターを使う場合には、①VAR変数で手動フィルターとして渡すための仮想テーブルを用意し、②それをCALCULATE関数の引数として渡します。今回はFILTER関数でG_商品の行ごとに[販売数量合計] >= 100という条件判定を行い、残った商品が表示されるフィルターをかけます。以下のメジャーを追加してください。

```
販売数量 商品ごと >= 100
= VAR t_Products =FILTER('G_商品',[販売数量合計] >= 100)
RETURN
    CALCULATE([販売数量合計], t_Products)
```

今度は正しく計算できました。

行ラベル	販売数量合計	販売数量 商品ごと >= 100
奥村	3,058	1,358
岩城	3,572	2,371
金田	3,271	2,042

商品が具体的に何かを確認するため、ピボットテーブルの行の「顧客名」の下に「商品名」を追加します。販売数量合計が100以上の商品の結果が表示されています。

行ラベル	販売数量合計	販売数量 商品ごと >= 100
⊟奥村		
アイスクリーム	128	128
ウィスキー	44	
うどん	61	

◎FILTER関数とテキストによる絞り込み

先の例では不等号を用いた数値の条件判定を行いましたが、テキストでもフィルターをかけることができます。ここではテーブルコンストラクターとIN演算子を使ってフィルターをかけます。

```
販売数量合計 商品カテゴリー IN 飲料 雑貨
= VAR t_Products =
    FILTER('G_商品カテゴリー',
        'G_商品カテゴリー'[商品カテゴリー]IN{"飲料", "雑貨"})
RETURN
    CALCULATE([販売数量合計], t_Products)
```

G_商品カテゴリーの「商品カテゴリー」を「商品名」の行の上に設定して結果を確認してください。

行ラベル	販売数量合計	販売数量 商品ごと >= 100	販売数量合計 商品カテゴリー IN 飲料 雑貨
⊟奥村			
⊞飲料	938	501	938
⊞菓子	744	342	
⊞雑貨	656	359	656
⊞食料品	720	156	

メジャーと計算式の違い：CALCULATE関数に注意

前回はメジャーで絞り込んだテーブルをCALCULATEに渡しました。次にメジャーの代わりに計算式を直接入力して同じ結果になるかを確認します。［fx販売数量合計］は以下の式なので、これをメジャーと差し替えれば結果になるはずです。

```
SUMX('F_売上', 'F_売上'[販売数量])
```

先ほどの［fx販売数量 商品ごと >= 100］の[販売数量合計]を上の式に差し替えた以下の式を追加します。

```
販売数量 商品ごと >= 100 ②
```

```
= VAR t_Products =
    FILTER('G_商品', SUMX('F_売上', 'F_売上'[販売数量]) >= 100)
RETURN
    CALCULATE([販売数量合計], t_Products)
```

以下のようにとても奇妙な結果になりました。

商品ごとにかけたフィルターが効いていない。

こちらは問題ない

行ラベル	販売数量合計	販売数量 商品ごと >= 100	販売数量 商品ごと >= 100 ②
⊟奥村			
⊞飲料	**938**	501	938
⊟菓子			
アイスクリーム	128	128	128
カップケーキ	107	107	107

「商品名」単位では正しく計算ができていますが、商品カテゴリーの階層では飲料全体の販売数量合計になっています。これはなぜでしょうか？ DAXクエリの復習になりますが、以下2点を思い出してください。

① CALCULATEは「環境移行」により行参照環境の情報でフィルターをかける
② メジャーは見えないところで自動的にCALCULATEを追加している

したがって、VARの仮想テーブル内の式をCALCULATEで囲めば直りそうです。式を以下のように修正してください。

```
販売数量 商品ごと >= 100 ③
= VAR t_Products =
    FILTER('G_商品',
        CALCULATE(SUMX('F_売上', 'F_売上'[販売数量])) >= 100)
RETURN
    CALCULATE([販売数量合計], t_Products)
```

今度は同じ結果になりました。仮想テーブルを使うときは、この動作の違いに注意してください。

行ラベル	販売数量合計	販売数量 商品ごと >= 100	販売数量 商品ごと >= 100 ②	販売数量 商品ごと >= 100 ③
⊟奥村				
⊞飲料	938	501	938	501
⊟菓子				
アイスクリーム	128	128	128	128
カップケーキ	107	107	107	107

テーブル渡しの手動フィルターと自動フィルターの干渉

テーブル渡しのフィルターについても、フィルターの干渉について確認します。平行フィルターについては、[fx販売数量 商品ごと >= 100] で、列フィルターと同じ動作であることを確認済みなのでここでは省略します。

◎テーブル渡しの「合成フィルター」

上書きフィルターと同じことをテーブルフィルターで行うとどうなるでしょうか？　以下のメジャーを追加します。

```
商品カテゴリー=菓子T
= VAR t_ProductC =
     FILTER('G_商品カテゴリー',
          'G_商品カテゴリー'[商品カテゴリー] = "菓子")
RETURN
     CALCULATE([販売数量合計], t_ProductC)
```

行ラベル	販売数量合計	商品カテゴリー=菓子T
⊟奥村		
⊞飲料	938	
⊞菓子	744	744
⊞雑貨	656	
⊞食料品	720	

列フィルターとは逆で、この場合、合成フィルターの動作となりました。

◎テーブル渡しの「上書きフィルター」

それではテーブル渡しのフィルターで上書きフィルターを実現するにはどうすればよいでしょうか？　それにはFILTER関数の中でテーブル関数としてのALLを使う必要があります。FILTER関数の第1引数のG_商品カテゴリーをALLで囲んだメジャーを追加します。

```
商品カテゴリー=菓子AT
= VAR t_ProductC =
    FILTER(ALL('G_商品カテゴリー'),
        'G_商品カテゴリー'[商品カテゴリー] = "菓子")
RETURN
    CALCULATE([販売数量合計], t_ProductC)
```

今度は上書きフィルターの動作になりました。

行ラベル	販売数量合計	商品カテゴリー=菓子T	商品カテゴリー=菓子AT
⊟奥村			
⊞飲料	938		744
⊞菓子	744	744	744
⊞雑貨	656		744
⊞食料品	720		744

ALL関数には、CALCULATE修飾子としての機能の他に、フィルターを解除したテーブルを作るもう1つの機能があります。今回はALLでフィルターを解除して新たに「菓子」としてフィルターをかけ直したため、上書きフィルターの動作になりました。それに対して先述の場合、FILTER関数の中のG_商品カテゴリーはすでに自動フィルターで絞り込まれていたため、結果として合成フィルターの動作をしています。

テーブル全体と、1つの列を渡した場合の違い

ここまで使用してきたテーブルはテーブル全体をCALCULATE関数に渡していました。その他、テーブルの列を指定して以下のようにフィルターをかけることも可能です。

```
商品カテゴリー=菓子TV
= VAR t_ProductC =
    FILTER(VALUES('G_商品カテゴリー'[商品カテゴリー]),
    'G_商品カテゴリー'[商品カテゴリー] = "菓子")
RETURN
    CALCULATE([販売数量合計], t_ProductC)
```

結果はテーブル全体を渡したケースと同じに見えます。

行ラベル	販売数量合計	商品カテゴリー=菓子T	商品カテゴリー=菓子TV
⊟奥村			
⊞飲料	938		
⊞菓子	744	744	744
⊞雑貨	656		
⊞食料品	720		

ピボットテーブルの行項目をすべて外した結果も見てみましょう。メジャーの式が並ぶのでフィールドリストの「Σ値」を「行」に設定して確認してください。

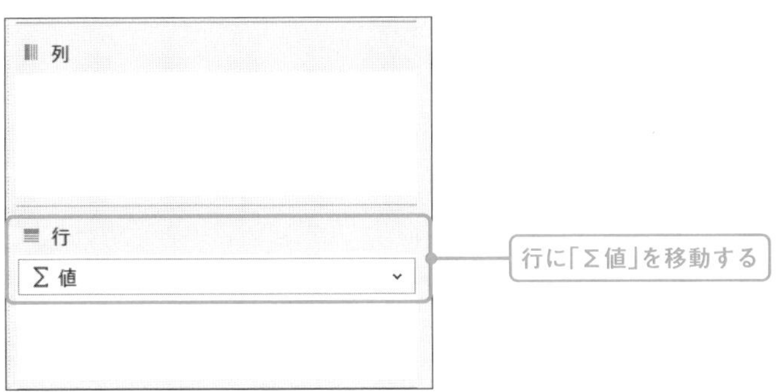

値	
販売数量合計	106,018
商品カテゴリー=菓子T	24,585
商品カテゴリー=菓子TV	24,585

こちらも同じ結果になりました。それぞれ見た目は同じですが、裏側のフィルターのかかり方はどのように違うか確認してみます。

◎テーブル全体を渡したとき

テーブルをそのままの形でCALCULATE関数に渡したとき、どの列がフィルターとして有効なのかをISFILTERED関数で確認します。以下の2つのメジャーを追加してください。ちなみに、ピボットテーブルには行・列ともに項目は設定されていないので、CALCULATE関数で指定された項目だけがISFILTERED関数で判断されます。

```
商品カテゴリー=菓子Tカテゴリー F
= VAR t_Product =
    FILTER('G_商品カテゴリー',
        'G_商品カテゴリー'[商品カテゴリー] = "菓子")
RETURN
    CALCULATE(ISFILTERED('G_商品カテゴリー'[商品カテゴリー]),
    t_Product)

商品カテゴリー=菓子Tカテゴリー ID F
= VAR t_Product =
    FILTER('G_商品カテゴリー',
        'G_商品カテゴリー'[商品カテゴリー] = "菓子")
RETURN
    CALCULATE(ISFILTERED('G_商品カテゴリー'[商品カテゴリーID]),
    t_Product)
```

どちらの結果もTRUEでG_商品カテゴリーの列はすべて手動フィルターとして追加されていることが分かります。

値	
販売数量合計	106,018
商品カテゴリー=菓子T	24,585
商品カテゴリー=菓子TV	24,585
商品カテゴリー=菓子T カテゴリーF	TRUE
商品カテゴリー=菓子T カテゴリーID F	TRUE

テーブル全体を渡すと他の列にもも直接フィルターがかかる

◎列を限定して渡したとき

続いて「商品カテゴリー」列に絞ったテーブルを渡した場合に有効なフィルターを確認します。以下のメジャーを追加してください。

```
商品カテゴリー=菓子TV カテゴリー F
= VAR t_ProductC =
    FILTER(VALUES('G_商品カテゴリー'[商品カテゴリー]),
    'G_商品カテゴリー'[商品カテゴリー] = "菓子")
RETURN
    CALCULATE(ISFILTERED('G_商品カテゴリー'[商品カテゴリー]),
    t_ProductC)

商品カテゴリー=菓子TVカテゴリーID F
= VAR t_ProductC =
    FILTER(VALUES('G_商品カテゴリー'[商品カテゴリー]),
    'G_商品カテゴリー'[商品カテゴリー] = "菓子")
RETURN
    CALCULATE(ISFILTERED('G_商品カテゴリー'[商品カテゴリーID]),
    t_ProductC)
```

以下の結果となりました。

値	
販売数量合計	106,018
商品カテゴリー=菓子T	24,585
商品カテゴリー=菓子TV	24,585
商品カテゴリー=菓子T カテゴリーF	TRUE
商品カテゴリー=菓子T カテゴリーID F	TRUE
商品カテゴリー=菓子TV カテゴリー F	TRUE
商品カテゴリー=菓子TV カテゴリーID F	FALSE

VALUESで列を限定しているので、他の列に直接フィルターはかからない

今回は先ほどと異なり、VALUES関数で指定されていなかった「商品カテゴリーID」の結果はFALSEとなり、フィルターとして設定されていないことが分かりました。つまり、テーブル全体を渡すとすべての列に、列を限定したテーブルを渡すとその列のみにフィルターが効くということです。

6 変数 VARとCALCULATE関数+ALL関数

VAR変数とCALCULATE関数を同時に使用するとき、1つ気を付けなくてはいけない点があります。それは、VARは「値を固定して持つ」ということです。したがって、VARで定義した変数をCALCULATE関数の中で、テーブルや「1つの値」として参照した場合、後からALL関数を使ってもVARの中身は変わらないということです。このことを以下2つのメジャーを値に追加して確認します。

```
商品カテゴリーLOV ALL
= CALCULATE(
    CONCATENATEX(VALUES('G_商品カテゴリー'[商品カテゴリー]),
        'G_商品カテゴリー'[商品カテゴリー], "-"),
    ALL('G_商品カテゴリー'))

商品カテゴリー=菓子T_VAR_ALL
```

```
= VAR t_ProductC =
    FILTER('G_商品カテゴリー',
        'G_商品カテゴリー'[商品カテゴリー] = "菓子")
RETURN
    CALCULATE(
        CONCATENATEX(t_ProductC,
            'G_商品カテゴリー'[商品カテゴリー], "-"),
        ALL('G_商品カテゴリー'))
```

以下の結果になりました。

行ラベル	販売数量合計	商品カテゴリーLOV ALL	商品カテゴリー=菓子T_VAR_ALL
飲料	26,482	飲料-食料品-菓子-雑貨	
菓子	24,585	飲料-食料品-菓子-雑貨	菓子
雑貨	23,492	飲料-食料品-菓子-雑貨	
食料品	31,459	飲料-食料品-菓子-雑貨	
総計	**106,018**	**飲料-食料品-菓子-雑貨**	**菓子**

「商品カテゴリーLOV ALL」の結果は予想した通り、すべての商品カテゴリーを列挙しています。それに対して「商品カテゴリー=菓子T_VAR_ALL」はALL関数を使っているにもかかわらず、「菓子」のみの結果を表示しています。これは、VARを使用した時点でテーブルの中身が固定されており、その後にCALCULATE関数+ALL関数を使用しても、そこは覆せないためです。ALLとVARを使うときはこの点に注意してください。

［第2章］

リレーションシップ

パワーピボットでは「リレーションシップ」で複数のテーブルをつないだデータモデルを作り、それを元に集計・分析を行います。このデータモデルの組み方次第で可能な集計・分析が決まってくるので、リレーションシップの働きを理解することはとても重要です。

リレーションシップは、双方に共通した項目（まとめテーブル側の「主キー」と数字テーブル側の「外部キー」）を使って2つのテーブルをつなぎます。結果として、まとめテーブルの項目を選択することで、集計対象の数字テーブルを絞り込むことができます。一言でいうとリレーションシップは、「まとめテーブル」の集計単位で集計対象の「数字テーブル」のサブグループを作る仕組みです。

このリレーションシップにはいくつかの重要なルールがあり、それによってフィルターの動作が変わってきます。本章ではそれらのルールを体得していきます。

1 リレーションシップのつなぎ方と働き

リレーションシップは、一方のテーブルの行が1つ定まると、もう一方のテーブルの行が複数特定される「1：M（Many）」の関係を基本にします。この仕組みを基本として「まとめテーブル」と「数字テーブル」が存在し、また利用できるデータモデルの形と可能な集計のパターンが決まってきます。

カーディナリティ：テーブルとテーブルの関係性

両者に共通するキーを持つテーブルどうしの対応関係を「**カーディナリティ（Cardinality）**」といいます。カーディナリティは、一方のテーブルの行が決まるとき、もう一方のテーブルの行がどれだけ決まるかの関係性を示しています。

このテーブルどうしの関係性＝カーディナリティは以下の3つに分類できます。

- 1：1の関係
- 1：Mの関係（1対多の関係）
- M：Mの関係（多対多の関係）

◎1：1の関係

取引先マスターと、会社ごとにユニークに振り分けられる「法人番号」をキーにしたテーブルがあり、それらを法人番号で結び付けた場合、それぞれの行は完全に対になっているので「1：1の関係」となります。つまり、**テーブルAの行が1つ決まるときテーブルBの行が1つだけ決まり、かつその逆も正しい場合に、「1：1」の関係となります**。

この場合2つのテーブルは物理的に分かれている必要はなく同一のテーブルであっても構いませんので、データを読み込むときにパワークエリで結合してしまっても同じです。

図2-1　1：1の関係

◎1：Mの関係

取引先マスターと売上実績テーブルがあり、1つの取引先に対して複数の売上実績が発生する場合、「1：M」の関係となります。このとき、売上明細の1行には必ず1つだけの取引先法人が登場し、同時に異なる取引先が登場することはありません。つまり、**テーブルAの行が1つ決まるときテーブルBの行が複数決まり、かつテーブルBの行が1つ決まるときテーブルAの行が1つだけ決まるとき、「1：M」の関係となります**。

1→Mの方向に注目すると、この「1：M」の関係の特徴はピラミッド型の集計を可能にします。以下の図でいうと、A社の実績は、B1＋B2＋B3の売上を足し合わせたものと常に一致します。

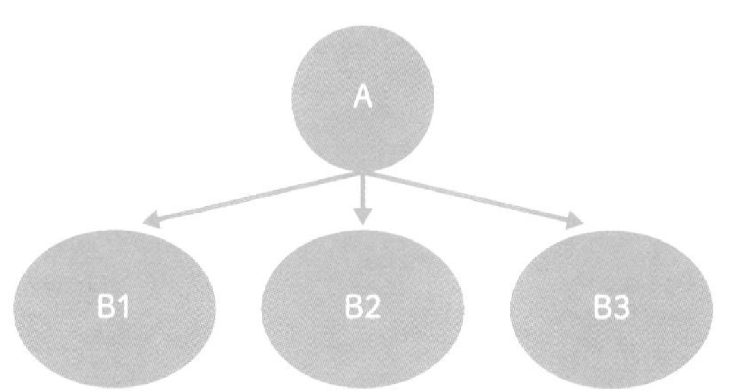

図2-2　1：Mの関係

これとは逆にM→1の方向性に注目すると、「M」側のテーブルが決まると対応する「1」側の行をユニークに特定できます。このことを「参照」といいます。DAXクエリでRELATED関数を使ってF_売上からG_商品［商品名］を取得したケースがこれに相当します。

「1：M」の関係はその方向性に注目すると以下の関係性になります。

・「1」→「M」は集計（データの集まりを作る）

・「M」→「1」は参照（1つの値を取得）

◎M：Mの関係

これはテーブルとテーブルの関係がネットワーク状に交錯するケースです。例えば、取引先マスターと営業マスターを考えると、それぞれの営業スタッフが複数の取引先とかかわっていたり、逆に1つの取引先が複数の営業スタッフとかかわっていたりするケースがあります。つまり、**テーブルAの行が1つ決まるときテーブルBの行が複数決まり、かつテーブルBの行が1つ決まるときテーブルAの行が複数決まるとき、「M：M」の関係となります**。

この「M：M」の関係は、列挙型・並列型の集計となるため、すべての組み合わせの集計結果には重複が発生します。例えば、以下の図ではA1が関連する実績はB1、B2、B3の3社の合計、A2の関連する実績はB1とB3の2社の合計です。したがって、A1とA2の実績合計は、B1、B2、B3の合計ではなく、さらにB1とB3を足した額になります。

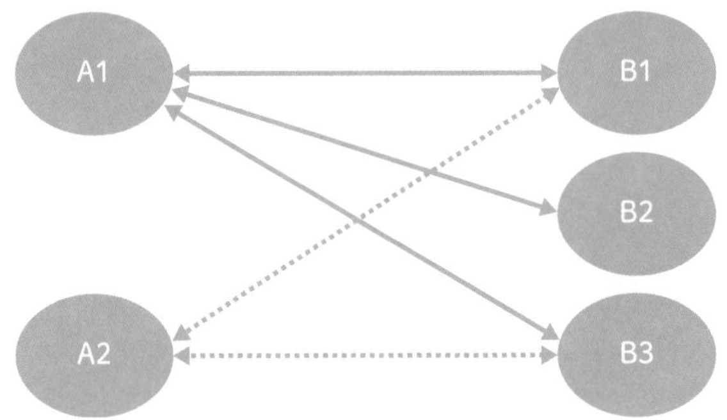

図2-3　M：Mの関係

◎パワーピボットのリレーションシップは常に「1：M」の関係

パワーピボットのリレーションシップで直接作成できるカーディナリティは、「1：M」の関係のみです（Power BIではその限りではありません）。「1」側のテーブルには、商品IDのようにその行をユニークに特定するプライマリ・キーが存在し、「M」側のテーブルには、この「1」側のプライマリ・キーを参照するための外部キーが存在します。一般的にはこの「1」側にはまとめテーブルが、

「M」側には数字テーブルが登場します。

したがってリレーションシップを作成するとき、「1」側のテーブルのプライマリ・キーに重複したレコードが存在すると、以下のようなエラーメッセージが表示され、リレーションシップを作ることはできません。

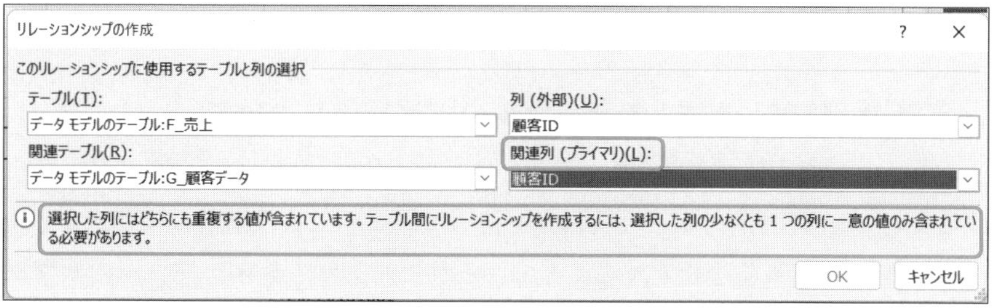

リレーションシップの作成
このリレーションシップに使用するテーブルと列の選択
テーブル(T): データ モデルのテーブル:F_売上
列 (外部)(U): 顧客ID
関連テーブル(R): データ モデルのテーブル:G_顧客データ
関連列 (プライマリ)(L): 顧客ID
選択した列にはどちらにも重複する値が含まれています。テーブル間にリレーションシップを作成するには、選択した列の少なくとも 1 つの列に一意の値のみ含まれている必要があります。
OK キャンセル

◎あえてリレーションシップを使わないケース

なお、いずれのカーディナリティであれ、リレーションシップは双方のテーブルに存在する共通のキーを使ってデータを絞り込みます。したがって、登場する値が限られている商品や日付などでデータをフィルターする目的には適しています。

一方、売上が3,129円以上や重量が158g以上といった「量」を元にフィルターをかけるのには適していません。このような場合は、あえてリレーションシップを持たない独立した範囲テーブルを作り、メジャーを使ってデータの絞り込みを行います。

◎テーブルとテーブルの関係のまとめ

テーブルどうしのカーディナリティを考えると、それぞれ以下のアプローチを採用することになります。

1：1の関係	パワークエリのマージで最初からテーブルに結合
1：Mの関係	標準のリレーションシップの作成
M：Mの関係	リレーションシップとCROSSFILTER関数
リレーションシップなし	独立テーブル

表2-1　テーブルとテーブルの関係

「まとめテーブル」と「数字テーブル」

データモデルに登場するテーブルは大きく分けると「まとめテーブル」と「数字テーブル」の2種類のテーブルがあります。カーディナリティの観点からいうとまとめテーブルは「1」、数字テーブルは「M」に該当します。

◎集計の「粒度」とまとめテーブルの階層構造について

まとめテーブルはプライマリ・キーを最小の単位として、データをグループ化するための階層構造（まとめ項目）を持っています。この構造により、まとめテーブルの集計単位を指定することで、それに対応する数字テーブルのサブグループの大きさを自由に調整することができます。

一般的に情報の細かさのことを「粒度」といいます。この粒度にはデータ自体の粒度と集計の粒度があり、この粒度の大きさにより集計可能な細かさが決まります。まとめテーブルはテーブルの中で最も細かい粒度をプライマリ・キーとします。

カレンダーテーブルを例に取ると、日付が最小単位なのでデータの粒度は「日付」になります。そこを起点として週・月・四半期・年のまとめ項目を持っているので、ピボットテーブルで使用する際はこの5レベルの集計の粒度をコントロールして集計値の焦点を変えていくことになります。

これが例えば、売上テーブルに「日付」が存在せず、「月」が最小粒度である場合、カレンダーテーブルもそれに引っ張られてデータの粒度の最小単位が「月」となり、集計の粒度は「月」「四半期」「年」の3レベルに狭められます。

もちろんこの粒度が細かければ細かいほど、集計可能な粒度の幅は広くなりますが、その分データ量が多くなり、パフォーマンスが低下するという副作用も生じます。集計の粒度の設計はレポートの目的に応じて決めるのがよいでしょう。

◎まとめテーブルと数字テーブルの例

以下、典型的なまとめテーブルと数字テーブルの例になります。まとめテーブルはモノ・ハコ・ヒトといった単位を扱い、数字テーブルはお金やスコアといった数値化可能な物差しが対象となります。

・まとめテーブルの例
　▷時間：カレンダー
　▷モノ：商品
　▷ハコ：支店
　▷ヒト：社員、顧客、アンケート回答者

・数字テーブルの例
　▷お金（実績）：受注実績、売上実績、経費実績
　▷お金（予定）：売上予算、経費予算
　▷スコア：アンケートの満足度

リレーションシップのつなぎ方

リレーションシップは以下のメニューで作成します。

▶［データ］タブ→［データツール］→［リレーションシップ］をクリック

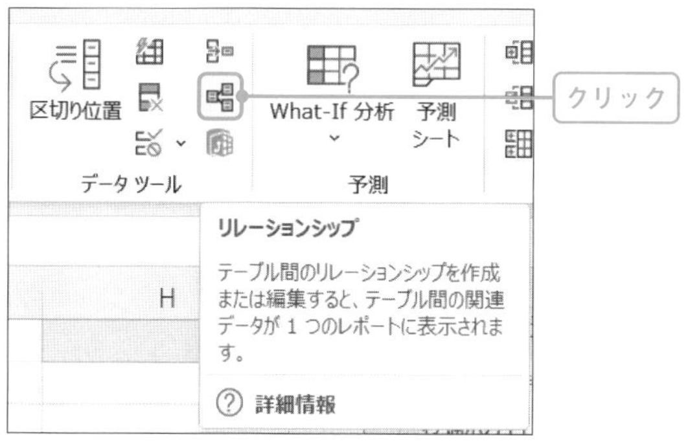

▶ ［リレーションシップの管理］→［新規作成］をクリック

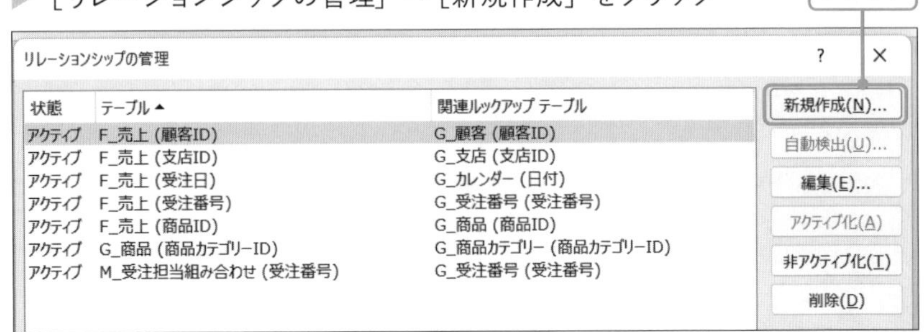

▶ リレーションシップの作成画面では、上の「テーブル」にカーディナリティが「M」側のテーブルを、下の「関連テーブル」に「1」側のテーブルをセットします。

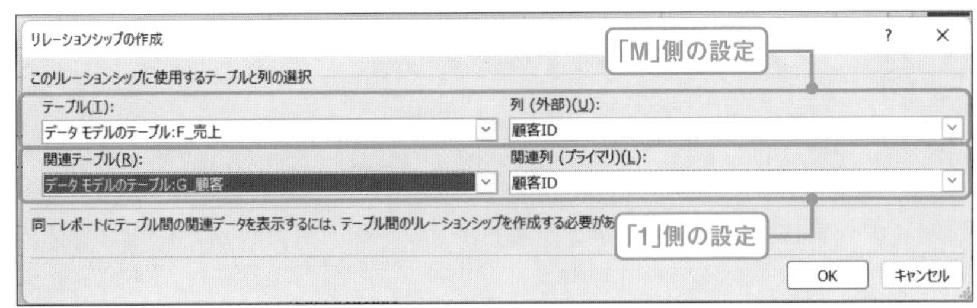

2 データモデルの種類

「数字テーブル」と「まとめテーブル」をつないで作ったデータモデルの形を、一般的に「スキーマ」と呼びます。スキーマという言葉は日本語でなじみがないので、本書では「○○型データモデル」と呼びますが、読者の皆さんが本書以外の情報源にアクセスするときのため、一般的な呼び方も紹介しておきます。

実務で使用するデータモデルは複雑になることが多いです。そのため「これらのデータモデルをどれか1つだけを選んで使う」というのではなく、「データモデル全体を見渡したときに、一部に注目すると、このいずれかの組み合わせになっている」と考えるのが現実的です。

星形データモデル（スター・スキーマ）

最も基本となるデータモデルの形で、中央に1つの数字テーブル、その周囲に複数のまとめテーブルを置いた形です。五芒星のような形をとるため星形データモデル（スター・スキーマ）と呼びます。

以下の図では、まとめテーブルを「G」で、数字テーブルを「F」で表しています。矢印の方向はフィルターが効く方向を示しています。**カーディナリティの観点でいうと、周辺にあるまとめテーブルは「1」、中央の数字テーブルは「M」であるため、カレンダー・商品・社員といった各種まとめ項目を使って数字テーブルのサブグループを作ることができます**。

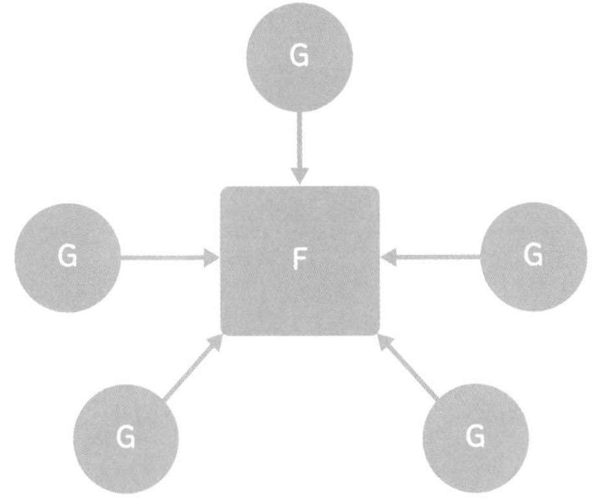

図2-4　星形データモデル

スノーフレーク・スキーマ

星形データモデルの変化形で、まとめテーブルが階層を持つケースです。スノーフレーク（Snowflake）とは雪の結晶のことですが、雪の結晶は中央から末端に節のある枝が伸びるように見えるため、このような名前が付いているのでしょう。本書のサンプルではG_商品とG_商品カテゴリーの関係が該当します。

このデータモデルで重要な点は、フィルタリングは常に「1：M」のカーディナリティの「1」の側から降りてくるということです。以下の例ではG1→G2→Fという形でフィルタリングされます。これはテーブルの階層が複数重なっても同じです。

用途としては、『Excelパワーピボット』でも紹介しましたが、後述する「ダイヤ形データモデル」で実績と予算の粒度の差異を吸収するために使用されることがあります。

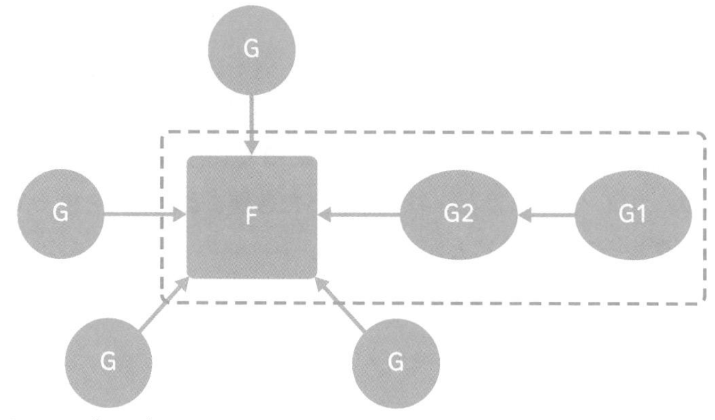

図2-5　スノーフレーク・スキーマ

ダイヤ形データモデル（ギャラクシー・スキーマ）

複数の「数字テーブル」を共通の「まとめテーブル」を介してつないだデータモデルです。複数のスター・スキーマを組み合わせた形になるため「ギャラクシー（銀河）・スキーマ」と呼ばれるようです。本書では構造がひし形に見えることから「ダイヤ形データモデル」と呼んでいます。

このデータモデルは、従来の1つのテーブルのピボットテーブルではなしえない集計を可能にするという意味で、パワーピボットらしく、かつ極めて画期的だといえます。

用途としては、売上目標と実績を、カレンダー・社員・商品といったカテゴリーで同じピボットテーブルで集計・分析するケースです。

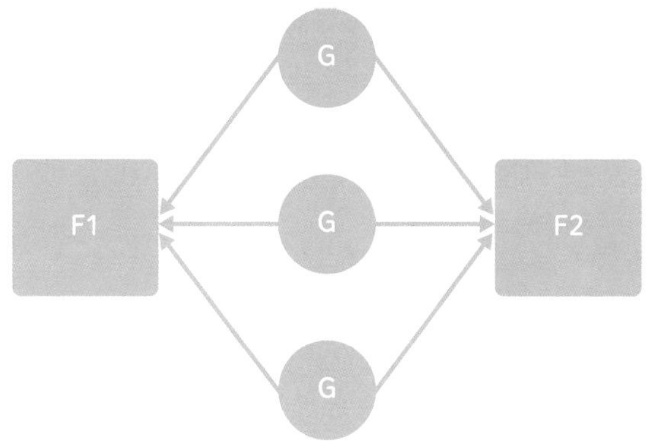

図2-6　ダイヤ形データモデル

3 リレーションシップの決まり

ここからリレーションシップの細かな決まりを紹介します。いかにリレーションシップが画期的だとしても、それを使うにあたっておさえておくべきポイントがあります。この節では3つのポイントを紹介します。「リレーションシップの方向」と「アクティブ・非アクティブなリレーションシップ」についてはそれぞれ独立した節で説明します。

リレーションシップとして結合できるのは1つの列だけ

リレーションシップでテーブルの列をつなぐとき、指定できる列はそれぞれ1つだけです。したがって「受注番号」と「受注明細番号」といった2つの列の組み合わせでテーブルをつなぎたい場合は、あらかじめそれらを連結した「連結キー項目」を用意してつなぎます。

今回のサンプルでは、受注番号と受注明細番号を「_（アンダースコア)」で結合した「受注明細キー」を使用しますが、皆さんが実務で使用される場合はパワークエリの「列の追加→列の結合」などで連結キーを用意するとよいでしょう。

例えば、以下のように受注明細単位で何らかの集計から除外したい売上明細データがある場合、上記で作成した「受注明細キー」と以下のような「T_受注明細除外」テーブルを用意し、それらをリレーションシップでつなぐことでスライサーで除外することが可能になります。

受注明細キー	除外
20160401001_2	Yes
20210525001_3	Yes
20210924001_4	Yes

「1」側に存在しない値はブランクにまとめられる

「M」側の数字テーブルの外部キーが「1」側のまとめテーブルに存在しない場合、それらはブランクにまとめられます。リレーションシップを作成した時点で自動的に「1」側のテーブルにブランク行が追加されます。

試しに以下の設定でピボットテーブルを作成します。

- 行：G_顧客[会社名]、G_顧客[顧客名]
- 値：[fx売上合計]

ピボットテーブル末尾に（空白）のデータが表示されます。

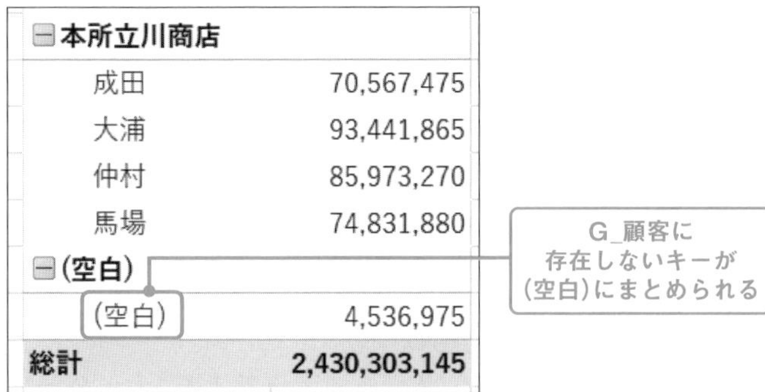

本所立川商店	
成田	70,567,475
大浦	93,441,865
仲村	85,973,270
馬場	74,831,880
(空白)	
(空白)	4,536,975
総計	**2,430,303,145**

さらに以下のDAXクエリを実行し、まとめテーブルの顧客IDをリストすると、

末尾に元々存在しない空白行が追加されているのを確認できます。

```
EVALUATE
VALUES('G_顧客'[顧客ID])
```

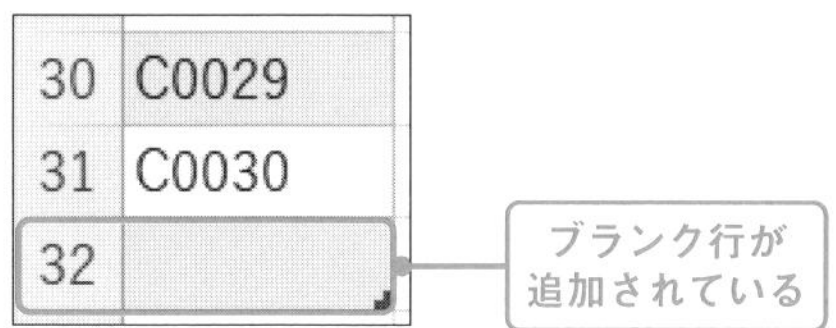

ブランク行に対するVALUES関数とDISTINCT関数の違い

リレーションシップを作成したとき、キーが存在しない値に対してブランク行が補完される話をしました。こちらに関して、VALUES関数を使うとブランク行も表示されますが、DISTINCT関数を使うとブランク行を除外したユニークな値の組み合わせを作ります。

```
EVALUATE
DISTINCT('G_顧客'[顧客ID])
```

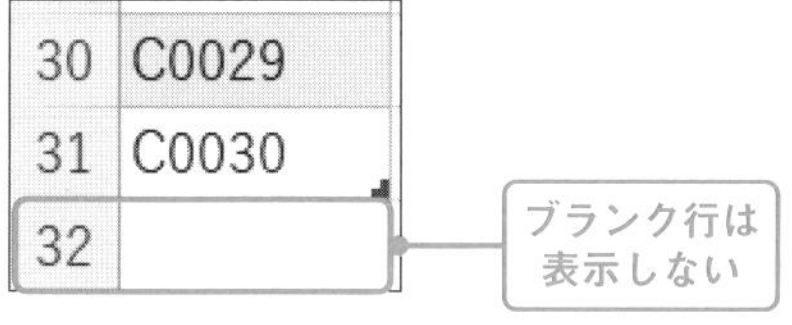

「M」側テーブルのフィルターを解除すると、「1」側テーブルにも効果が及ぶ

フィルターの章でALL関数でテーブル全体のフィルターを解除できる話をしました。**リレーションシップに関していうと、「M」側のテーブル全体のフィル**

ターを解除すると、それにつられて「1」側のテーブルのフィルターもすべて解除されます。列フィルターの解除ではこの動作はしません。

動作を確認するため、以下のピボットテーブルを作成します。

- 列：G_カレンダー[暦年]
- 行：G_商品カテゴリー[商品カテゴリー]、G_商品[商品名]
- 値：[fx売上合計]
- ピボットテーブルの「飲料」の隣の「—」をクリックして「+」にする

この段階では、以下の集計結果となっています。

売上合計	列ラベル		
行ラベル	2016	2017	2018
⊞飲料	37,100,005	81,660,215	83,278,320
⊟菓子			
アイスクリーム	5,040,230	11,996,370	13,642,015
カップケーキ	946,440	22,078,980	21,968,100
ショートケーキ	11,201,760	18,115,920	12,785,040

◎最下層のテーブルにALLをかけた場合

ここで「M」側のテーブルにALLをかけたときの動作を確認するため、以下のメジャーを追加します。

```
売上合計_F_売上ALL
= CALCULATE([売上合計], ALL('F_売上'))
```

以下のように、すべてのセルでF_売上の総合計が表示されました。

F_売上の総合計が表示される

列ラベル				
	2016		2017	
行ラベル	売上合計	売上合計_F_売上ALL	売上合計	売上合計_F_売上ALL
⊞飲料	**37,100,005**	**2,430,303,145**	**81,660,215**	**2,430,303,145**
⊟菓子				
アイスクリーム	5,040,230	2,430,303,145	11,996,370	2,430,303,145
ウィスキー		2,430,303,145		2,430,303,145
うどん		2,430,303,145		2,430,303,145

ここでは列・行ともに自動フィルターがかかっているにもかかわらず、すべてのフィルターが無効になっています。それぞれのテーブルの直接フィルターを確認するため以下のメジャーを追加します。

```
カレンダー年x売上_IF
= CALCULATE(ISFILTERED('G_カレンダー'[暦年]), ALL('F_売上'))

商品名x売上_IF
= CALCULATE(ISFILTERED('G_商品'[商品名]), ALL('F_売上'))

商品カテゴリーx売上_IF
= CALCULATE(ISFILTERED('G_商品カテゴリー'[商品カテゴリー]),
    ALL('F_売上'))
```

すると、すべての結果がFALSEになります。

「1」側のすべてのテーブルのフィルターが解除されている

列ラベル					
	2016				
行ラベル	売上合計	売上合計_F_売上ALL	カレンダー年x売上_IF	商品カテゴリーx売上_IF	商品名x売上_IF
⊞飲料	**37,100,005**	**2,430,303,145**	**FALSE**	**FALSE**	**FALSE**
⊟菓子					
アイスクリーム	5,040,230	2,430,303,145	FALSE	FALSE	FALSE
ウィスキー		2,430,303,145	FALSE	FALSE	FALSE
うどん		2,430,303,145	FALSE	FALSE	FALSE

リレーションシップでいうと、「M側」のF_売上テーブルのフィルターをALL

で解除することにより、直接・間接を問わずそこにつながる「1」側のすべてのフィルターも併せて解除されています。

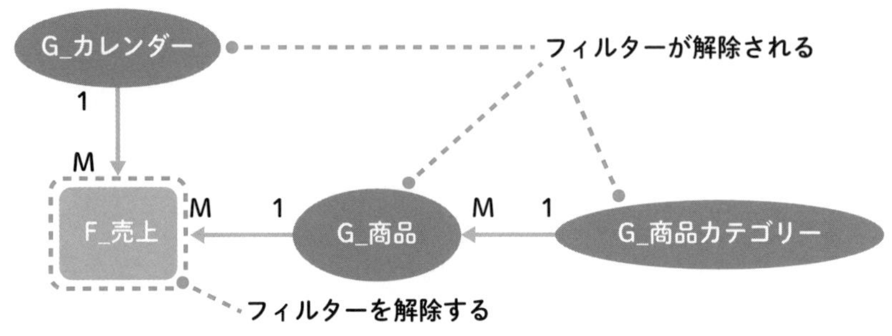

図2-7　併せて解除

◎中間のテーブルにALLをかけた場合

次に1つリレーションシップの階層を上げて、G_商品にALLをかけてみます。以下のメジャーを追加してください。

```
売上合計_G_商品ALL
= CALCULATE([売上合計], ALL('G_商品'))

カレンダー年x商品_IF
= CALCULATE(ISFILTERED('G_カレンダー'[暦年]), ALL('G_商品'))

商品カテゴリーx商品_IF
= CALCULATE(ISFILTERED('G_商品カテゴリー'[商品カテゴリー]),
    ALL('G_商品'))

商品名x商品_IF
= CALCULATE(ISFILTERED('G_商品'[商品名]), ALL('G_商品'))
```

G_カレンダーのフィルターは効いていますが、G_商品カテゴリーとG_商品名のフィルターは解除されています。

フィルターが有効　フィルターは解除

	列ラベル			
	2016			
行ラベル	売上合計_G_商品ALL	カレンダー年x商品_IF	商品カテゴリーx商品_IF	商品名x商品_IF
⊞飲料	139,314,090	TRUE	FALSE	FALSE
⊟菓子				
アイスクリーム	139,314,090	TRUE	FALSE	FALSE
ウィスキー	139,314,090	TRUE	FALSE	FALSE
うどん	139,314,090	TRUE	FALSE	FALSE

リレーションシップでいうと、G_商品テーブルのフィルターを解除することにより、そこにつながる「1」側のG_商品カテゴリーのフィルターも併せて解除されていますが、「M」側のF_売上とつながったG_カレンダーのフィルターは解除されていないことが分かります。

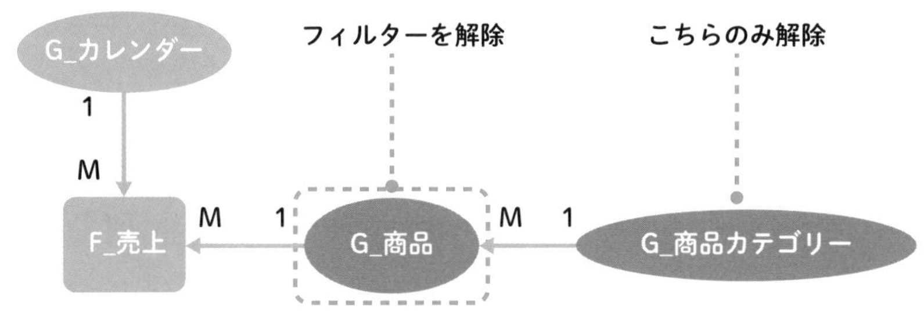

図2-8 「G_カレンダー」のフィルターは解除されていない

4 リレーションシップの方向

集計を行う上で「1：Mの関係」にはとても重要な性質があります。それは**リレーションシップによるフィルターは1→Mの方向にしか効かない**ということです。つまり、**「まとめテーブルの項目を選択することで、数字テーブルのサブグループを作ること」はできますが、逆に「数字テーブルの項目を選択することで、まとめテーブルのサブグループを作ること」はできない**ということです。したがって、基本的にデータモデルを作るときはこの性質を意識しデータモデルをデザインすることになります。

ただし、CROSSFILTERというフィルターの方向を変える特殊な関数を使用すると、メジャーの中でのみリレーションシップの方向を変えることができます。

逆方向のリレーションシップについて

リレーションシップによるフィルターには「1→M」という方向があります。それを逆方向にして集計するにはどうしたらよいでしょうか？

今回使用する例として、ある顧客担当営業から見て、それぞれの年度に何社の顧客と取引実績があったかを集計してみます。

◎「1→M」標準のリレーションシップのフィルター

まず顧客会社数を数えます。なお、顧客IDの登録されていないブランクを除外するため、t_CustCompanyではVALUES関数の代わりにDISTINCT関数を使用しています。以下のピボットテーブルとメジャーを追加します。

- 行：G_顧客[会社名]
- 値：[fx売上合計]、[fx顧客会社数]、[fx顧客会社名_ISCROSSFILTERED]

```
顧客会社数
= VAR t_CustCompany = DISTINCT('G_顧客'[会社名])
    VAR s_CompanyCnt = SUMX(t_CustCompany, 1)
  RETURN s_CompanyCnt
```

```
顧客会社名_ISCROSSFILTERED
= ISCROSSFILTERED('G_顧客'[会社名])
```

この段階では売上合計については「1→Mの関係」、[fx顧客会社数］については同じテーブルにあるため、正常に計算されています。（空白）の行に関してはVALUES関数ではなく、DISTINCT関数を使用しているため「顧客会社数」の値がブランクになっています。

行ラベル	売上合計	顧客会社数	顧客会社名_ISCROSSFILTERED
吉田商店	151,921,155	1	TRUE
玉川商店	157,604,075	1	TRUE
江戸日本橋商店	591,383,580	1	TRUE
江都駿河町商店	321,343,310	1	TRUE
三嶌越商店	255,736,450	1	TRUE
神奈川沖商店	230,952,780	1	TRUE
千住商店	231,196,950	1	TRUE
大野新田商店	160,813,380	1	TRUE
本所立川商店	324,814,490	1	TRUE
(空白)	4,536,975		TRUE
総計	**2,430,303,145**	**9**	**FALSE**

DISTINCTのためブランク

フィルターは有効

◎「M→1」へのフィルター：CROSSFILTER関数

次に、数字テーブル→まとめテーブル（M→1）のフィルターの働きを確認するため、ピボットテーブルを以下のように修正します。

▶ 行：F_売上[顧客担当社員ID]

［fx売上合計］は同じテーブルであるため正常に計算されますが、［fx顧客会社数］はすべての行で「9」の値が表示されています。これはリレーションシップの方向がM→1であるため、クロスフィルターが効いておらず、すべての顧客会社数を表示しているためです。

すべての顧客会社数を表示　　クロスフィルターも効いていない

行ラベル	売上合計	顧客会社数	顧客会社名_ISCROSSFILTERED
E001	508,489,755	9	FALSE
E002	461,420,305	9	FALSE
E003	512,615,485	9	FALSE
E004	462,149,730	9	FALSE
E005	485,627,870	9	FALSE
総計	**2,430,303,145**	**9**	**FALSE**

このときのリレーションシップを図にすると以下のようになります。今回の集計を行うためには太い矢印の部分をサポートしてあげればよいことになります。

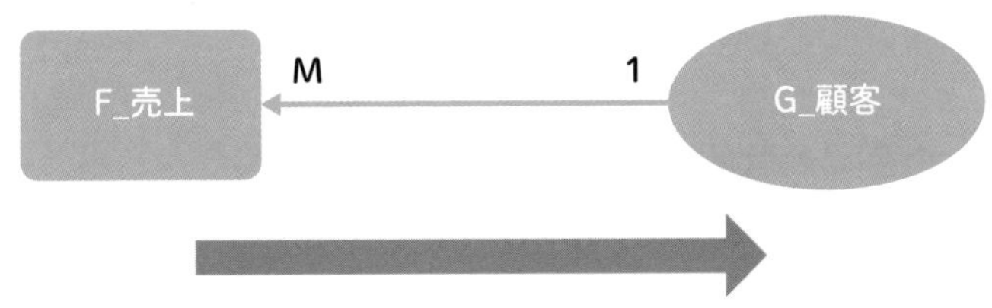

図2-9　リレーションシップの関係

リレーションシップのフィルター方向を変えるには、CROSSFILTER関数を使います。CROSSFILTER関数は、CALCULATE修飾詞なのでメジャーやフィルターに先んじて実行されます。そのため、リレーションシップによるフィルターの方向を変えた後に、顧客会社数の集計をすることが可能です。

CROSSFILTER関数の引数の1つ目と2つ目にはそれぞれ「M」側と「1」側のキー項目を設定します。そして、3つ目の引数に方向のBothをセットすると、双方向のフィルターを実現できます。

以下の2つのメジャーを追加します。

```
顧客会社数_BOTH
= CALCULATE(
    [顧客会社数],
    CROSSFILTER('F_売上'[顧客ID], 'G_顧客'[顧客ID], Both))
```

```
顧客会社名_BOTH_ISCROSSFILTERED
= CALCULATE(
    [顧客会社名_ISCROSSFILTERED],
    CROSSFILTER('F_売上'[顧客ID], 'G_顧客'[顧客ID], Both))
```

今度は正しく計算されました。クロスフィルターも有効です。

クロスフィルターが届いている

行ラベル	売上合計	顧客会社数	顧客会社名_ISCROSSFILTERED	顧客会社数_BOTH	顧客会社名_BOTH_ISCROSSFILTERED
E001	508,489,755	9	FALSE	3	TRUE
E002	461,420,305	9	FALSE	2	TRUE
E003	512,615,485	9	FALSE	2	TRUE
E004	462,149,730	9	FALSE	2	TRUE
E005	485,627,870	9	FALSE	2	TRUE
総計	**2,430,303,145**	**9**	**FALSE**	**9**	**FALSE**

取引のあった顧客会社数を正しく表示

◎「1→M→1」のフィルター

次にG_社員[社員名]を行にセットし、「1→M→1」のフィルターを確認します。

行ラベル	顧客会社数_BOTH
ウィリアム・クリフト	2
エドワード・ジェンナー	2
オットー・モーニッケ	2
ジョン・ハンター	3
フィリップ・シーボルト	2
総計	**9**

こちらも正しい結果になりました。この場合3つのテーブル間のフィルターの連鎖になりますが、最初のG_社員→F_売上は「1→M」でリレーションシップ標準のフィルターをそのまま使えます。後半はすでにCROSSFILTER関数でサポートされているため、目的の集計ができました。

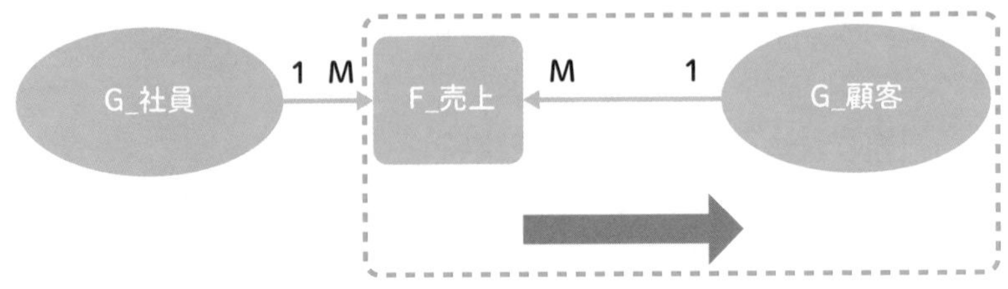

図2-10　3つのテーブル間でのフィルターの連鎖

◎「外部キー」の集計ならばCROSSFILTER関数は不要

先ほどは「顧客会社数」という、リレーションシップの方向では届かないG_顧客にアクセスするためにCROSSFILTER関数を使いました。これが単純に「顧客数」を求める場合は、わざわざG_顧客までいかなくても、F_売上に外部キーとして存在する「顧客ID」の数を数えればいいだけなので、CROSSFILTER関数を使わなくても以下の式でOKです。

```
顧客数
= VAR t_Customer = DISTINCT('F_売上'[顧客ID])
    VAR s_CustomerCnt = SUMX(t_Customer, 1)
  RETURN s_CustomerCnt
```

行ラベル	顧客会社数_BOTH	顧客数
ウィリアム・クリフト	2	9
エドワード・ジェンナー	2	6
オットー・モーニッケ	2	6
ジョン・ハンター	3	6
フィリップ・シーボルト	2	6
総計	**9**	**33**

ユニークな「顧客ID」の数をカウント

M：Mの関係

例えば営業スタッフの業績に関して、1つの「受注番号」の売上に複数名の営業スタッフが貢献したとします。このとき、各受注番号の売上を営業スタッフが一定の割合で共有するシナリオを考えます。

以下のように受注番号「20220502001」を3人の営業スタッフが、「20220131001」を2人の営業スタッフが共有するとします。

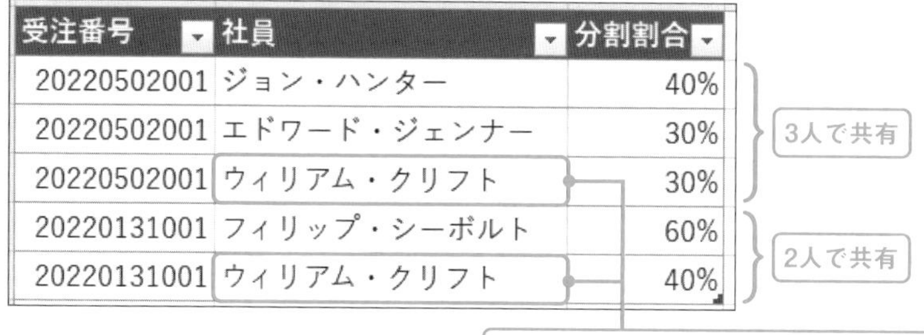

受注番号	社員	分割割合
20220502001	ジョン・ハンター	40%
20220502001	エドワード・ジェンナー	30%
20220502001	ウィリアム・クリフト	30%
20220131001	フィリップ・シーボルト	60%
20220131001	ウィリアム・クリフト	40%

この場合、以下のようなデータモデルを作成し、矢印の部分のフィルターをサポートしてM：Mのリレーションシップを実現します。

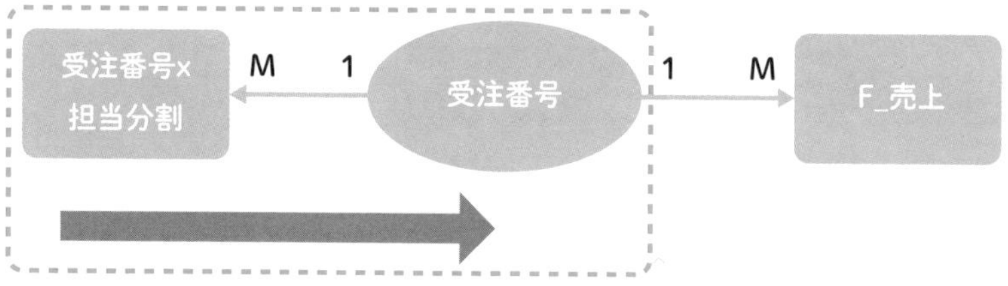

図2-11　M：Mのリレーションシップのモデル

◎パワークエリとリレーションシップでデータモデルを作る

まずデータモデルを作ります。分割のルールを定義する「T_受注番号x担当分割」を元に、「G_受注番号」テーブルを用意します。

▶ ［データ］タブ→［クエリと接続］→［T_受注番号x担当分割］クエリを右クリック→［参照］

▶「受注番号」の列名を右クリック→［他の列の削除］

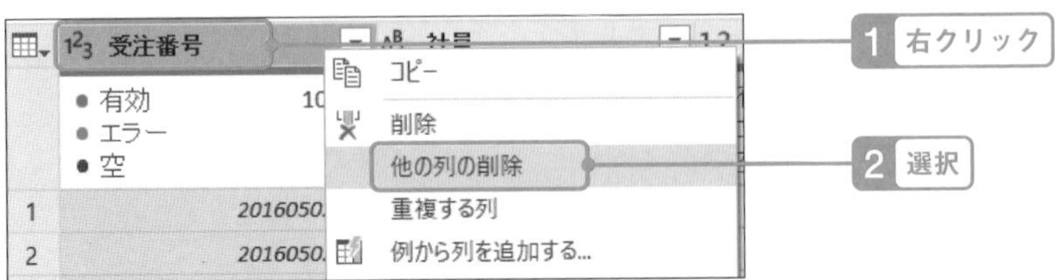

▶「受注番号」の列名を右クリック→［重複の削除］

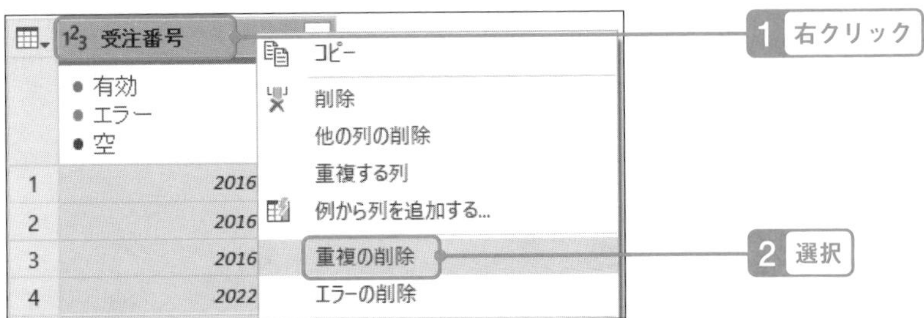

▶「クエリの設定」でクエリの名前を「G_受注番号」に変更

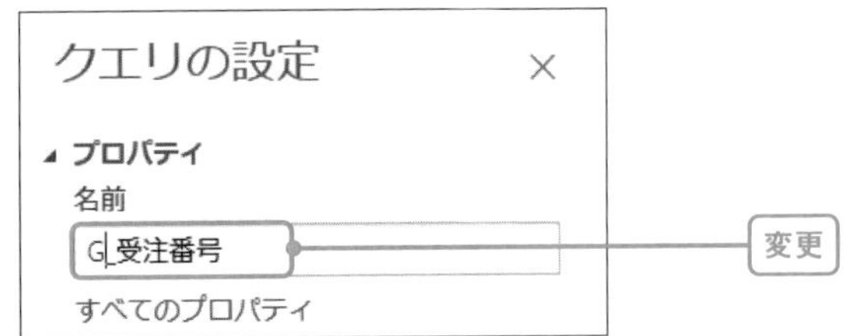

▶［閉じて読み込む］→［閉じて次に読み込む］

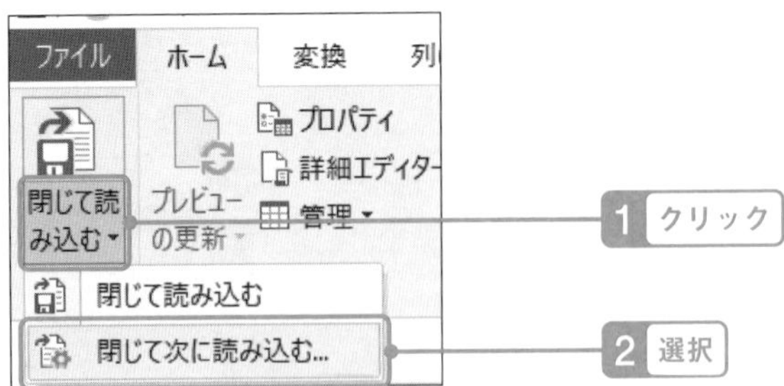

▶ ［接続の作成のみ］を選択→「このデータをデータモデルに追加する」をチェック→［OK］

次にリレーションシップを追加します。

▶ ［データ］タブ→［リレーションシップ］アイコン→［新規作成］

▶ 以下の2つのリレーションシップを追加

これでデータモデルが準備できました。

◎「M：M」のメジャーの作成

ここからメジャーを作成します。メジャーの作成には①CROSSFILTER関数で各担当者の受注金額合計を表示する、②SUMXでそれぞれの分割割合を反映させるの2つのステップがあります。

まずピボットテーブルを用意します。

▶ 行：T_受注番号x担当分割[社員]
▶ 値：[fx売上合計]

この段階ではリレーションシップによるフィルターが効いていないため、売上合計が全額表示されています。

行ラベル	売上合計
ウィリアム・クリフト	2,430,303,145
エドワード・ジェンナー	2,430,303,145
ジョン・ハンター	2,430,303,145
フィリップ・シーボルト	2,430,303,145
総計	**2,430,303,145**

次に以下のメジャーを追加します。

```
売上合計M_M
= CALCULATE (
        [売上合計],
        CROSSFILTER('T_受注番号x担当分割'[受注番号],
        'G_受注番号'[受注番号], Both))
```

以下の結果になりました。この段階では分割割合を反映せずに担当と受注番号の組み合わせの売上合計が表示されています。

行ラベル	売上合計	売上合計M_M
ウィリアム・クリフト	2,430,303,145	2,551,790
エドワード・ジェンナー	2,430,303,145	947,850
ジョン・ハンター	2,430,303,145	947,850
フィリップ・シーボルト	2,430,303,145	1,603,940
総計	**2,430,303,145**	**2,430,303,145**

M：Mの売上合計が反映された

総計には「社員名」のフィルターが効いていないので売上総額になる

ウィリアム・クリフトのみ2つの受注番号に登場するため、以下2つの売上が合算されています。

受注番号	売上合計
20220131001	1,603,940
20220502001	947,850

表2-2　合算されている売上

仕上げに以下のメジャーを追加して、分割割合を反映させます。SUMX関数を使って各分割割合ごとの売上を計算します。

```
売上合計担当分割
= SUMX(
        'T_受注番号x担当分割',
        [売上合計M_M] * 'T_受注番号x担当分割'[分割割合])
```

分割割合を反映した売上の集計ができました。

分割割合を反映

行ラベル	売上合計	売上合計M_M	売上合計担当分割
ウィリアム・クリフト	2,430,303,145	2,551,790	925,931
エドワード・ジェンナー	2,430,303,145	947,850	284,355
ジョン・ハンター	2,430,303,145	947,850	379,140
フィリップ・シーボルト	2,430,303,145	1,603,940	962,364
総計	**2,430,303,145**	**2,430,303,145**	**2,551,790**

テーブルフィルターによる「M：M」のリレーションシップ

なお、テーブル渡しのフィルターでもM：Mのリレーションシップを実現できます。このとき、「M→1」側のテーブルをCALCULATE関数に渡します。

```
売上合計M_M_TblFILTER
= CALCULATE(
        [売上合計],
        'T_受注番号x担当分割')
```

```
売上担当分割_TblFILTER
= SUMX(
      'T_受注番号x担当分割',
      [売上合計M_M_TblFILTER] * 'T_受注番号x担当分割'[分割割合])
```

行ラベル	売上合計	売上合計M_M	売上合計担当分割	売上合計M_M_TblFILTER	売上担当分割_TblFILTER
ウィリアム・クリフト	2,430,303,145	2,551,790	925,931	2,551,790	925,931
エドワード・ジェンナー	2,430,303,145	947,850	284,355	947,850	284,355
ジョン・ハンター	2,430,303,145	947,850	379,140	947,850	379,140
フィリップ・シーボルト	2,430,303,145	1,603,940	962,364	1,603,940	962,364
総計	**2,430,303,145**	**2,430,303,145**	**2,551,790**	**2,551,790**	**2,551,790**

総計はCROSSFILTER関数と異なり、2つの受注番号の合計になる

5 リレーションシップは2つのテーブルの間で1つだけが使われる

通常、2つのテーブルは1つのリレーションシップでのみつなぐことができます。DAXで計算を行うときは常に1つのリレーションシップのみが使用され、2つのリレーションシップが同時に参照されることはありません。このとき式で使われるリレーションシップのことを「アクティブなリレーションシップ」といいます。

しかし、データモデルでは2つのテーブル間に複数のリレーションシップを作成することもできます。追加されたリレーションシップはそのままでは参照されることはありませんが、CALCULATE関数とUSERELATIONSHIP関数を組み合わせることで有効になります。普段は休眠状態にあるこのようなリレーションシップを「非アクティブなリレーションシップ」といいます。

非アクティブなリレーションシップの作り方

すでにリレーションシップがあるときに追加でリレーションシップを作ると、新しく作られたリレーションシップは自動的に「非アクティブなリレーションシップ」になります。しかし、2023年5月3日現在のMicrosoft365環境でこの動作を

行うと、バグがあるのか以下のエラーメッセージが表示されることがあります。

このエラーが出る環境では、いったん既存のアクティブなリレーションシップを非アクティブにしてから、追加の非アクティブなリレーションシップを作ります。

▶ ［データ］タブ→［リレーションシップ］アイコンをクリック
▶ 「F_売上（出荷日）」リレーションシップ→［非アクティブ化］をクリック→警告文を無視して［OK］をクリック

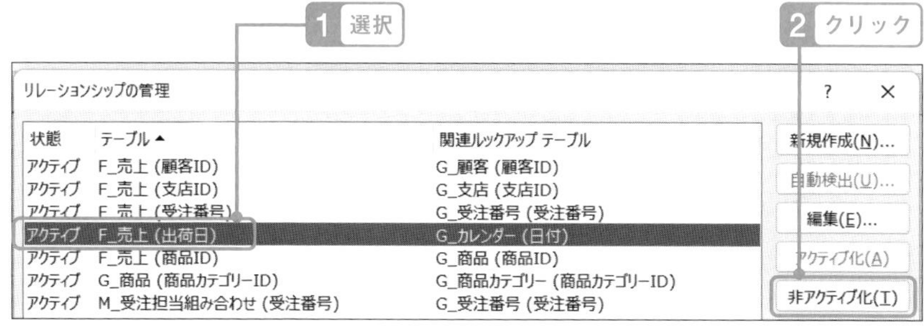

▶ ［新規作成］→「F_売上（受注日）」のリレーションシップを設定し［OK］をクリック

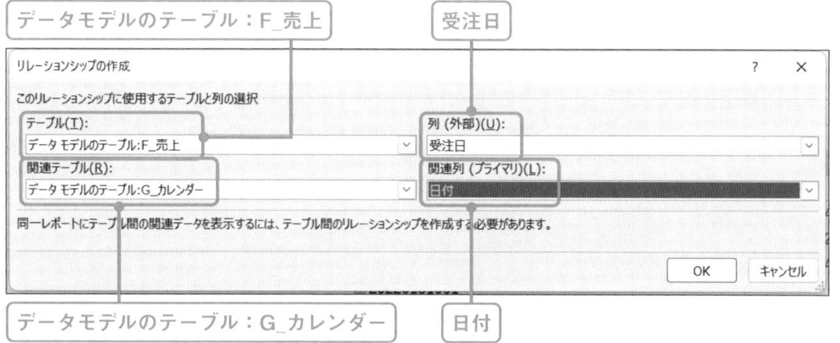

▶「F_売上（受注日）」のリレーションシップを選択→［非アクティブ化］をクリック

非アクティブ	F_売上 (受注日)	G_カレンダー (日付)
アクティブ	F_売上 (受注番号)	G_受注番号 (受注番号)
非アクティブ	F_売上 (出荷日)	G_カレンダー (日付)

▶ F_売上（出荷日）のリレーションシップを選択→［アクティブ化］をクリック

非アクティブ	F_売上 (受注日)	G_カレンダー (日付)
アクティブ	F_売上 (受注番号)	G_受注番号 (受注番号)
アクティブ	F_売上 (出荷日)	G_カレンダー (日付)

「非アクティブなリレーションシップ」の動作

「非アクティブなリレーションシップ」の動作を確認します。以下のピボットテーブルを用意してください。

▶ 行：G_カレンダー[暦年]、G_カレンダー[暦月]
▶ 値：[fx売上合計]

行ラベル	売上合計
2016	
4	11,332,140
5	6,806,995
6	9,176,960
7	12,755,895

この段階では［fx売上合計］はすべて「出荷日」ベースで集計されています。次に以下のメジャーを追加して、「受注日」ベースのリレーションシップに切り替えます。

受注合計

```
= CALCULATE(
        [売上合計],
        USERELATIONSHIP('F_売上'[受注日], 'G_カレンダー'[日付]))
```

受注日ベースの受注合計が集計されました。

行ラベル	売上合計	受注合計
⊟2016		
4	11,332,140	11,656,670
5	6,806,995	6,682,705
6	9,176,960	10,397,030

受注日ベースの売上合計

追加で以下のメジャーを作ります。それぞれ先ほどの手順で非アクティブなリレーションシップを作成した後にメジャーを作成してください。

▶ 非アクティブなリレーションシップを追加する
- F_売上[請求日]←G_カレンダー[日付]
- F_売上[入金日]←G_カレンダー[日付]

▶ 再びF_売上［出荷日］を［アクティブ化］する

```
請求合計
= CALCULATE(
        [売上合計],
        USERELATIONSHIP('F_売上'[請求日], 'G_カレンダー'[日付]))
```

```
入金合計
= CALCULATE(
        [売上合計],
        USERELATIONSHIP('F_売上'[入金日], 'G_カレンダー'[日付]))
```

メジャーを受注→売上→請求→入金と時系列順に並べて、以下のように集計することができます。

行ラベル	受注合計	売上合計	請求合計	入金合計
2016				
4	11,656,670	11,332,140	6,490,250	5,632,730
5	6,682,705	6,806,995	9,859,460	8,662,190
6	10,397,030	9,176,960	5,914,470	10,412,460

なお、リレーションシップがない状態でUSERRELATIONSHIP関数を使うと以下のエラーメッセージが表示されます。

この数式は無効または不完全です: 'USERELATIONSHIP 関数では、リレーションシップに含まれている 2 つの列参照のみ使用できます。'。

USERELATIONSHIP関数とフィルターの順番

応用としてUSERELATIONSHIP関数と手動フィルターを組み合わせます。

まずはアクティブなリレーションシップをそのまま使用して「売上累計」を計算します。以下のメジャーを追加してください。

```
売上累計
= VAR s_LastDate = MAXX('G_カレンダー', 'G_カレンダー'[日付])
RETURN
    CALCULATE(
        [売上合計],
        'G_カレンダー'[日付] <= s_LastDate)
```

行ラベル	売上合計	売上累計
2016		
4	11,332,140	11,332,140
5	6,806,995	18,139,135
6	9,176,960	27,316,095

次に以下のメジャーを追加して「受注累計」を計算します。

```
受注累計
= VAR s_LastDate = MAXX('G_カレンダー', 'G_カレンダー'[日付])
RETURN
    CALCULATE(
        [売上合計],
        'G_カレンダー'[日付] <= s_LastDate,
        USERELATIONSHIP('F_売上'[受注日], 'G_カレンダー'[日付]))
```

行ラベル	売上合計	売上累計	受注合計	受注累計
2016	**139,314,090**	**139,314,090**	**142,051,920**	**142,051,920**
4	11,332,140	11,332,140	11,656,670	11,656,670
5	6,806,995	18,139,135	6,682,705	18,339,375
6	9,176,960	27,316,095	10,397,030	28,736,405

USERELATIONSHIP関数はCALCULATE修飾詞なので手動フィルターの前に実行されます。上の式でいうと、まずUSERELATIONSHIP関数で受注日のリレーションシップがアクティブになった後に、「'G_カレンダー'[日付] <= s_LastDate」が実行されるため、正しく受注累計を計算できます。

◎ALLも含めた順番

今度は同じCALCULATE修飾詞のALL関数も組み合わせて実行の順番を確認します。以下、「受注合計（年間）」メジャーを追加します。

```
受注合計(年間)
= CALCULATE(
    [売上合計],
    VALUES('G_カレンダー'[暦年]),
    ALL('G_カレンダー'),
    USERELATIONSHIP('F_売上'[受注日], 'G_カレンダー'[日付]))
```

行ラベル	受注合計	受注合計（年間）
⊟2016		
4	11,656,670	142,051,920
5	6,682,705	142,051,920
6	10,397,030	142,051,920
7	12,049,935	142,051,920
8	10,970,750	142,051,920
9	35,145,415	142,051,920
10	13,888,030	142,051,920
11	18,596,640	142,051,920
12	22,664,745	142,051,920

こちらも正常に年間受注金額の合計が計算されました。以下の順番で処理が実行されていることが分かります。

① USERELATIONSHIP('F_売上'[受注日], 'G_カレンダー'[日付])
② ALL('G_カレンダー')
③ VALUES('G_カレンダー'[暦年])

スノーフレーク・スキーマで上位テーブルにもリレーションシップをつないだとき

これまで2つのテーブルのリレーションシップは同時に1つしかアクティブにならないという話をしてきました。これが、もしスノーフレーク・スキーマのように間に別なテーブルを介して共通のテーブルとリレーションシップを持とうとした場合どうなるでしょうか？

サンプルではデータは用意していませんが、「商品カテゴリーID」がF_売上テーブルにも存在する場合、G_商品をとびこえて直接G_商品カテゴリーにリレーションシップでつないだときも、同様に1つのリレーションシップしかアクティブになりません。

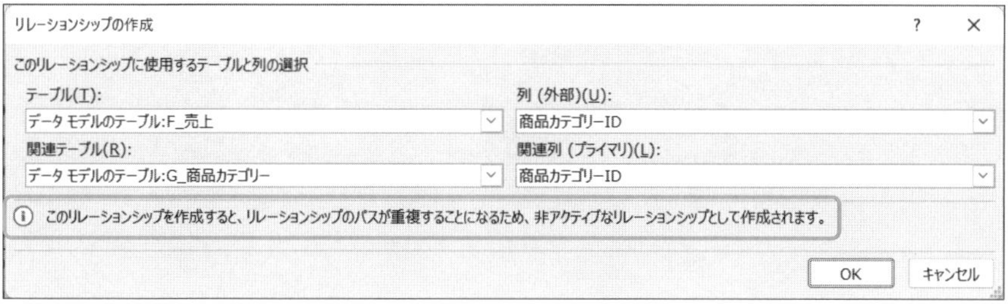

リレーションシップの作成 ? ×

このリレーションシップに使用するテーブルと列の選択

テーブル(T): データ モデルのテーブル:F_売上

列 (外部)(U): 商品カテゴリーID

関連テーブル(R): データ モデルのテーブル:G_商品カテゴリー

関連列 (プライマリ)(L): 商品カテゴリーID

ⓘ このリレーションシップを作成すると、リレーションシップのパスが重複することになるため、非アクティブなリレーションシップとして作成されます。

OK キャンセル

非アクティブなリレーションシップ vs 複数のまとめテーブルの取り込み

USERELATIONSHIP関数を使って出荷日・受注日・請求日といったリレーションシップを切り替える方法を紹介しました。この方法は、1つのピボットテーブルで複数の集計結果を表示できるメリットがあります。一方、リレーションシップの数だけメジャーも追加しなくてはいけないデメリットがあります。

いっそのことアクティブ・非アクティブなリレーションシップを使わずに、出荷日専用のカレンダーテーブル、受注日専用のカレンダーテーブルというように複数のカレンダーテーブルを用意し、それらにアクティブなリレーションシップを作るアプローチもあります。この場合、追加のメジャーを作ることなく既存のメジャーで集計ができるメリットがありますが、1つのピボットテーブルで複数の集計値を同時に表示させることはできません。

それぞれのメリット・デメリットを○・×でまとめると、以下の表のようになります。

アプローチ	メジャーの作成	1つのピボットで それぞれの集計値を比較
リレーションシップの切り替え	×	○
複数のまとめテーブル	○	×

表2-3　メリット・デメリット

［第3章］
フォーカス

集計とは、あらかじめ決められた単位＝「集計単位」のサブグループを作り、そのデータの集まりの特徴を「代表値」で表現することです。

この集計単位の粒度に目を向けるのが「フォーカス」です。一歩進んだ集計を行うためにはピボットテーブルから一段隠れた「見えない集計単位」に対するフォーカスをあてることが重要です。

1 フォーカス：見える集計単位と見えない集計単位

例えば、F_売上から「受注件数」を集計するケースを考えてください。数える件数は「受注明細」ではなく「受注番号」です。一見簡単そうですが、F_売上は「受注明細」単位でデータを持っているため、それを「受注番号」単位に繰り上げるひと工夫が必要です。このひと工夫が「見えない集計単位」を意識するフォーカスです。

フォーカスを理解するポイントは、「○○ごとに」という意識を持つことです。そのためにはDAXクエリでメジャーの裏にあるテーブルを可視化するテクニックを身に付けておくことが必要です。

「受注明細件数」を算出する

最初に「受注明細件数」を計算します。「受注明細件数」はF_売上の行数をそのまま数えればよいので簡単ですが、以下のDAXクエリでメジャーの背後の処理を確認します。

```
EVALUATE
ADDCOLUMNS('F_売上', "件数", 1)
```

F_売上の末尾に「件数」列が追加されたテーブルが作成されるので、S列を選択して件数の合計を確認すると、画面右下の「合計」は売上明細の総行数の「6868」になります。

次にメジャーで「受注明細件数」を集計します。データモデルから空のピボッ

トテーブルを作成し、以下のメジャーを追加します。

```
受注明細件数
= SUMX('F_売上', 1)
```

受注明細件数
6,868

ここでメジャーで使用したSUMX関数の働きを追ってみます。SUMX関数は以下3つのプロセスを順番に実行します。

① 第1引数にテーブルを取り、各行で繰り返し処理を行う準備をする
② テーブルの各行で第2引数の式を実行し、計算結果を溜めておく
③ 溜めておいた各行の値をすべて合計する

今回の例では第2引数が「1」であるため、F_売上の行数の数だけ1を足し、テーブルの全行数をカウントする計算になっています。

SUMX関数は、ADDCOLUMNS関数と同じように、あらかじめ仮想テーブルを用意し、その各行を集計単位としてそれぞれ個別に計算を行っています。これが「見えない集計単位」を理解するためのポイントです。

「受注件数」を算出する

次に本題の「受注件数」を計算します。F_売上の最小粒度は受注明細ですが、このままでは受注件数を集計できないので、集計単位を1レベル上げて「受注番号」にします。

そのため、VALUES関数で重複した値を統合した「受注番号」テーブルを用意し、その行数を数えます。以下のDAXクエリを実行してください。

```
EVALUATE
ADDCOLUMNS(VALUES('F_売上'[受注番号]), "件数", 1)
```

「件数」列の合計値が2234となり、受注番号の件数を正しくカウントできました。

	A	B
1	受注番号	件数
2	20160401001	1
3	20160415002	1
4	20160401003	1

平均: 1　データの個数: 2235　合計: 2234

今度はメジャーで同じ式を実行します。以下のメジャーを追加します。

```
受注件数
= SUMX(VALUES('F_売上'[受注番号]), 1)
```

受注明細件数	受注件数
6,868	2,234

ここまでのプロセスを振り返ると、VALUES関数を使って仮想テーブルを作ることで、受注番号にフォーカスを当て、「見えない集計単位」を作ることができました。テーブルそのものでもなく、ピボットテーブルに表示された単位でもない、適切な集計単位を作ることがフォーカスのポイントです。

「見える集計単位」と「見えない集計単位」

最後にピボットテーブルの行に「見える集計単位」としてG_社員[社員名]を追加すると、以下のように、社員名ごとに「受注明細件数」、「受注件数」を集計することができます。

行ラベル	受注明細件数	受注件数
ウィリアム・クリフト	1,406	457
エドワード・ジェンナー	1,298	418
オットー・モーニッケ	1,417	451
ジョン・ハンター	1,449	472
フィリップ・シーボルト	1,298	436
総計	**6,868**	**2,234**

このように「見える集計単位」と「見えない集計単位」を組み合わせて使用することでより多彩な集計を行うことができます。今回は「件数」ということで単純に「1」を合計していますが、よりバリエーションに富んだメジャーを作るためには、その背後にある「見えない集計単位」という仮想テーブルを意識することが不可欠で、DAXクエリによる可視化が重要になります。

2 4つの集計関数応用

集計単位ごとの代表値としての「1つの値」を作る「集計関数」について説明します。すでに「DAX式の基礎」の章で4つの集計関数を扱いましたが、本章ではそれに集計単位を組み合わせた使い方を掘り下げます。

DAXには関数名の終わりに「X」が付く「X関数」と呼ばれる関数がありますが、すべて以下の点で共通しています。

1. 第1引数にテーブルを取り、集計単位を作る（行参照環境の用意）
2. 第2引数に式を取り、各集計単位行で式の計算を行う
3. それぞれの集計単位で実行した式の結果を蓄積した結果で計算を行う

SUMX関数

SUMX関数は、最も頻繁に使われる集計関数です。単純な値の合計の場合、

テーブルの行単位でも、見えない集計単位ごとでも合計は同じなのでその違いを意識することがありません。しかし、合計ごとに条件分岐が入るケースでは集計単位を意識する必要があります。

◎1つの「列」の値の合計を求める

単純にテーブルの1つの列の合計を出す場合、第1引数に対象のテーブル、第2引数に合計を出したい数値列を指定します。

```
販売数量合計
= SUMX('F_売上', 'F_売上'[販売数量])
```

3

◎「式の結果」の合計を求める

X関数の特徴は「式の結果」を合計できることです。これも既出ですが販売数量と販売価格をかけた「売上合計」を集計する式は以下になります。

```
売上合計
= SUMX('F_売上', 'F_売上'[販売数量] * 'F_売上'[販売価格])
```

◎SUMX関数で他のテーブルを参照するときの注意点

F_売上とリレーションシップでつながったテーブルを集計単位にしてSUMX関数を使います。今回は、G_社員を元に「売上合計」を算出します。

```
社員ごと売上合計
= SUMX('G_社員', 'F_売上'[販売数量] * 'F_売上'[販売価格])
```

すると以下のようなエラーメッセージが表示されました。

数式(F): *fx* DAX 式を確認(H)

```
= SUMX('G_社員', 'F_売上'[販売数量] *  'F_売上'[販売価格])
```

この数式は無効または不完全です: 'メジャー 'F_売上'[62ba7c54-0ee1-453c-9d44-dedc335ac0d9] での計算エラー: 列 '販売数量' (テーブル 'F_売上') では 1 つの値を判断できません。これは、メジャーの式が、1 つの結果を得るため、min、max、count、または sum などの集計を指定せずに

これはSUMX関数の第2引数で、G_社員に存在しない「販売数量」「販売価格」列を直接参照しているためです。SUMXの第2引数で列の値を参照できるのは、第1引数にあるテーブルの列か、RELATED関数を用いてM→1のカーディナリティをたどって参照できるテーブルの列に限られています。

今回のケースは、まとめテーブルから数字テーブル（1→Mのカーディナリティ）を集計すればよいので、列参照ではなくメジャーで環境移行して集計を行います。メジャーを以下の式に修正します。

```
社員ごと売上合計
= SUMX('G_社員', [売上合計])
```

今度はエラーを回避できました。なお、今回の例では明細ごとでも集計単位ごとでも、合計すれば結果は変わらないので、［fx売上合計］と全く同じ結果になります。

行ラベル	販売数量合計	売上合計	社員ごと売上合計
ウィリアム・クリフト	22,087	512,615,485	512,615,485
エドワード・ジェンナー	19,949	461,420,305	461,420,305
オットー・モーニッケ	21,271	485,627,870	485,627,870
ジョン・ハンター	22,220	508,489,755	508,489,755
フィリップ・シーボルト	20,491	462,149,730	462,149,730
総計	**106,018**	**2,430,303,145**	**2,430,303,145**

◎「集計単位」をSUMX関数に活かす

では、SUMX関数で「見えない集計単位」が活躍するのはどのような場面でしょうか？　1つの例として「売上目標を達成した人だけに報奨金を支払う」というように集計単位ごとに計算結果を変えるシナリオがあります。

まず［fx売上目標合計］、［fx売上目標達成%］メジャーを追加します。［fx売上目標達成%］の書式は「パーセンテージ」で小数点以下1位の表示にします。

```
売上目標合計
= SUMX('F_売上目標', 'F_売上目標'[売上目標])

売上目標達成%
= DIVIDE([売上合計], [売上目標合計])
```

併せて、G_カレンダー[会計年度]のスライサーを追加し、2022年のみを選択します。

行ラベル	売上合計	社員ごと売上合計	売上目標合計	売上目標達成%
ウィリアム・クリフト	60,993,930	60,993,930	80,000,000	76%
エドワード・ジェンナー	64,133,790	64,133,790	80,000,000	80%
オットー・モーニッケ	77,231,610	77,231,610	74,000,000	104%
ジョン・ハンター	84,418,550	84,418,550	80,000,000	106%
フィリップ・シーボルト	58,804,150	58,804,150	80,000,000	74%
総計	**345,582,030**	**345,582,030**	**394,000,000**	**88%**

このとき、［fx売上目標達成%］が100%以上なら［fx売上合計］の値を、それ以外はブランクを表示させるメジャーを追加します。

```
目標達成報奨金
= IF([売上目標達成%] >= 1, [売上合計])
```

個人で計算している

行ラベル	売上合計	社員ごと売上合計	売上目標合計	売上目標達成%	目標達成報奨金
ウィリアム・クリフト	60,993,930	60,993,930	80,000,000	76%	
エドワード・ジェンナー	64,133,790	64,133,790	80,000,000	80%	
オットー・モーニッケ	77,231,610	77,231,610	74,000,000	104%	77,231,610
ジョン・ハンター	84,418,550	84,418,550	80,000,000	106%	84,418,550
フィリップ・シーボルト	58,804,150	58,804,150	80,000,000	74%	
総計	**345,582,030**	**345,582,030**	**394,000,000**	**88%**	

会計年度: 2018 / 2019 / 2020 / 2021 / 2022

全社員合計で条件判断を行っている

［fx目標達成報奨金］の結果を見ると、［fx売上目標達成%］が100%を超えた2名のみの金額が表示され、一見正しいように見えます。しかし、一番下の総計を見ると2人の売上の合計は表示されていません。つまり、総計行では「社員名」単位の計算は行われておらず、単純に全社員合計に対して、条件判断が行われています。

目標を達成した社員のみの売上を合計するにはどうしたらよいでしょうか？このとき「見えない集計単位」にフォーカスをあてる必要性が出てきます。

最初に作った［fx社員ごと売上合計］の視点を取り入れて、［fx目標達成報奨金］を以下のように修正します。

```
目標達成報奨金
= SUMX('G_社員', IF([売上目標達成%] >= 1, [売上合計]))
```

今度は正しく2人のみの合計が総計に表示されました。

行ラベル	売上合計	社員ごと売上合計	売上目標合計	売上目標達成%	目標達成報奨金
ウィリアム・クリフト	60,993,930	60,993,930	80,000,000	76%	
エドワード・ジェンナー	64,133,790	64,133,790	80,000,000	80%	
オットー・モーニッケ	77,231,610	77,231,610	74,000,000	104%	77,231,610
ジョン・ハンター	84,418,550	84,418,550	80,000,000	106%	84,418,550
フィリップ・シーボルト	58,804,150	58,804,150	80,000,000	74%	
総計	**345,582,030**	**345,582,030**	**394,000,000**	**88%**	**161,650,160**

会計年度: 2018 / 2019 / 2020 / 2021 / 2022

2人の合計

今回、総計がうまくいったのは、SUMX関数が「社員ごと」にIF文を実行した後に、それらの結果を合計したためです。

◎「集計単位」を意識したさらに複雑な計算

次に報奨金の金額を計算します。目標達成時の報奨金を「目標金額を超えた金額の10%」として以下の式で計算します。

```
目標達成報奨金 = (売上合計−売上目標合計) * 10%
```

「目標達成報奨金」メジャーを以下のように修正します。

```
目標達成報奨金
= SUMX(
    'G_社員',
    IF([売上目標達成%] >= 1, ([売上合計] - [売上目標合計]) * 0.1))
```

行ラベル	売上合計	社員ごと売上合計	売上目標合計	売上目標達成%	目標達成報奨金
ウィリアム・クリフト	60,993,930	60,993,930	80,000,000	76%	
エドワード・ジェンナー	64,133,790	64,133,790	80,000,000	80%	
オットー・モーニッケ	77,231,610	77,231,610	74,000,000	104%	323,161
ジョン・ハンター	84,418,550	84,418,550	80,000,000	106%	441,855
フィリップ・シーボルト	58,804,150	58,804,150	80,000,000	74%	
総計	**345,582,030**	**345,582,030**	**394,000,000**	**88%**	**765,016**

会計年度
2018
2019
2020
2021
2022

さらにレベルアップして、「売上目標達成%」が100%を超えたときは一律10%、105%を超えたときは社員ごとに異なる報酬率で報奨金を算出します。それぞれの報奨金の割合はG_社員に以下のように定義されています。

社員ID	社員名	100%報奨率	105%報奨率
E001	ジョン・ハンター	0.1	0.5
E002	エドワード・ジェンナー	0.1	0.4
E003	ウィリアム・クリフト	0.1	0.3
E004	フィリップ・シーボルト	0.1	0.2
E005	オットー・モーニッケ	0.1	0.2

[fx目標達成報奨金] を以下のように修正します。今回は、2つ以上の条件のため、IF関数ではなくSWITCH関数を使用します。100%未満の条件は省略しているので、こちらもIF関数同様ブランクになります。

```
目標達成報奨金
= SUMX(
    'G_社員',
    SWITCH(
        TRUE(),
        [売上目標達成%] >= 1.05,
            ([売上合計] - [売上目標合計]) * 'G_社員'[105%報奨率],
        [売上目標達成%] >= 1,
            ([売上合計] - [売上目標合計]) * 'G_社員'[100%報奨率]
    ))
```

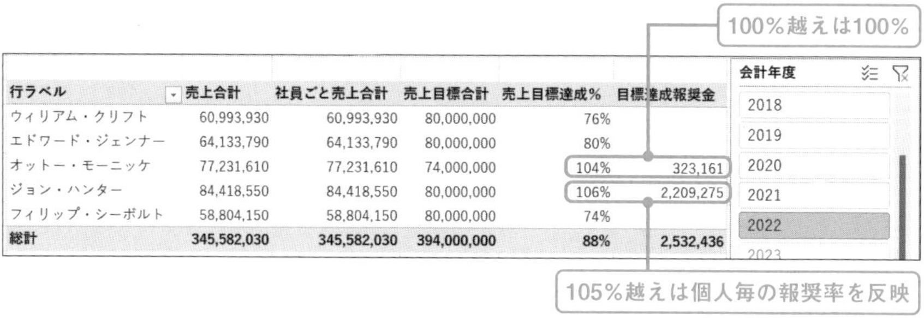

100%越えは100%

行ラベル	売上合計	社員ごと売上合計	売上目標合計	売上目標達成%	目標達成報奨金
ウィリアム・クリフト	60,993,930	60,993,930	80,000,000	76%	
エドワード・ジェンナー	64,133,790	64,133,790	80,000,000	80%	
オットー・モーニッケ	77,231,610	77,231,610	74,000,000	104%	323,161
ジョン・ハンター	84,418,550	84,418,550	80,000,000	106%	2,209,275
フィリップ・シーボルト	58,804,150	58,804,150	80,000,000	74%	
総計	345,582,030	345,582,030	394,000,000	88%	2,532,436

会計年度
2018
2019
2020
2021
2022
2023

105%越えは個人毎の報奨率を反映

このように集計単位を意識することで、より複雑な集計が可能になります。このあたりの集計で壁にぶつかったときは、冒頭の例にならって「見えない集計単位」のテーブルをDAXクエリで可視化して確認するとイメージがつかみやすくなります。

◎2列以上の集計単位にはSUMMARIZE関数を使用する

先ほどのシナリオでは報奨金の支払いは年に1回行われる前提で計算しました。しかし、これを「月ごと」にしたらどうなるでしょうか？

この場合、集計単位が「社員ごと」×「月ごと」の2つになります。SUMX関数の第1引数は1つのテーブルですので、今回はG_社員とG_カレンダーの2つのテーブルを組み合わせる必要があります。この場合、SUMMARIZE関数で複数の集計単位を組み込んだ仮想テーブルを用意します。

以下のDAXクエリを実行して仮想テーブルを確認します。

```
EVALUATE
SUMMARIZE(
    'F_売上',
    'G_カレンダー'[暦月],
    'G_社員'[社員ID],
    'G_社員'[100%報奨率],
    'G_社員'[105%報奨率])
```

引数に渡した列の値をすべて組み合わせたテーブルが表示されました。

社員ID	暦月	100%	105%報奨率
E001	1	0.1	0.5
E002	1	0.1	0.4
E003	1	0.1	0.3
E004	1	0.1	0.2
E005	1	0.1	0.2

SUMMARIZE関数を使って複数の集計単位をまとめるときは、以下の点に注意してください。

① 登場するテーブルはリレーションシップでつながれている
② 第1引数には列挙するテーブルのカーディナリティのうちMに該当するものを選択する（典型的には数字テーブル）
③ アウトプットのテーブルには第1引数に実績のあるもののみが登場する

今回は第1引数に数字テーブルのF_売上を、その他の集計単位にG_社員、G_カレンダーの列を用意しました。アウトプットにF_売上の項目は登場していませんが、リレーションシップで相互につながれたG_社員とG_カレンダーの間を取り持つ役割を果たしています。

次にDAXクエリで確認した仮想テーブルを使って以下のメジャーを追加します。**仮想テーブルで定義された列を参照するときは仮想テーブル名を使った「't_EmpMonth'[105%報奨率]」という形ではなく、元のテーブル名を使った「'G_社員'[105%報奨率]」という形式**を使います。

```
目標達成報奨金(月ごと)
= VAR t_EmpMonth =
    SUMMARIZE(
        'F_売上',
        'G_カレンダー'[暦月],
        'G_社員'[社員ID],
        'G_社員'[100%報奨率],
        'G_社員'[105%報奨率])
RETURN
SUMX(
      t_EmpMonth,
      SWITCH(
            TRUE(),
            [売上目標達成%] >= 1.05,
                 ([売上合計] - [売上目標合計]) * 'G_社員
                 '[105%報奨率],
            [売上目標達成%] >= 1,
                 ([売上合計] - [売上目標合計]) * 'G_社員
                 '[100%報奨率]
      ))
```

行にG_カレンダー[会計四半期]とG_カレンダー[会計月N]を追加すると、以下のように月ごとの集計単位で目標達成を判定できます。

フォーカス 1 2 3 第2部「3つのルール」

行ラベル	売上合計	売上目標合計	売上目標達成%	目標達成報奨金	目標達成報奨金（月ごと）
⊟ウィリアム・クリフト					
⊞Q1	4,642,655	17,000,000	27%		
⊞Q2	22,129,600	30,000,000	74%		315,075
⊟Q3					
7	6,108,660	6,000,000	102%	10,866	10,866
8	5,726,360	6,000,000	95%		
9	7,160,850	6,000,000	119%	348,255	348,255

月の集計単位をたたむと、年ベースで計算した場合、月ベースで計算した場合の結果の違いが分かります。

年の判定　月ごとの積み上げ

行ラベル	売上合計	売上目標合計	売上目標達成%	目標達成報奨金	目標達成報奨金（月ごと）
⊞ウィリアム・クリフト	60,993,930	80,000,000	76%		2,408,030
⊞エドワード・ジェンナー	64,133,790	80,000,000	80%		4,779,744
⊞オットー・モーニッケ	77,231,610	74,000,000	104%	323,161	4,584,449
⊞ジョン・ハンター	84,418,550	80,000,000	106%	2,209,275	12,057,253
⊞フィリップ・シーボルト	58,804,150	80,000,000	74%		1,706,521
総計	345,582,030	394,000,000	88%	2,532,436	25,535,996

AVERAGEX関数

AVERAGEX関数は、各行の式の結果を平均します。したがって、各行の粒度によって結果が異なります。

◎受注明細単位の売上平均

まず、F_売上の最小粒度の受注明細を単位にした「売上平均」を計算します。

- 列：G_カレンダー[暦年]
- 行：G_社員[社員名]

```
売上平均(受注明細)
= AVERAGEX('F_売上', 'F_売上'[販売数量] * 'F_売上'[販売価格])
```

売上平均（受注明細） 列ラベル									
行ラベル	2016	2017	2018	2019	2020	2021	2022	2023	総計
ウィリアム・クリフト	293,426	376,941	375,851	358,256	371,320	362,213	358,188	411,508	364,591
エドワード・ジェンナー	327,719	348,980	375,070	378,908	351,329	317,053	367,868	312,532	355,486
オットー・モーニッケ	310,348	327,331	357,419	319,387	336,846	360,597	356,052	385,827	342,716
ジョン・ハンター	298,442	327,068	387,528	322,881	383,219	346,448	354,349	421,727	350,925
フィリップ・シーボルト	347,739	329,347	359,703	375,302	363,843	346,615	366,155	369,018	356,048
総計	**315,190**	**341,368**	**370,910**	**351,795**	**361,878**	**348,606**	**360,194**	**385,130**	**353,859**

各営業社員の「受注明細」ごとの売上平均が算出されました。総計の金額は、社員名によらない全体の平均です。

◎受注番号ごと売上平均

次に集計単位の粒度を上げて「受注番号」単位の売上を平均します。

```
売上平均(受注番号)
= AVERAGEX(VALUES('F_売上'[受注番号]), [売上合計])
```

「売上平均（受注明細）」とは異なる数字になることを確認してください。

	列ラベル 2016		2017		
行ラベル	売上平均（受注明細）	売上平均（受注番号）	売上平均（受注明細）	売上平均（受注番号）	売上平均（受注
ウィリアム・クリフト	293,426	628,771	376,941	1,024,508	
エドワード・ジェンナー	327,719	764,678	348,980	932,276	
オットー・モーニッケ	310,348	768,111	327,331	887,886	
ジョン・ハンター	298,442	678,277	327,068	831,892	
フィリップ・シーボルト	347,739	748,977	329,347	965,483	
総計	**315,190**	**718,114**	**341,368**	**924,214**	

◎受注金額が平均以上の売上合計

今度は少しレベルアップして、それぞれの年の売上平均（受注番号）を算出し、それを上回る受注件数をカウントします。

まず、以下のメジャーを追加し、各年の売上平均（受注番号）を出します。

```
売上平均以上件数(受注番号)
= VAR s_AvgRevOrder =
    CALCULATE(
```

```
        AVERAGEX(VALUES('F_売上'[受注番号]), [売上合計]),
      'G_カレンダー',
        ALL('F_売上'))
RETURN
    s_AvgRevOrder
```

	列ラベル			
	2016		2017	
行ラベル	売上平均（受注番号）	売上平均以上件数（受注番号）	売上平均（受注番号）	売上平均以上件数（受注番号）
ウィリアム・クリフト	628,771	718,114	1,024,508	924,214
エドワード・ジェンナー	764,678	718,114	932,276	924,214
オットー・モーニッケ	768,111	718,114	887,886	924,214
ジョン・ハンター	678,277	718,114	831,892	924,214
フィリップ・シーボルト	748,977	718,114	965,483	924,214
総計	**718,114**	**718,114**	**924,214**	**924,214**

次に、この平均を上回る受注番号件数をカウントします。先ほどのメジャーを以下のように修正します。

```
= VAR s_AvgRevOrder =
    CALCULATE(
        AVERAGEX(VALUES('F_売上'[受注番号]), [売上合計]),
      'G_カレンダー',
        ALL('F_売上'))
RETURN
    SUMX(VALUES('F_売上'[受注番号]),
    IF([売上合計] > s_AvgRevOrder, 1))
```

以下の結果になりました。

	列ラベル	
	2016	
行ラベル	売上平均（受注番号）	売上平均以上件数（受注番号）
ウィリアム・クリフト	628,771	11
エドワード・ジェンナー	764,678	15
オットー・モーニッケ	768,111	19
ジョン・ハンター	678,277	15
フィリップ・シーボルト	748,977	17
総計	**718,114**	**77**

今回の例は、最初に①VAR変数を使って社員のフィルターを解除した全体平均を算出し、②その次にピボットテーブルの行に存在する社員レベルの平均と比較しました。つまり、①で全体、②で社員という、2つの集計単位にフォーカスを切り替える点がポイントでした。

MAXX関数とMINX関数

MAXX関数は、式の結果のうち最大の値を、MINX関数は最小の値を代表値として返します。

◎売上明細単位の売上最大・最小

今回もF_売上の受注明細を単位とした集計から始めます。以下2つのメジャーを追加します。

```
売上最大(受注明細)
= MAXX('F_売上', 'F_売上'[販売数量] * 'F_売上'[販売価格])

売上最小(受注明細)
= MINX('F_売上', 'F_売上'[販売数量] * 'F_売上'[販売価格])
```

行ラベル	列ラベル 2016 売上最大（受注明細）	売上最小（受注明細）	2017 売上最大（受注明細）	売上最小（受注明細）
ウィリアム・クリフト	1,182,500	2,400	1,296,000	1,920
エドワード・ジェンナー	1,296,000	1,620	1,209,600	1,920
オットー・モーニッケ	1,344,000	760	1,191,680	2,400
ジョン・ハンター	1,180,375	800	1,297,170	1,440
フィリップ・シーボルト	1,441,300	640	1,292,200	960
総計	**1,441,300**	**640**	**1,297,170**	**960**

各営業社員の受注明細ごとの売上最大金額と最小金額が算出されました。総計の金額は全体の最大・最小を示しています。

◎受注番号ごと売上最大・最小

続いて集計単位の粒度を上げて「受注番号」単位の売上最大・最小を集計します。

```
売上最大(受注番号)
= MAXX(VALUES('F_売上'[受注番号]), [売上合計])
```

```
売上最小(受注番号)
= MINX(VALUES('F_売上'[受注番号]), [売上合計])
```

結果は以下のように「受注番号」ごとの売上の最大・最小となります。

行ラベル	列ラベル 2016 売上最大（受注番号）	売上最小（受注番号）	2017 売上最大（受注番号）	売上最小（受注番号）
ウィリアム・クリフト	3,038,780	5,360	3,295,250	3,240
エドワード・ジェンナー	3,148,680	1,620	3,928,840	10,080
オットー・モーニッケ	3,133,415	26,800	3,882,915	8,000
ジョン・ハンター	2,347,885	11,880	2,669,690	4,950
フィリップ・シーボルト	2,233,260	640	3,026,780	32,800
総計	**3,148,680**	**640**	**3,928,840**	**3,240**

◎売上が最大の受注番号

今度は売上が最大の「受注番号」を表示します。テーブルが1行1列だけの場合、値をそのままできる性質を利用します。以下のメジャーを追加してください。

```
売上が最大の受注番号
=
VAR s_MaxRev = MAXX(VALUES('F_売上'[受注番号]), [売上合計])
VAR t_OrdeRev = FILTER(VALUES('F_売上'[受注番号]),
    [売上合計] = s_MaxRev)
RETURN IF(SUMX(t_OrdeRev, 1) = 1, t_OrdeRev)
```

	列ラベル			
	2016		2017	
行ラベル	売上最大（受注番号）	売上が最大の受注番号	売上最大（受注番号）	売上が最大の受注番号
ウィリアム・クリフト	3,038,780	20160926001	3,295,250	20170509002
エドワード・ジェンナー	3,148,680	20160930005	3,928,840	20170526007
オットー・モーニッケ	3,133,415	20160928001	3,882,915	20170106001
ジョン・ハンター	2,347,885	20161102001	2,669,690	20171124001
フィリップ・シーボルト	2,233,260	20160815002	3,026,780	20171221001
総計	**3,148,680**	**20160930005**	**3,928,840**	**20170526007**

なお、最大値が同一の受注番号が複数ある場合、IF文の働きでブランクになります。そのような場合でもすべての受注番号を表示させるには、CONCATENATEX関数を使って受注番号を連結します。式は以下のようになります。

```
売上が最大の受注番号(複数)
=
VAR s_MaxRev = MAXX(VALUES('F_売上'[受注番号]), [売上合計])
VAR t_OrderRev = FILTER(VALUES('F_売上'[受注番号]),
    [売上合計] = s_MaxRev)
RETURN CONCATENATEX(t_OrderRev, 'F_売上'[受注番号], ", ")
```

3 集計単位と集合演算(組み合わせ)

次に集合演算を使った集合演算=「組み合わせ」でのフォーカスのポイントを説明します。集合演算を行うには、事前に集計単位ごとにピックアップしたテーブルを用意し、それらを集合演算します。

2022年、2021年に目標を達成した社員

2022年と2021年に目標を達成した社員リストを作ります。

◎TRUE/FALSEで目標の達成状況を表示する

目標を達成したかどうかを判定する以下のメジャーを追加してください。

- 列:G_カレンダー[会計年度]
- 行:G_社員[社員名]

```
目標達成?
= [売上目標達成%] >= 1
```

年度ごとにTRUEまたはFALSEで目標達成状況表示しています。

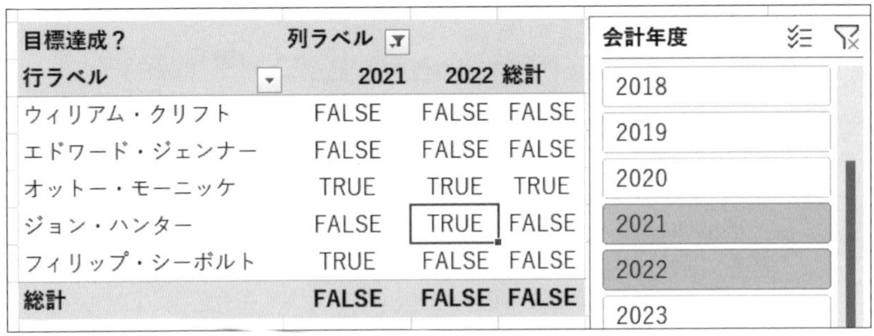

目標達成?	列ラベル		
行ラベル	2021	2022	総計
ウィリアム・クリフト	FALSE	FALSE	FALSE
エドワード・ジェンナー	FALSE	FALSE	FALSE
オットー・モーニッケ	TRUE	TRUE	TRUE
ジョン・ハンター	FALSE	TRUE	FALSE
フィリップ・シーボルト	TRUE	FALSE	FALSE
総計	FALSE	FALSE	FALSE

次に単一の年度にフォーカスして目標を達成しているかどうかを表示します。

例えば2022年度に目標を達成したかどうかを調べるには、CALCULATE関数を使って「会計年度=2022」に設定します。この場合、フィルターは上書きフィルターとして作用するため、ピボットテーブル上のどこでも同一年度の結果を表示します。

2022年、2021年用に以下2つのメジャーを追加してください。

```
目標達成 2022?
= CALCULATE([売上目標達成%] >= 1,
      'G_カレンダー'[会計年度] = 2022)

目標達成 2021?
= CALCULATE([売上目標達成%] >= 1,
      'G_カレンダー'[会計年度] = 2021)
```

	列ラベル					
	2021			2022		
行ラベル	目標達成?	目標達成 2022?	目標達成 2021?	目標達成?	目標達成 2022?	目標達成 2021?
ウィリアム・クリフト	FALSE	FALSE	FALSE	FALSE	FALSE	FALSE
エドワード・ジェンナー	FALSE	FALSE	FALSE	FALSE	FALSE	FALSE
オットー・モーニッケ	TRUE	TRUE	TRUE	TRUE	TRUE	TRUE
ジョン・ハンター	FALSE	TRUE	FALSE	TRUE	TRUE	FALSE
フィリップ・シーボルト	TRUE	FALSE	TRUE	FALSE	FALSE	TRUE
総計	**FALSE**	**FALSE**	**FALSE**	**FALSE**	**FALSE**	**FALSE**

◎CALCULATETABLE関数で目標を達成した社員テーブルを作る

それぞれの条件を満たす社員名をリストします。まずは以下のメジャーを追加して社員の一覧を表示させます。

```
社員リスト
= CONCATENATEX('G_社員', 'G_社員'[社員名], ",")
```

	列ラベル			
	2021			
行ラベル	目標達成？	目標達成 2022？	目標達成 2021？	社員リスト
ウィリアム・クリフト	FALSE	FALSE	FALSE	ウィリアム・クリフト
エドワード・ジェンナー	FALSE	FALSE	FALSE	エドワード・ジェンナー
オットー・モーニッケ	TRUE	TRUE	TRUE	オットー・モーニッケ
ジョン・ハンター	FALSE	TRUE	FALSE	ジョン・ハンター
フィリップ・シーボルト	TRUE	FALSE	TRUE	フィリップ・シーボルト
総計	**FALSE**	**FALSE**	**FALSE**	**ジョン・ハンター,エドワード・ジェンナー**

総計に全社員が表示された

次に2022年または2021年の目標を達成した社員名を一覧表示させます。

この場合、①各年の目標を達成した社員の仮想テーブルを用意し、②それら社員名を連結するという2つの手順を踏みます。①で特定年度の目標を達成した社員の仮想テーブルを作るには、CALCULATETABLE関数を使います。

以下の2つのメジャーを追加してください。

```
目標達成社員 2022
= VAR t_Emp =
  CALCULATETABLE(
    FILTER('G_社員', [売上目標達成%] >= 1),
    'G_カレンダー'[会計年度] = 2022)
RETURN
    CONCATENATEX(t_Emp, 'G_社員'[社員名], ",")
```

```
目標達成社員 2021
= VAR t_Emp =
  CALCULATETABLE(
    FILTER('G_社員', [売上目標達成%] >= 1),
    'G_カレンダー'[会計年度] = 2021)
RETURN
    CONCATENATEX(t_Emp, 'G_社員'[社員名], ",")
```

それぞれの年度の目標達成社員リストが総計に表示されました。

	列ラベル	
	2021	
行ラベル	目標達成社員 2022	目標達成社員 2021
オットー・モーニッケ	オットー・モーニッケ	オットー・モーニッケ
ジョン・ハンター	ジョン・ハンター	
フィリップ・シーボルト		フィリップ・シーボルト
総計	**ジョン・ハンター,オットー・モーニッケ**	**フィリップ・シーボルト,オットー・モーニッケ**

積集合（AND条件）：2022年と2021年の両方で目標を達成した社員

ここから2つのテーブルを使った集計単位の「組み合わせ」に入ります。この2つの社員名リストのうち、「2022年と2021年の両方で目標を達成した社員」のリストを作るにはどうしたらよいでしょうか？　両方の条件（AND条件）を満たすテーブルを作るにはINTERSECT関数を使います。以下のメジャーを追加してください。

```
目標達成社員 2022 AND 2021
= VAR t_Emp_2022 =
  CALCULATETABLE(
    FILTER('G_社員', [売上目標達成%] >= 1),
    'G_カレンダー'[会計年度] = 2022)
  VAR t_Emp_2021 =
  CALCULATETABLE(
    FILTER('G_社員', [売上目標達成%] >= 1),
    'G_カレンダー'[会計年度] = 2021)
  VAR t_Emp_2022and2021 = INTERSECT(t_Emp_2022, t_Emp_2021)
RETURN
    CONCATENATEX(t_Emp_2022and2021, 'G_社員'[社員名], ",")
```

両方の年で目標を達成したのは「オットー・モーニッケ」です。

	列ラベル		
		2021	
行ラベル	目標達成社員 2022	目標達成社員 2021	目標達成社員 2022 AND 2021
オットー・モーニッケ	オットー・モーニッケ	オットー・モーニッケ	オットー・モーニッケ
ジョン・ハンター	ジョン・ハンター		
フィリップ・シーボルト		フィリップ・シーボルト	
総計	**ジョン・ハンター,オットー・モーニッケ**	**フィリップ・シーボルト,オットー・モーニッケ**	**オットー・モーニッケ**

両方の年度で達成した社員

このように社員という集計単位を元に2つのテーブルを用意し、そこから一定の条件を満たす統合リストを再作成する点がポイントです。

和集合（OR条件）：2022年または2021年のどちらかで目標を達成した社員

続いてこの2つの社員名リストのうち、2022年と2021年のどちらかで目標を達成した人のリストを作成します。いずれかの条件を満たす（OR条件）社員リストを作るにはUNION関数を使います。以下のメジャーを追加してください。UNION関数の前のDISTINCT関数は重複する値を統合して1つにするために使われています。

```
目標達成社員 2022 OR 2021
= VAR t_Emp_2022 =
  CALCULATETABLE(
    FILTER('G_社員', [売上目標達成%] >= 1),
    'G_カレンダー'[会計年度] = 2022)
  VAR t_Emp_2021 =
  CALCULATETABLE(
    FILTER('G_社員', [売上目標達成%] >= 1),
    'G_カレンダー'[会計年度] = 2021)
  VAR t_Emp_2022or2021 =
    DISTINCT(UNION(t_Emp_2022, t_Emp_2021))
RETURN
    CONCATENATEX(t_Emp_2022or2021, 'G_社員'[社員名], ",")
```

行ラベル	列ラベル 2021 目標達成社員 2022	目標達成社員 2021	目標達成社員 2020 OR 2021
オットー・モーニッケ	オットー・モーニッケ	オットー・モーニッケ	オットー・モーニッケ
ジョン・ハンター	ジョン・ハンター		ジョン・ハンター
フィリップ・シーボルト		フィリップ・シーボルト	フィリップ・シーボルト
総計	ジョン・ハンター,オットー・モーニッケ	フィリップ・シーボルト,オットー・モーニッケ	オットー・モーニッケ,ジョン・ハンター,フィリップ・シーボルト

差集合（除外）：2022年のみ目標を達成した社員

最後にどちらか一方のグループから、もう一方のグループを除いた「グループの減算」を行います。グループの減算を行うには、EXCEPT関数を使います。2022年達成者から2021年達成者を除いて、2022年のみ達成した社員をリストする以下のメジャーを追加してください。

```
目標達成社員 2022 EXCEPT 2021
= VAR t_Emp_2022 =
    CALCULATETABLE(
      FILTER('G_社員', [売上目標達成%] >= 1),
      'G_カレンダー'[会計年度] = 2022)
    VAR t_Emp_2021 =
    CALCULATETABLE(
      FILTER('G_社員', [売上目標達成%] >= 1),
      'G_カレンダー'[会計年度] = 2021)
    VAR t_Emp_2022ex2021 = EXCEPT(t_Emp_2022, t_Emp_2021)
RETURN
      CONCATENATEX(t_Emp_2022ex2021, 'G_社員'[社員名], ",")
```

以下のように2022年のみ達成した社員のリストになりました。

行ラベル	列ラベル 2021 目標達成社員 2022	目標達成社員 2021	目標達成社員 2022 EXCEPT 2021
オットー・モーニッケ	オットー・モーニッケ	オットー・モーニッケ	
ジョン・ハンター	ジョン・ハンター		ジョン・ハンター
フィリップ・シーボルト		フィリップ・シーボルト	
総計	ジョン・ハンター,オットー・モーニッケ	フィリップ・シーボルト,オットー・モーニッケ	ジョン・ハンター

ちなみにEXCEPT関数の引数の順番を入れ替えると、「2021年のみ目標を達成した社員」のリストを作ることができます。

集合演算と集計結果の表示について

ここまで内部の仕組みを確認するためにCONCATENATEX関数を使ってきましたが、実際のメジャーでは売上合計など、集計結果を表示させます。その場合、CALCULATE関数で集合演算を行った仮想テーブルをテーブル渡しでかければOKです。以下のメジャーを追加してください。


```
売上合計(目標達成社員 2022 EXCEPT 2021)
= VAR t_Emp_2022 =
    CALCULATETABLE(
      FILTER('G_社員', [売上目標達成%] >= 1),
      'G_カレンダー'[会計年度] = 2022)
    VAR t_Emp_2021 =
    CALCULATETABLE(
      FILTER('G_社員', [売上目標達成%] >= 1),
      'G_カレンダー'[会計年度] = 2021)
    VAR t_Emp_2022ex2021 = EXCEPT(t_Emp_2022, t_Emp_2021)
RETURN
      CALCULATE([売上合計], t_Emp_2022ex2021)
```

以下のように2022年のみに目標を達成した社員の売上合計を表示します。

売上合計（目標達成社員 2022 EXCEPT 2021）	列ラベル		
行ラベル	2021	2022	総計
ジョン・ハンター	62,813,375	84,418,550	147,231,925
総計	**62,813,375**	**84,418,550**	**147,231,925**

集計単位と集合演算について

AND、OR、除外の3つのパターンと関数の関係を図にまとめると以下のようになります。

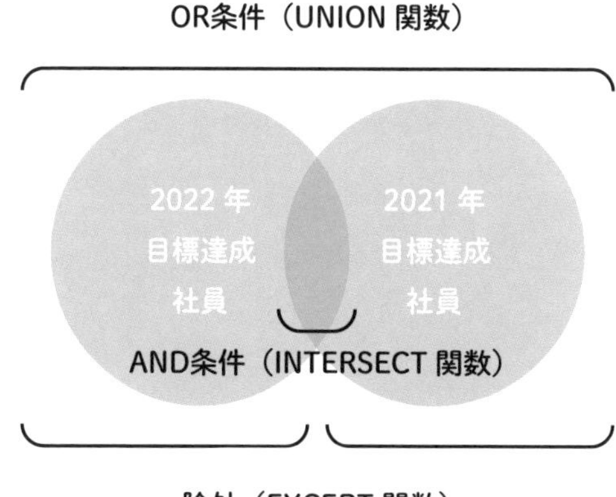

図3-1　集計単位と集合演算

集計単位と集合演算のポイントとなるのは、まずCALCULATETABLE関数でそれぞれのグループを用意し、その後に集合演算を行って、最終的なグループの仮想テーブルを用意することです。そこまでいけば、その仮想テーブルをCALCULATE関数に渡して目的の集計が行えます。

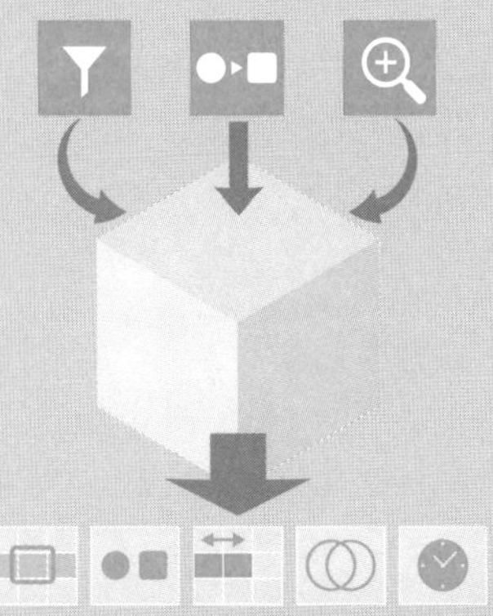

［第3部］ 5つのパターン

第2部が終わり、いよいよ応用編に入ります。第3部ではこれまで学習してきた内容を元に、様々なシナリオの中でメジャーを作ります。

メジャーを書くコツは、「自分がやろうとしている計算を正確に日本語で表現してみること」です。表現の順番にも注意しましょう。きれいですっきりした日本語で表現できたとき、そのメジャーの半分はもう完成しているといってよいでしょう。

ところどころ疑問が生まれたときは、都度、中身を「見える化」し、体感しながら進めましょう。

［第1章］
全体・部分パターン

全体・部分パターンは、すべての応用編の基礎となるシナリオです。このシナリオでは、フィルターを解除して全体を取得し、必要なフィルターを再適用するテクニックを身に付けます。

併せてピボットテーブルに設定するテーブルの組み合わせによる動作の違いを確認します。

アクセスキー **Q**（大文字のキュー）

1 全体・部分パターンとは

全体・部分パターンは、「大きな集計単位」と「小さな集計単位」の相対的な割合を比較します。一般的には「ある商品の売上が商品全体に占める売上の割合」といった「構成比」がその代表です。

全体と部分を比較するためには、ピボットテーブルの「今のセル（部分）」を超えて、「より上位の階層の集計値（全体）」を拾ってくる必要があります。そのためには「今のセル」の自動フィルターを解除しなくてはなりませんが、これにはフィルターの章で見てきたALL関数が活躍します。このALL関数を使うにあたっては、今、自分がどの単位でALLを仕掛けたいのかを明確に意識することが重要です。そして、いったん解除したフィルターで必要な部分のみをピボットテーブルの中で再び「キャッチ」し、メジャーにかけ直す「再適用」が必要になります。この**フィルターの解除→キャッチ→再適用**という流れは、今後の応用編の基本となるテクニックなので最初に理解しておきましょう。

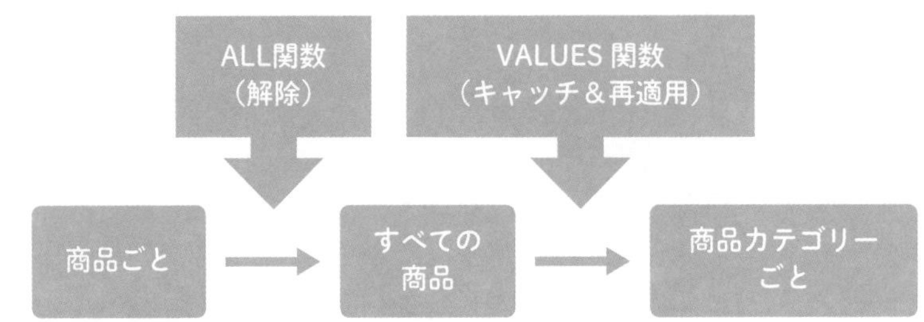

図1-1　フィルターの解除（→キャッチ→再適用）

また、「今のセル」がどの階層に置かれているのかを把握することで、よりきめ細やかな分析が可能になります。階層に応じて振る舞いを変えるためには、ISFILTERED関数で「今のセル」の階層を把握し、その後でSWITCH関数で処理を切り替えます。

以上が基本になりますが、本章では様々なバリエーションで全体・部分のメジャーを作成します。その中には必ずしもシンプルではない計算方法もあります。

しかし、多様なケースを経験しておくことで、DAXの裏側で起きていることを多面的に把握できるようになり、変化球が来たときも柔軟に対応できるようになります。

【本章で登場する関数】

- ALL
- DIVIDE
- ISFILTERED
- SWITCH
- SUMX
- INTERSECT
- ISEMPTY
- CALCULATETABLE

2 同じテーブルの列と、異なるテーブルの列の組み合わせ

全体・部分の具体的な計算式に入る前に、階層構造を持ったピボットテーブルの重要なポイントについて確認します。それは、**ピボットテーブルで2つ以上の項目を行または列に置いたとき、それらが同じテーブルにある項目か、それとも別なテーブルにある項目かで動作が異なる**ということです。まずはその点を具体的に確認していきましょう。

正規化と非正規化

今回は、「商品カテゴリー」と「商品名」という2つの項目を使ってピボットテーブルに階層を作ります。

この「商品カテゴリー」という項目は、G_商品とG商品カテゴリーの両方にありますが、リレーションシップを使えばG_商品カテゴリーのものを参照できるのでG_商品から削除することも可能です。このように同じ項目が異なるテーブルに繰り返し登場するのを防ぐことを「正規化」といいます。サンプルではそれとは逆に、G_商品にも「商品カテゴリー」という項目をあえて持たせています。これを「非正規化」といいます。

正規化と非正規化のどちらがよいのかというとケースバイケースです。データとしては繰り返しを避けた方がシンプルになります。しかし、レポートとしては非正規化して関連する項目を1つのテーブルにまとめた方が便利なこともあります。本章ではその例を紹介します。

1
2
3
4
5

ピボットテーブルでの組み合わせを比較する

異なるテーブルにある同じ項目を使って、ピボットテーブルに階層を作ったときの動作の違いを確認します。

◎同じテーブルにある項目で組み合わせを作った場合

まずは、G_商品[商品カテゴリー]を使ってピボットテーブルを作ります。以下の設定でピボットテーブルを用意してください。今の段階では「値」には何もセットしません。

▶ 行：G_商品[商品カテゴリー]、G_商品[商品名]

以下のように、それぞれの「商品カテゴリー」とそれに所属する「商品名」がきれいにピボットテーブルに並びました。これが皆さんの想像する自然な組み合わせだと思います。この場合、ピボットテーブルの商品名の総行数はG_商品と同じ36行です。

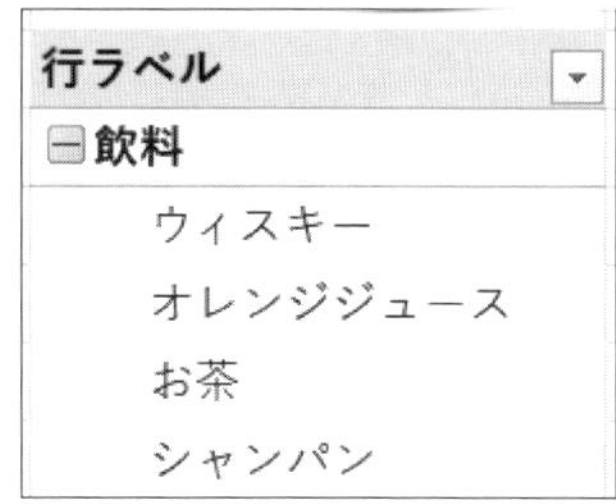

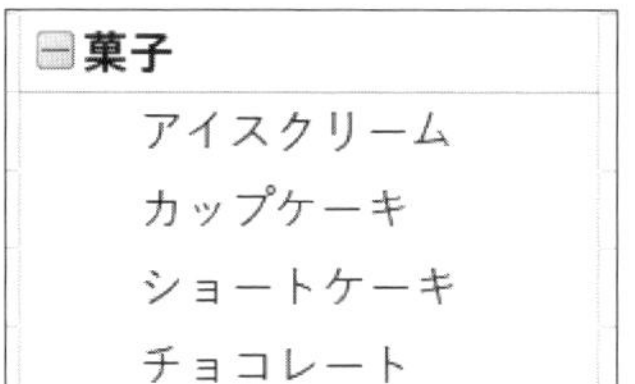

◎異なるテーブルにある項目で組み合わせを作った場合

続いて、「商品カテゴリー」をG_商品カテゴリーのものに差し替えます。

▶ 行：G_商品カテゴリー[商品カテゴリー]、G_商品[商品名]

今度は、それぞれの商品カテゴリーの階層の下にすべての「商品名」が並びました。すべての商品名が繰り返されるので、4×36＝144行の組み合わせになります。

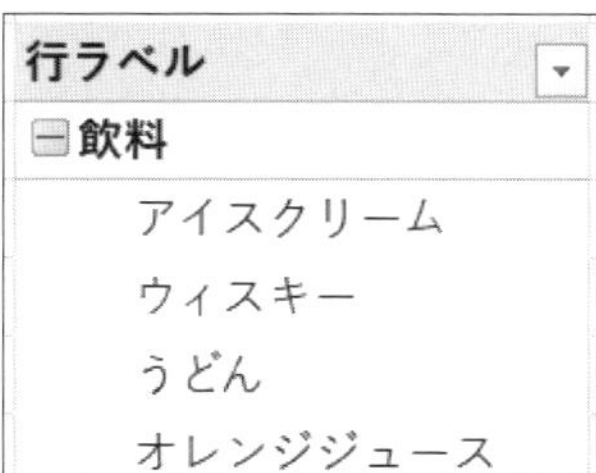

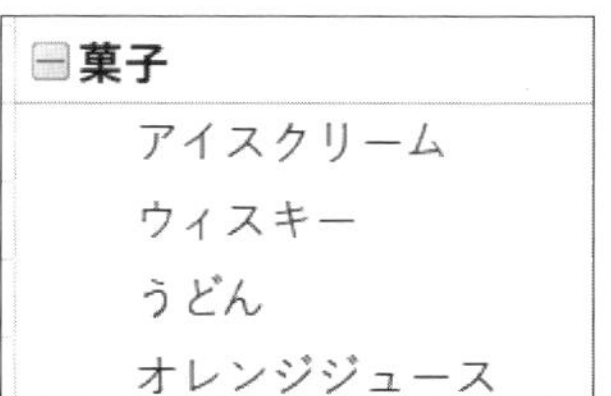

◎異なるテーブルの組み合わせにメジャーを追加した場合

次に、値に［fx売上合計］を追加してみます。

▶ 値：[fx売上合計]

今度はそれぞれの商品カテゴリーに属さない「商品名」が消失し、きれいなピボットテーブルに戻りました。

行ラベル	売上合計
⊟飲料	
ウィスキー	73,666,220
オレンジジュース	55,429,440
お茶	18,009,935
シャンパン	46,196,880

⊟菓子	
アイスクリーム	77,789,625
カップケーキ	106,102,260
ショートケーキ	116,296,560
チョコレート	44,898,700

◎ピボットテーブルで階層を作るときの注意点

これらのことからピボットテーブルで階層を作るときに以下のことがいえます。

① 同じテーブルにある列どうしは、同じ行に存在する項目の組み合わせしか作らない
② 異なるテーブルから持ってきた項目どうしは、リレーションシップにかかわりなく、いったんすべての組み合わせを作る
③ メジャーを追加すると、リレーションシップからのフィルターの働きでサブグループが絞られる。計算結果がブランクの場合、その行は消滅する

［fx売上合計］のようにシンプルなメジャーでは意識することはありませんが、今後ALL関数を使って複雑なメジャーを作り始めると、この動作の違いは大きな意味を持ってきます。構成比の場合はすべて①の動きをすればよいと思いがちですが、逆にカレンダーテーブルを使った「時間軸分析」では、②のパターンを利用し、日付をくまなく表示させることが必要です。個別のケースについては応用編の各章で取り扱いますが、いずれにせよこの特性を念頭に置いてピボットテーブルの行、列の設定、およびメジャーの作成を行うことが重要です。

3 1階層の「構成比」を求める

「構成比」とは、全体に占める部分の割合です。商品の売上を例に取ると、全商品の売上に占める個々の商品の売上の割合のことです。例えばある期間の全商品の売上が100万円で、アイスクリームの売上合計が25万円であった場合、そ

の構成比は25÷100＝25％となります。

この構成比をメジャーで求めるには、ピボットテーブルが用意した1つのセルの中で、以下2つの数字を用意する必要があります。

① そのセルの商品の売上
② すべての商品の売上

このうち、①については通常の売上を集計するだけで準備できます。一方、②については、それぞれのセルにかかっている「商品名」の自動フィルターを解除し、商品全体の売上を取得する必要があります。自動フィルターの解除については「フィルター」の章で学んだALL関数の使い方がポイントになります。

商品ごとの売上構成比を求める

まずは以下の設定でピボットテーブルを用意します。

- 行：G_商品[商品名]
- 値：[fx売上合計]

行ラベル	売上合計
アイスクリーム	77,789,625
ウィスキー	73,666,220
うどん	68,706,510
オレンジジュース	55,429,440

続いてすべての商品の売上を算出します。総計の数字が商品全体の売上になるので、この値を各セルで取得できれば構成比の前提条件が揃います。今回は商品ごとの構成比を求めるので、G_商品にかかっているフィルターを解除して売上合計を求めます。以下のメジャーを作成し、ピボットテーブルに追加してください。

```
売上合計_G_商品ALL
= CALCULATE([売上合計], ALL('G_商品'))
```

それぞれのセルで全商品の売上を取得できました。

行ラベル	売上合計	売上合計_G_商品ALL
アイスクリーム	77,789,625	2,430,303,145
ウィスキー	73,666,220	2,430,303,145
うどん	68,706,510	2,430,303,145
総計	2,430,303,145	2,430,303,145

総計の値と一致

後は［fx売上合計］の値を［fx売上合計_G_商品ALL］で割って構成比を算出します。

以下のメジャーを作成し、ピボットテーブルに追加してください。

```
商品売上構成比
= DIVIDE([売上合計], [売上合計_G_商品ALL])
```

なお、今回は割合なので、メジャーの書式の設定を「パーセンテージ」に設定します。

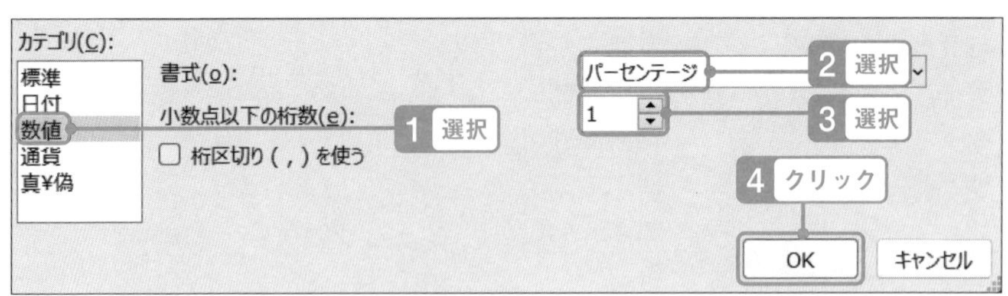

［fx商品売上構成比］を計算できました。

行ラベル	売上合計	売上合計_G_商品ALL	商品売上構成比
アイスクリーム	77,789,625	2,430,303,145	3.2%
ウィスキー	73,666,220	2,430,303,145	3.0%
うどん	68,706,510	2,430,303,145	2.8%
総計	**2,430,303,145**	**2,430,303,145**	**100.0%**

なお、先ほどの式では中間メジャーとして［fx売上合計_G_商品ALL］を作りましたが、VARを使って1つのメジャーにまとめることも可能です。

```
商品売上構成比
= VAR s_Sales = [売上合計]
  VAR s_SalesPrdAll = CALCULATE([売上合計], ALL('G_商品'))
RETURN DIVIDE(s_Sales, s_SalesPrdAll)
```

商品以外の分析視点を追加する

今回作成した構成比は商品についての構成比であり、G_商品に対してALL関数を適用しました。その他のテーブルには影響はないので任意の項目を追加すると、さらなる分析ができます。

試しにピボットテーブルの列に以下の変更を加えます。

▶ 列：顧客[会社名]を「Σ値」の上に追加

顧客ごとの構成比が表示される

	列ラベル				
	吉田商店		玉川商店		江戸日本橋商店
行ラベル	売上合計	商品売上構成比	売上合計	商品売上構成比	売上合計
アイスクリーム	4,089,350	2.7%	4,570,450	2.9%	20,632,115
ウィスキー	5,258,380	3.5%	5,571,340	3.5%	15,571,390
うどん	5,848,230	3.8%	4,739,890	3.0%	14,165,310
オレンジジュース	3,816,960	2.5%	5,124,480	3.3%	12,552,000

続いて、G_カレンダー[会計年度]をスライサーに追加します。

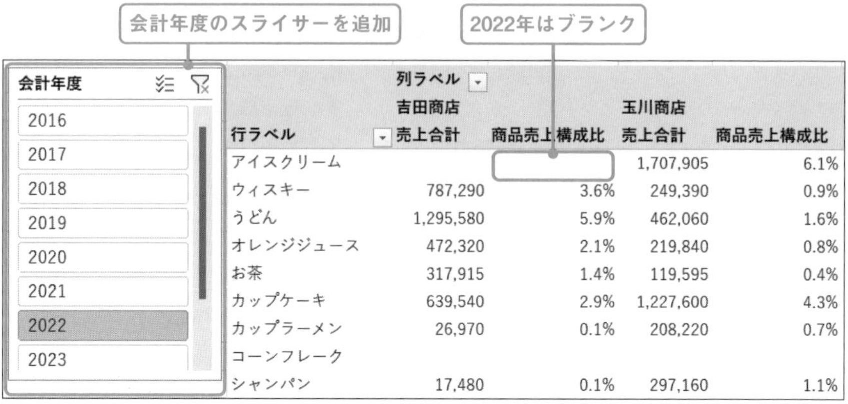

会計年度のスライサーを追加

2022年はブランク

会計年度
2016
2017
2018
2019
2020
2021
2022
2023

	列ラベル			
	吉田商店		玉川商店	
行ラベル	売上合計	商品売上構成比	売上合計	商品売上構成比
アイスクリーム			1,707,905	6.1%
ウィスキー	787,290	3.6%	249,390	0.9%
うどん	1,295,580	5.9%	462,060	1.6%
オレンジジュース	472,320	2.1%	219,840	0.8%
お茶	317,915	1.4%	119,595	0.4%
カップケーキ	639,540	2.9%	1,227,600	4.3%
カップラーメン	26,970	0.1%	208,220	0.7%
コーンフレーク				
シャンパン	17,480	0.1%	297,160	1.1%

このように、ALL関数の対象でないテーブルについては、行・列・スライサーによって分析視点を追加することが可能です。

ところで、スライサーで絞り込みをかけると、2022年の吉田商店の「アイスクリーム」の構成比がブランクになっています。これは売上合計の実績がないため、それにつられて構成比もブランクになったためです。構成比として実績のない商品をあえて「0.0%」と表示させるのであれば、以下のメジャーを追加してください。

```
商品売上構成比_0%ケア
= VAR s_Sales = [売上合計]
  VAR s_SalesPrdAll = CALCULATE([売上合計], ALL('G_商品'))
  VAR s_CompRatio = DIVIDE(s_Sales, s_SalesPrdAll)
RETURN IF(s_CompRatio, s_CompRatio, 0)
```

最後のIF関数の第1引数に条件式を入れていませんが、その場合、値がブランクであるかを判定します。ブランクでない場合は第2引数の構成比を、ブランクの場合は第3引数の「0」を返します。

以下のように「0.0%」と表示されるようになりました。

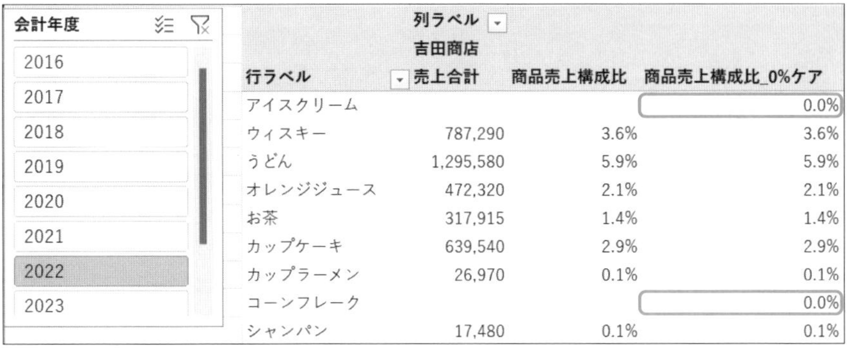

会計年度
2016
2017
2018
2019
2020
2021
2022
2023

	列ラベル		
	吉田商店		
行ラベル	売上合計	商品売上構成比	商品売上構成比_0%ケア
アイスクリーム			0.0%
ウィスキー	787,290	3.6%	3.6%
うどん	1,295,580	5.9%	5.9%
オレンジジュース	472,320	2.1%	2.1%
お茶	317,915	1.4%	1.4%
カップケーキ	639,540	2.9%	2.9%
カップラーメン	26,970	0.1%	0.1%
コーンフレーク			0.0%
シャンパン	17,480	0.1%	0.1%

4 構成比に階層を追加する（ALL＋VALUES）

続いて、構成比に階層を持たせます。ピボットテーブルで階層を持たせる場合、本章の冒頭で説明した「同じテーブルの列と異なるテーブルの列の組み合わせの違い」を意識することが重要です。今回は、あえて間違いながらそれぞれのパターンの動作を確認していきましょう。

「商品カテゴリー」の階層を追加する

「商品名」の上位階層として「商品カテゴリー」を追加し、階層に応じて構成比を切り替えるメジャーを作成します。

- 「商品カテゴリー」の階層→売上全体への構成比
- 「商品名」の階層→商品カテゴリーへの構成比

まず、ピボットテーブルに「商品カテゴリー」を追加します。このとき、G_商品ではなく、G_商品カテゴリー[商品カテゴリー]を持ってきます。

- 行：G_商品カテゴリー[商品カテゴリー]、G_商品[商品名]
- 値：[fx売上合計]、[fx商品売上構成比]

商品全体に対する構成比

会計年度

2016
2017
2018
2019
2020
2021
2022
2023

行ラベル	売上合計	商品売上構成比
⊟飲料	**556,932,305**	**22.9%**
ウィスキー	73,666,220	3.0%
オレンジジュース	55,429,440	2.3%
お茶	18,009,935	0.7%
シャンパン	46,196,880	1.9%
ミネラルウォーター	1,971,000	0.1%
高級赤ワイン	136,831,555	5.6%
高級白ワイン	95,947,500	3.9%
赤ワイン	69,175,015	2.8%
白ワイン	59,704,760	2.5%
⊟菓子	**653,604,420**	**26.9%**
アイスクリーム	77,789,625	3.2%

まず「商品カテゴリー」の構成比を確認します。「飲料」の22.9%という数字は売上全体への構成比で、目的の構成比を正しく計算しています。

ところが、「商品売上構成比」のメジャーはG_商品のみにALLをかけており、G_商品カテゴリーにはALLをかけていません。それなのに、商品カテゴリーの階層でも構成比が正しく計算されているのはなぜでしょう？

これはリレーションシップの章で説明した原則によるものです。つまり、**テーブルのカーディナリティが「1：M」のとき、「M」側のテーブル（G_商品）にALL関数をかけると、上位階層の「1」側にあるテーブル（G_商品カテゴリー）のフィルターも併せて解除される**性質によるものです。

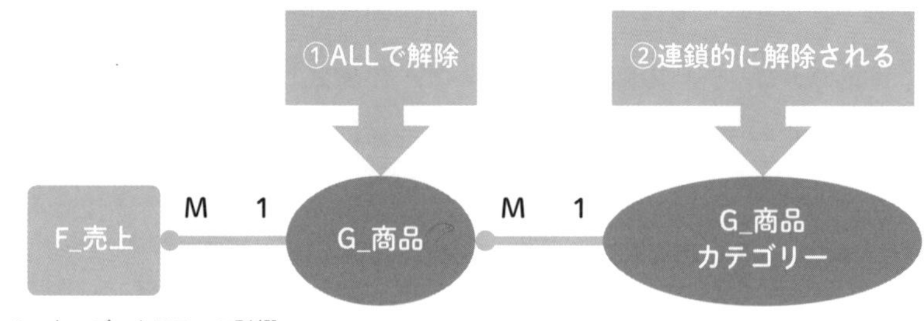

図1-2　カーディナリティの影響

その結果として、新しく追加した「商品カテゴリー」の階層でも正しい構成比が表示されています。

「商品カテゴリー」への構成比を求める

続いて、「商品名」の構成比を確認します。「ウィスキー」の構成比を確認すると3.0%となっており、商品カテゴリーではなく商品全体に対する割合になっています。これは「ALL('G_商品')」により構成比の分母がすべての商品の売上合計になっているためです。

商品カテゴリーではなく商品全体に対する構成比

行ラベル	売上合計	
⊟飲料	556,932,305	22.9%
ウィスキー	73,666,220	3.0%
オレンジジュース	55,429,440	2.3%
お茶	18,009,935	0.7%
シャンパン	46,196,880	1.9%

◎ALL関数+VALUES関数で、フィルターを部分的に再適用する

それでは「商品カテゴリー」に対する売上の割合を算出するにはどうしたらよいでしょうか？　そのためにはいったん解除された「商品カテゴリー」のフィルターを再び「キャッチ」し、再適用します。いったんALL関数で外れた商品カテゴリーの値をキャッチするにはVALUES関数とCALCULATE関数を使います。

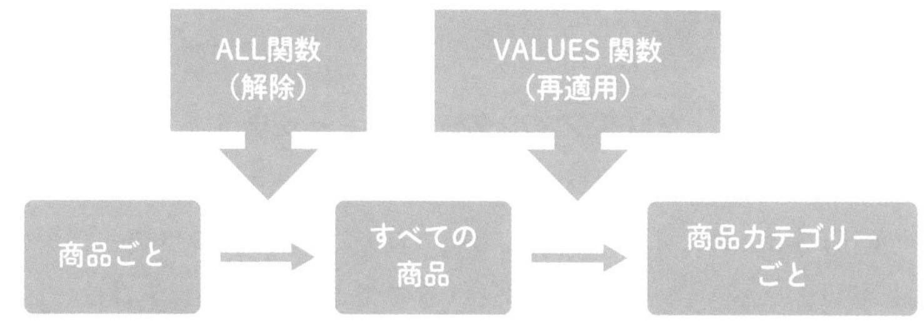

図1-3　キャッチして再適用

以下のメジャーを追加します。

```
売上合計_G_商品_ALL + 商品カテゴリー
= CALCULATE([売上合計],
     VALUES('G_商品カテゴリー'),
     ALL('G_商品'))
```

今度はそれぞれの商品カテゴリーの売上を取得することができました。

同じ値

行ラベル	売上合計	商品売上構成比	売上合計_G_商品_ALL + 商品カテゴリー
⊟飲料	556,932,305	22.9%	556,932,305
アイスクリーム			556,932,305
ウィスキー	73,666,220	3.0%	556,932,305
うどん			556,932,305
オレンジジュース	55,429,440	2.3%	556,932,305

しかし、今度は商品カテゴリーの下に、そこには属さないアイスクリームのような商品名まで表示されるようになりました。「同じテーブルの列と、異なるテーブルの列の組み合わせ」の節で紹介した現象が起きています。

これはALL関数を使用したときによく見られる現象です。なお、以下のようにVALUES関数の引数を「商品カテゴリー」の列にしても同様です。

```
売上合計_G_商品_ALL + 商品カテゴリー
= CALCULATE([売上合計],
     VALUES('G_商品カテゴリー'[商品カテゴリー]),
     ALL('G_商品'))
```

◎VALUES関数で「クロスフィルター」をキャッチする

この問題は、VALUES関数の中身をG_商品[商品カテゴリーID]に差し替えることで回避できます。G_商品[商品カテゴリーID]はピボットテーブルには直接登場していません。しかし、直接フィルターであるG_商品カテゴリー[商品カテゴリー]からクロスフィルターでつながっているため、VALUES関数でキャッチできます。

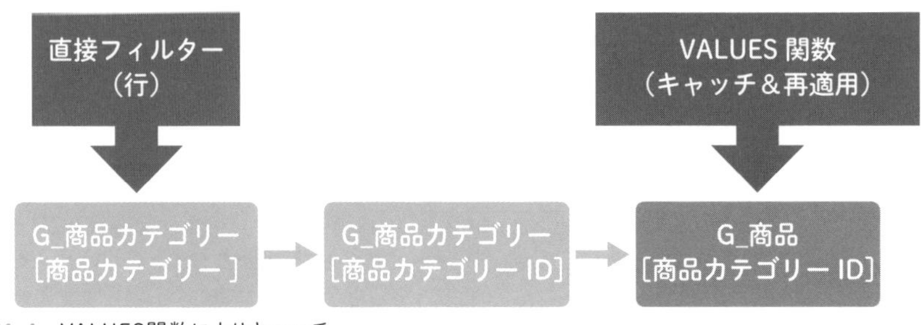

図1-4　VALUES関数によりキャッチ

メジャーを以下のように書き換えてください。

```
売上合計_G_商品_ALL + 商品カテゴリー
= CALCULATE([売上合計],
    VALUES('G_商品'[商品カテゴリーID]),
    ALL('G_商品'))
```

商品カテゴリーに所属する商品のみが表示されました。

行ラベル	売上合計	商品売上構成比	売上合計_G_商品_ALL + 商品カテゴリー
⊟飲料	**556,932,305**	**22.9%**	**556,932,305**
ウィスキー	73,666,220	3.0%	556,932,305
オレンジジュース	55,429,440	2.3%	556,932,305
お茶	18,009,935	0.7%	556,932,305
シャンパン	46,196,880	1.9%	556,932,305

◎DIVIDE関数で割り算をして「商品カテゴリー内構成比」を出す

ここまで来たら後は割り算で構成比を出すだけです。以下のメジャーを追加します。

```
商品 vs カテゴリー売上構成比
= VAR s_Sales = [売上合計]
  VAR s_SalesPrdAll =
    CALCULATE([売上合計],
        VALUES('G_商品'[商品カテゴリーID]),
```

```
        ALL('G_商品'))
    RETURN DIVIDE(s_Sales, s_SalesPrdAll)
```

それぞれの「商品カテゴリー」への構成比が計算されました。

行ラベル	売上合計	商品売上構成比	売上合計_G_商品_ALL + 商品カテゴリー	商品 vs カテゴリー売上構成比
⊟飲料	**556,932,305**	**22.9%**	**556,932,305**	**100.0%**
ウィスキー	73,666,220	3.0%	556,932,305	13.2%
オレンジジュース	55,429,440	2.3%	556,932,305	10.0%
お茶	18,009,935	0.7%	556,932,305	3.2%
シャンパン	46,196,880	1.9%	556,932,305	8.3%

1

2

3

4

5

階層による表示の切り替え

続いて、ピボットテーブルの階層に応じて集計結果を切り替えます。現在は別々のメジャーで2つの構成比が表示されています。それらを1つのメジャーに統合し、商品カテゴリーの階層では「全体vs商品カテゴリー」の、商品名の階層では「商品カテゴリーvs商品」の構成比を表示させます。

これを実現にするには、以下2つのステップが必要です。

① 現在の階層レベルを知る
② 階層に応じて表示させるメジャーを切り替える

◎ISFILTERED関数：現在の階層レベルを知る

現在の階層レベルの取得には、ISFILTERED関数を使います。以下のメジャーをピボットテーブルに追加してください。

```
ISF_商品名
= ISFILTERED('G_商品'[商品名])

ISF_商品カテゴリー
= ISFILTERED('G_商品カテゴリー'[商品カテゴリー])
```

行ラベル	ISF_商品名	ISF_商品カテゴリー
飲料	FALSE	TRUE
アイスクリーム	TRUE	TRUE
ウィスキー	TRUE	TRUE
うどん	TRUE	TRUE
オレンジジュース	TRUE	TRUE

メジャーの結果を見ると上位階層の「ISF_商品カテゴリー」は、より下位の「商品名」でもTRUEになっています。

メジャー	ISF_商品名	ISF_商品カテゴリー
商品カテゴリーの階層	FALSE	TRUE
商品名の階層	TRUE	TRUE

表1-1　メジャーの結果

つまり、ウィスキーを例に挙げると、「飲料」の行では商品カテゴリー＝飲料のフィルターのみが、「ウィスキー」の行では①商品カテゴリー＝飲料と②商品名＝ウィスキーの2つのフィルターがAND条件でかかります。このフィルターの特性は次の条件判断の順番に影響します。

◎SWITCH関数：階層に応じて表示するメジャーを切り替える

続いて階層に応じて表示させるメジャーを切り替えます。条件判断にはIF関数でもよいですが、IF関数の場合、2択の条件判定しかできません。3つ以上に分岐させると、「ネスト」が発生し、式がとても読みにくくなります。

今回のように条件判定が複数繰り返される可能性がある場合は、SWITCH関数を使うのがよいでしょう。以下のメジャーを追加してください。

```
売上構成比
= VAR s_ISF_Product = ISFILTERED('G_商品'[商品名])
  VAR s_ISF_ProductC = ISFILTERED('G_商品カテゴリー'[商品カ
  テゴリー])
```

```
RETURN
SWITCH(TRUE(),
        s_ISF_Product = TRUE, "商品名",
        s_ISF_ProductC =TRUE, "商品名カテゴリー",
        "それ以外")
```

SWITCH関数には2通りの書き方があります。今回のように第1引数にTRUE()を書くと、以降、異なる式で条件判断ができます。

条件式は上から順番に判定されそれとペアで結果の式を書きます。どの条件も満たさない場合の式は最後にセットします。今回は、上から順番に以下の判定を行っています。

① 商品名のフィルターがかかっているか？→商品名
② 商品カテゴリーのフィルターがかかっているか？→商品カテゴリー
③ ①、②のどちらにもかからなかった場合→それ以外

このように階層ごとの条件式は、より下位の層から条件判断を行うのが鉄則です。

結果を見ると、以下のようになりました。

行ラベル	ISF_商品名	ISF_商品カテゴリー	売上構成比
⊟飲料	**FALSE**	**TRUE**	**商品名カテゴリー**
アイスクリーム	TRUE	TRUE	商品名
ウィスキー	TRUE	TRUE	商品名
うどん	TRUE	TRUE	商品名
米	TRUE	TRUE	商品名
総計	**FALSE**	**FALSE**	**それ以外**

総計では、「商品カテゴリー」「商品名」のどちらのフィルターもかかっていないので、「それ以外」の結果を表示します。

なお、条件式ではTRUE/FALSEの判定を行っていますが、そもそも**s_ISF_Product**、**s_ISF_ProductC**の値は最初からTRUE/FALSEなので、「=TRUE」

の式を省略して、よりコンパクトに以下のように記述することもできます。

```
売上構成比
= VAR s_ISF_Product = ISFILTERED('G_商品'[商品名])
  VAR s_ISF_ProductC = ISFILTERED('G_商品カテゴリー'[商品カ
  テゴリー])
RETURN
SWITCH(TRUE(),
    s_ISF_Product, "商品名",
    s_ISF_ProductC, "商品名カテゴリー",
    "それ以外")
```

◎売上構成比メジャーの完成

前提条件がそろったので、仕上げに売上構成比を算出します。階層ごとの条件判断でメジャーを切り替えるようにメジャーを修正します。メジャーの書式の設定は［パーセンテージ］に設定します。

```
売上構成比
= VAR s_ISF_Product = ISFILTERED('G_商品'[商品名])
  VAR s_ISF_ProductC = ISFILTERED('G_商品カテゴリー'[商品カ
  テゴリー])
RETURN
SWITCH(TRUE(),
    s_ISF_Product, [商品 vs カテゴリー売上構成比],
    s_ISF_ProductC, [商品売上構成比],
    [商品売上構成比])
```

階層に応じた構成比が表示されました。

行ラベル	売上合計	売上構成比	商品売上構成比
⊟飲料	**556,932,305**	**22.9%**	**22.9%**
ウィスキー	73,666,220	13.2%	3.0%
オレンジジュース	55,429,440	10.0%	2.3%
お茶	18,009,935	3.2%	0.7%
米	52,367,280	7.0%	2.2%
総計	**2,430,303,145**	**100.0%**	**100.0%**

5 構成比に階層を追加する：別解

CALCULATE関数とALL関数を使った例を見ましたが、別解としてその他の方法も紹介します。

1つの目的を達成するためのメジャーは常に1つだけとは限りません。様々な書き方を理解・体験しておくことで、本書に記載されていないシナリオでも柔軟に対処できるようになります。また、メジャーの書き方には人それぞれクセがあるので、他の人が作成したメジャーを理解する上でも役に立ちます。

なお、すでに構成比の出し方は説明していますので、本節では全体の合計と商品カテゴリー内の合計の取得までにとどめておきます。

別解①：CALCULATE関数にFILTER関数で用意したテーブルを渡す

CALCULATE関数にテーブル渡しで条件を渡すパターンです。ALL関数を使ってすべての値を含んだテーブルを渡します。

◎全体合計と商品カテゴリー内合計の算出

ピボットテーブルを以下の設定にしてください。

▶ 行：G_商品カテゴリー[商品カテゴリー]、G_商品[商品名]

続いて以下のメジャーを追加します。

```
売上合計_商品_AFC
= VAR t_ProdAll = ALL('G_商品')
RETURN
    CALCULATE([売上合計], t_ProdAll)

売上合計_商品カテゴリー_AFC
= VAR t_ProdAll =
FILTER (
    ALL('G_商品'),
    'G_商品'[商品カテゴリーID] IN VALUES('G_商品'[商品カテゴ
    リーID]))
RETURN
    CALCULATE([売上合計], t_ProdAll)
```

全体合計はALL関数を、商品カテゴリー内合計にはALL関数で用意したテーブルのうちFILTER関数でG_商品[商品カテゴリーID]を再適用したテーブルを用意します。

行ラベル	売上合計	売上合計_商品_AFC	売上合計_商品カテゴリー_AFC
⊟飲料	**556,932,305**	**2,430,303,145**	**556,932,305**
アイスクリーム		2,430,303,145	
ウィスキー	73,666,220	2,430,303,145	556,932,305
うどん		2,430,303,145	
オレンジジュース	55,429,440	2,430,303,145	556,932,305

◎商品カテゴリーに属さない行を非表示に

数字自体はよいですが、[fx売上合計_商品_AFC] に商品カテゴリーに属さない商品名が表示されています。これを非表示にするにはどうしたらよいでしょうか？　まずFILTER関数とALL関数で絞ってみます。

```
売上合計_商品_AFC
= VAR t_ProdAll =
FILTER (
    ALL('G_商品'),
    'G_商品'[商品名] IN VALUES('G_商品'[商品名]))
RETURN
CALCULATE([売上合計], t_ProdAll)
```

［fx売上合計］と同じ結果になってしまいました。

行ラベル	売上合計	売上合計_商品_AFC	売上合計_商品カテゴリー_AFC
⊟飲料	**556,932,305**	**556,932,305**	**556,932,305**
ウィスキー	73,666,220	73,666,220	556,932,305
オレンジジュース	55,429,440	55,429,440	556,932,305
お茶	18,009,935	18,009,935	556,932,305

これは、ALL関数でフィルターを解除した後、それぞれの行の「商品名」で再度フィルターをかけ直したためです。

次に、G_商品カテゴリーとG_商品に共通する「商品カテゴリーID」がある場合のみ、全体合計を表示します。2つのテーブルに共通する項目に絞り込むにはINTERSECT関数を使います。メジャーを以下のように書き直してください。

```
売上合計_商品_AFC
= VAR t_ProdAll = ALL('G_商品')
  VAR s_NoProd =
    ISEMPTY(
        INTERSECT (
            VALUES('G_商品カテゴリー'[商品カテゴリーID]),
            VALUES('G_商品'[商品カテゴリーID])))
RETURN
    IF(s_NoProd = FALSE(), CALCULATE([売上合計], t_
    ProdAll))
```

INTERSECT関数はG_商品カテゴリーのうち、G_商品にも含まれる「商品カテゴリーID」を返しています。ISEMPTY関数はテーブルが空っぽだったとき、つまり商品カテゴリーが合致しない場合TRUEになります。最後のIF文では、商品カテゴリーに合致する場合のみ集計結果を返します。

この処理で不要な「商品名」行が消えました。

行ラベル	売上合計	売上合計_商品_AFC	売上合計_商品カテゴリー_AFC
⊟飲料	**556,932,305**	**2,430,303,145**	**556,932,305**
ウィスキー	73,666,220	2,430,303,145	556,932,305
オレンジジュース	55,429,440	2,430,303,145	556,932,305
お茶	18,009,935	2,430,303,145	556,932,305

別解②：VALUES関数の代わりにG_商品カテゴリーテーブルをCALCULATE関数に渡す

ALL関数でフィルターを解除した後に、G_商品カテゴリーのテーブル渡しでフィルターを復活させるパターンです。以下のメジャーを追加してください。

```
商品カテゴリー売上_TBL
= CALCULATE([売上合計], 'G_商品カテゴリー' , ALL('G_商品'))
```

行ラベル	売上合計	商品カテゴリー売上_TBL
⊟飲料	**556,932,305**	**556,932,305**
アイスクリーム		556,932,305
ウィスキー	73,666,220	556,932,305
うどん		556,932,305
オレンジジュース	55,429,440	556,932,305

以降、不要な商品の行は、必要に応じて別解①の方法で非表示にさせてください。

別解③：SUMXを使う

CALCULATEを使わずにSUMXを使うパターンです。SUMXのようなX関数は第1引数にループ処理を行うためのテーブルを取るので、このテーブルをどう作るかがポイントです。

◎商品全体合計

SUMX関数に渡すテーブルにALL関数で用意したすべての行を持つテーブルを用意し、構成比の元となる全体の合計を算出します。

```
売上合計_商品_AT
= SUMX(ALL('G_商品'), [売上合計])
```

以下のようにすべての商品の合計を算出しました。

行ラベル	売上合計	売上合計_商品_AT
アイスクリーム	77,789,625	2,430,303,145
ウィスキー	73,666,220	2,430,303,145
うどん	68,706,510	2,430,303,145
オレンジジュース	55,429,440	2,430,303,145

VARを使用してSUMX関数に渡しても同じ結果になります。

```
売上合計_商品_AT
= VAR t_ProdAll = ALL('G_商品')
RETURN SUMX(t_ProdAll , [売上合計])
```

◎商品カテゴリー内合計：FILTER関数

次に商品カテゴリー内合計を算出します。こちらもALL関数で作った全商品リストをFILTER関数で絞り込んだテーブルを作ります。

```
売上合計_商品カテゴリー_AT
= VAR t_ProdAll=
FILTER (
    ALL('G_商品'),
    'G_商品'[商品カテゴリーID] IN VALUES('G_商品'[商品カテゴ
    リーID]))
RETURN SUMX(t_ProdAll, [売上合計])
```

行ラベル	売上合計	売上合計_商品_AT	売上合計_商品カテゴリー_AT
⊟飲料	**556,932,305**	**2,430,303,145**	**556,932,305**
アイスクリーム		2,430,303,145	
ウィスキー	73,666,220	2,430,303,145	556,932,305
うどん		2,430,303,145	
オレンジジュース	55,429,440	2,430,303,145	556,932,305

◎商品カテゴリー内合計：CALCULATETABLE関数

CALCULATETABLE関数を使った例です。CALCULATETABLEでは第1引数にテーブルを渡します。

```
売上合計_商品_ACT
= VAR t_ProdAll =
  CALCULATETABLE(
    'G_商品',
    ALL('G_商品'))
RETURN SUMX(t_ProdAll, [売上合計])
```

```
売上合計_商品カテゴリー_ACT
= VAR t_ProdAll =
  CALCULATETABLE(
    'G_商品',
    'G_商品'[商品カテゴリーID] IN VALUES('G_商品'[商品カテゴ
```

```
        リーID]),
        ALL('G_商品'))
    RETURN SUMX(t_ProdAll, [売上合計])
```

行ラベル	売上合計	売上合計_商品_ACT	売上合計_商品カテゴリー_ACT
⊟飲料	**556,932,305**	**2,430,303,145**	**556,932,305**
アイスクリーム		2,430,303,145	
ウィスキー	73,666,220	2,430,303,145	556,932,305
うどん		2,430,303,145	
オレンジジュース	55,429,440	2,430,303,145	556,932,305

◎CALCULATETABLE関数の第1引数にALL関数をかけた場合

なお、以下のメジャーのようにCALCULATE関数の第1引数にALL関数をかけてしまうと、第2引数にVALUES関数による条件が含まれていても、無効になります。CALCULATETABLE関数の中では、最終的に第1引数のALLで再び手動フィルターが無効になるためです。

```
    売上合計_商品カテゴリー_ACT_ERR
    = VAR t_ProdAll =
    CALCULATETABLE(
        ALL('G_商品'),
        'G_商品'[商品カテゴリーID] IN VALUES('G_商品'[商品カテゴ
        リーID]))
    RETURN SUMX(t_ProdAll, [売上合計])
```

全体合計のまま

行ラベル	売上合計	売上合計_商品_ACT	売上合計_商品カテゴリー_ACT	売上合計_商品カテゴリー_ACT_ERR
⊟飲料	**556,932,305**	**2,430,303,145**	**556,932,305**	**2,430,303,145**
アイスクリーム		2,430,303,145		2,430,303,145
ウィスキー	73,666,220	2,430,303,145	556,932,305	2,430,303,145
うどん		2,430,303,145		2,430,303,145
オレンジジュース	55,429,440	2,430,303,145	556,932,305	2,430,303,145

別解④：テーブルではなく、列にALL関数をかける

ALL関数で特定の列を選択的にフィルター解除します。

```
商品カテゴリー売上合計_商品名COL
= CALCULATE([売上合計],
      'G_商品カテゴリー',
      ALL('G_商品'[商品名]))
```

行ラベル	売上合計	商品カテゴリー売上合計_商品名COL
⊟飲料	**556,932,305**	**556,932,305**
アイスクリーム		556,932,305
ウィスキー	73,666,220	556,932,305
うどん		556,932,305
オレンジジュース	55,429,440	556,932,305

◎列指定のALL関数は直接フィルターをピンポイントで解除する

列フィルターの解除は、直接フィルターをピンポイントで解除します。上の例では行が「商品名」なので、商品名のフィルターを解除しました。次のフィルターは商品IDが直接フィルターとして存在しないため、「商品名」のフィルターは有効となり「売上合計」と同じ結果になります。

```
商品カテゴリー売上合計_商品IDCOL
= CALCULATE([売上合計],
      'G_商品カテゴリー',
      ALL('G_商品'[商品ID]))
```

◎不要な行を非表示にする

不要な商品名行を非表示にするには、こちらもVALUES関数でG_商品[商品カテゴリーID]をCALCULATEに追加すればOKです。

```
商品カテゴリー売上合計_商品名COL
= CALCULATE([売上合計],
    'G_商品カテゴリー',
    VALUES('G_商品'[商品カテゴリーID]),
    ALL('G_商品'[商品名]))
```

行ラベル	売上合計	商品カテゴリー売上合計_商品名COL
⊟飲料	**556,932,305**	**556,932,305**
ウィスキー	73,666,220	556,932,305
オレンジジュース	55,429,440	556,932,305
お茶	18,009,935	556,932,305

◎フィルターとして残したい列を指定する：ALLEXCEPT関数

これまでの例は、「ALL関数ですべてのフィルターを解除する→必要なフィルターを再適用する」という2段階のアプローチでした。ALLEXCEPT関数を使うと、これを一本化して「○○以外のフィルターをすべて解除する」という処理を実現できます。

```
商品カテゴリー売上合計_AE
= CALCULATE([売上合計],
    ALLEXCEPT('G_商品', 'G_商品カテゴリー'[商品カテゴリー]))
```

ALLEXCEPT関数は、第1引数にフィルターを解除する対象のテーブルを取り、第2引数にフィルターで残す列名を指定します。第1引数と第2引数のテーブルは同じテーブルでなくても構いません。

今回は第1引数にG_商品、第2引数にG_商品カテゴリー[商品カテゴリー]を指定します。

行ラベル	売上合計	商品カテゴリー売上合計_AE
⊟飲料	**556,932,305**	**556,932,305**
アイスクリーム		556,932,305
ウィスキー	73,666,220	556,932,305
うどん		556,932,305
オレンジジュース	55,429,440	556,932,305

別解⑤：非正規化した「商品カテゴリー」をG_商品テーブルから持ってくる

最後になりましたが、これが実務上最もシンプルで理想的なパターンです。行項目をG_商品カテゴリーではなくG_商品から持ってくるだけです。

ピボットテーブルを以下の設定にします。

▶ 行：G_商品[商品カテゴリー]、G_商品[商品名]

以下メジャーを追加します。

```
売上合計_商品A
= CALCULATE([売上合計], ALL('G_商品'))

売上合計_商品A+商品カテゴリー
= CALCULATE([売上合計],
     VALUES('G_商品'[商品カテゴリー]), ALL('G_商品'))
```

最初から不要な「商品名」行が表示されず、すっきり結果が表示されました。

行ラベル	売上合計	売上合計_商品A	売上合計_商品A+商品カテゴリー
⊟飲料	**556,932,305**	**2,430,303,145**	**556,932,305**
ウィスキー	73,666,220	2,430,303,145	556,932,305
オレンジジュース	55,429,440	2,430,303,145	556,932,305
お茶	18,009,935	2,430,303,145	556,932,305

6 全体・部分パターンのまとめ

全体・部分パターンとして、ALL関数とその動作について一通り紹介してきました。別解についてですが、実は別解⑤が構成比を出すという目的には一番簡単な方法でした。一番簡単な方法をなぜ最後に持ってきたのかというと、皆さんに、異なるテーブルの項目がピボットテーブルに存在する場合の動作を詳しく説明するためでした。そのポイントは、以下のようになります。

- 異なるテーブル項目による組み合わせは、すべての組み合わせを作る
- 単純な合計の計算は実績のある行しか表示しない（ブランクは非表示）
- フィルターを解除するとすべての組み合わせで数字が復活する
- フィルターの再適用の仕方によって各セルの表示・非表示が変化する
- VALUES関数は直接フィルターだけでなく、クロスフィルターもキャッチする

これらのポイントは、これから応用編のシナリオを実践していくにあたり基礎となる部分です。そのポイントを一通り網羅しておくことで、以降の応用編のシナリオも理解しやすくなります。

［第2章］

独立テーブル・パターン

独立テーブル・パターンはあえてリレーションシップを持たないテーブルを利用するパターンです。リレーションシップを使わないことで、「1：M」のカーディナリティにとらわれない、自由な分析が可能になります。

アクセスキー **p**（小文字のピー）

1 独立テーブル・パターンとは

独立テーブル・パターンは、あえてリレーションシップを持たない孤立したテーブルを用意し、フィルターの「キャッチ」による処理を行うパターンです。

パワーピボットの強みは、リレーションシップを使ったデータモデルによる集計・分析が行えることです。しかし、リレーションシップは「1：M」のカーディナリティの制約に縛られます。そこで、あえてリレーションシップを持たない独立したテーブルを用意し、その項目をスライサーやピボットテーブルに設定し、メジャーでその値をキャッチすることで、より柔軟な集計を行うことができます。

独立テーブルの特性を利用すると、以下の機能を実現できます。

・スライサーによるユーザー・インターフェースの実装
・数値の範囲によるサブグループの作成
・M：Mのリレーションシップ

なお、本書ではリレーションシップを持たない独立テーブル名の先頭に「Parameter（パラメーター）」のPを付けています。

【本章で登場する関数】
・VALUES
・MAXX・MINX
・SWITCH
・FILTER

2 選択肢テーブルによるユーザー・インターフェースの実装

独立テーブルの代表的な使い方は、独立テーブルの値を「選択肢（パラメーター）」として使用したユーザー・インターフェース（以下「UI」）を実現することです。

ユーザーの意思を反映させる選択肢の取得は、テキストデータであるならばVALUES関数・IF関数・SUMX関数を、数値データならMINX関数・MAXX関数を使用します。

なお、この仕組みは大元のメジャーに変更が入ると、それだけ修正個所が増える可能性があります。したがって、導入するのはレポートの開発がある程度落ち着いた段階で仕上げとして追加するのがよいでしょう。

「表示単位」の切り替え

表示している金額を、1円・1,000円・1,000,000円単位に切り替えます。スライサーで選択された「表示単位」をキャッチし、売上合計などの数値をその単位で割った値にします。

今回使用する「P_表示単位」テーブルは、「単位」と「表示単位」の2つの列で構成されています。このうち「表示単位」はスライサーで選択させるため、「単位」は「売上合計」の除算のために使用します。

単位	表示単位
1	1円
1,000	千円
1,000,000	百万円

◎ピボットテーブルとスライサーの用意

まず以下の設定でピボットテーブルを用意します。

- 行：G_商品[商品名]
- 値：[fx売上合計]

▶ スライサー：P_表示単位[表示単位]

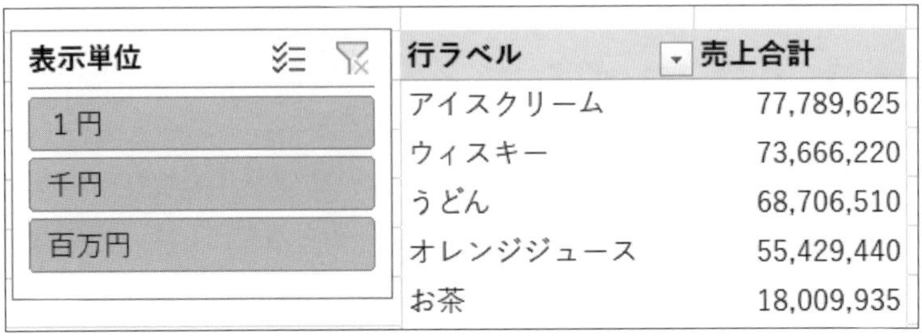

表示単位	行ラベル	売上合計
1円	アイスクリーム	77,789,625
千円	ウィスキー	73,666,220
百万円	うどん	68,706,510
	オレンジジュース	55,429,440
	お茶	18,009,935

1
2
3
4
5

この段階では、「表示単位」のスライサーで何を選んでも、ピボットテーブルの値は変化しません。「P_表示単位」テーブルは他のどのテーブルともリレーションシップを持っていないためです。

◎選択された「表示単位」から「単位」をキャッチする

続いて独立テーブルパターンの基本である「選択肢のキャッチ」に移ります。まずスライサーで選択された「表示単位」をそのままメジャーに表示させます。スライサーで「1円」が選ばれた状態にしてください。この状態のまま以下のメジャーを追加します。

```
表示単位
= VAR t_Param = VALUES('P_表示単位'[表示単位])
  VAR s_Cnt = SUMX(t_Param, 1)
RETURN IF(s_Cnt = 1, t_Param, "1円")
```

選択肢であるt_Paramが1行の場合は、t_Paramの値をそのまま表示されますが、複数選ばれている場合は強制的に「1円」と表示されます。

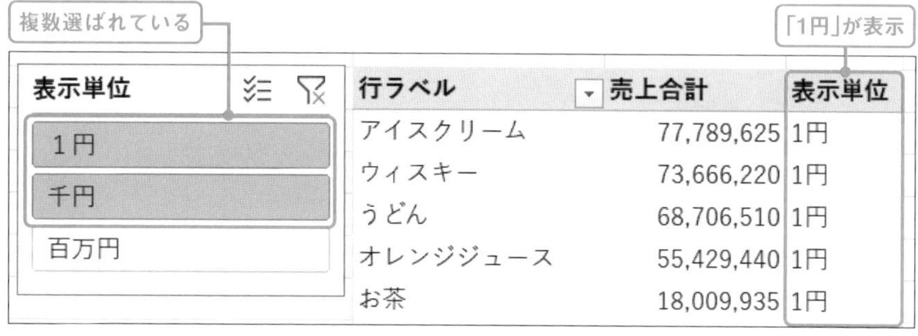

◎選択された表示単位で「売上合計」を除算する

スライサーで選択した値を取得できたので、その表示単位で売上合計を除算します。ただし、今現在メジャーに表示しているのは「円」の付いた文字情報であるため、この値をそのまま除算に使用することはできません。除算を行うためには数値型のデータでなくてはならないので、メジャーを以下のように修正します。

```
表示単位
= VAR t_Param = VALUES('P_表示単位'[単位])
  VAR s_Cnt = SUMX(t_Param, 1)
RETURN IF(s_Cnt = 1, t_Param, 1)
```

「表示単位」に対応する数値を表示でしました。

「単位」を表示

表示単位
- 1円
- 千円
- 百万円

行ラベル	売上合計	表示単位
アイスクリーム	77,789,625	1000
ウィスキー	73,666,220	1000
うどん	68,706,510	1000
オレンジジュース	55,429,440	1000
お茶	18,009,935	1000

ここまで来たらあとは簡単です。この表示単位で「売上合計」を割ればいい

だけです。以下のメジャーを追加してください。

```
売上合計(表示単位)
= DIVIDE([売上合計], [表示単位])
```

選択した「表示単位」で売上合計が表示されるようになりました。

売上を1000で割った値が表示

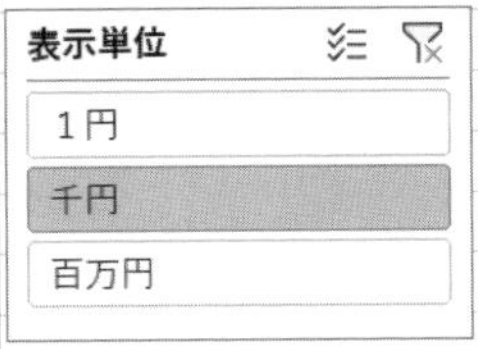

表示単位

1円

千円

百万円

行ラベル	売上合計	表示単位	売上合計（表示単位）
アイスクリーム	77,789,625	1000	77,790
ウィスキー	73,666,220	1000	73,666
うどん	68,706,510	1000	68,707
オレンジジュース	55,429,440	1000	55,429
お茶	18,009,935	1000	18,010

なお、この除算を入れる場合、将来、式に変更が入ったときのことを考えて大元のメジャーに設定しておくのがよいでしょう。例えば、売上合計メジャーを参照する「売上合計（前年)」というメジャーがあった場合、大元の「売上合計」メジャーに式を入れておけば、「売上合計（前年)」への追加修正が不要になります。

◎別解：集計関数を使って「単位」をキャッチする

なお、今回パラメーターとして取得するのは「単位」という数値データなので、別解として以下のように集計関数で「1つの値」にすることも可能です。

```
表示単位
= MAXX('P_表示単位', 'P_表示単位'[単位])
```

集計関数なのでスライサーで複数の選択肢が選ばれた場合、MAXXならばその中で最大のものを、MINXならば最小のものが選ばれる点が異なります。

VALUES関数を使う方法と集計関数を使う方法のどちらがよいかという問いに決まった答えはありません。強いていうならばVALUES関数を使った場合は選択肢が複数選ばれたエラー処理の対応で任意の値を設定できるし、集計関数を使えば式がシンプルになるというメリットがあります。しかし、どちらを選ぶかのその判断は個人によります。重要なことは「テーブルの値はそのままメジャーに表示できない」ということと「何らかの形でそれを『1つの値』にすると、表示できるようになる」という原則を理解しておくことです。そこへのアプローチが「1行1列の原則」を使うか、「集計関数」を使うかで異なっているだけです。

メジャーの切り替え

パラメーター・テーブルを使うと、複数のメジャーを1つのメジャーで切り替えることができます。アプローチは「単位の切り替え」と同様、手法でスライサーの値をキャッチした後、SWITCH関数で表示させるメジャーを切り替えるだけです。

なお、すべて同じ数値データを表示させる場合には問題はありませんが、%表示などのように異なる表記が入ってくる場合、メジャーの表示形式の設定では対応できません。代わりにFORMAT関数で表示計形式を変えるケアが必要です。

◎「集計タイプ」を選択する

まず以下の設定でピボットテーブルを用意します。

- 行：G_商品[商品名]
- スライサー：P_集計タイプ[集計タイプ]

「集計タイプ」スライサーは仮に「最小」を選んでおきましょう。

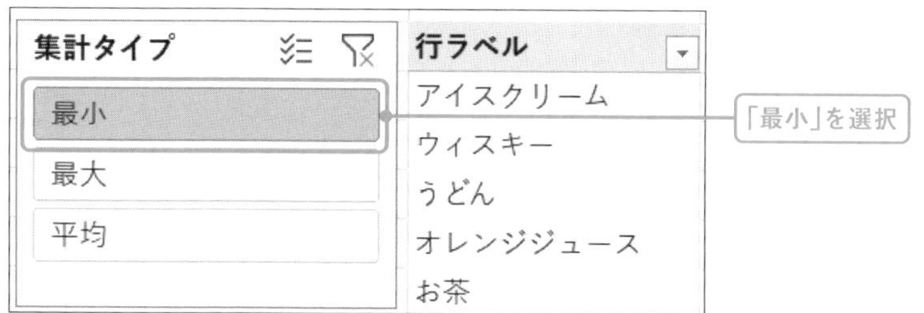

続いて以下のメジャーを追加します。

```
集計タイプ
= VAR t_Param = VALUES('P_集計タイプ'[集計タイプ])
  VAR s_Cnt = SUMX(t_Param, 1)
RETURN IF(s_Cnt = 1, t_Param)
```

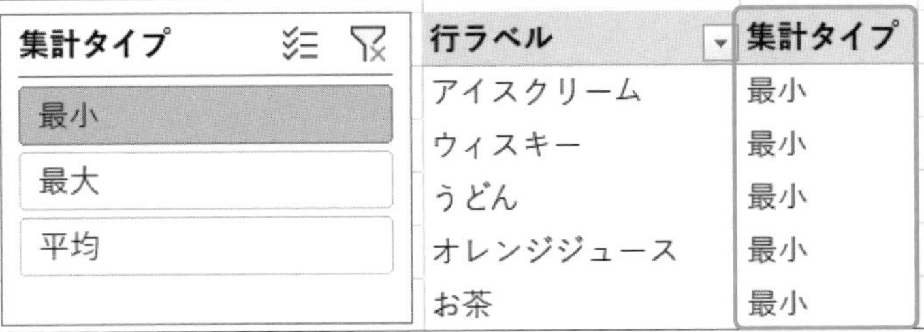

◎選択された「集計タイプ」により集計結果を切り替える

パラメーターの値を取得することができたので、スライサーに応じて表示させるメジャーを切り替えます。以下のメジャーを追加します。

```
販売価格(集計タイプ)
= SWITCH(
      [集計タイプ],
      "平均", [販売価格平均],
      "最大", [販売価格最大],
      "最小", [販売価格最小]
)
```

選択肢の内容に応じて、集計値を切り替えられるようになりました。

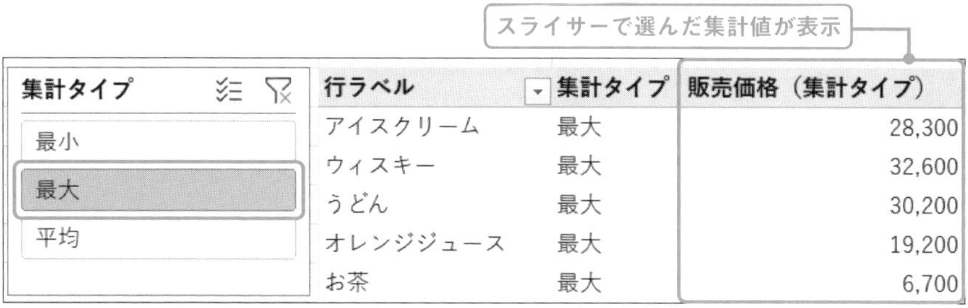

スライサーで選んだ集計値が表示

集計タイプ
- 最小
- 最大
- 平均

行ラベル	集計タイプ	販売価格（集計タイプ）
アイスクリーム	最大	28,300
ウィスキー	最大	32,600
うどん	最大	30,200
オレンジジュース	最大	19,200
お茶	最大	6,700

なお、すべての集計タイプの結果を同時に見たい場合は、「列」にP_集計タイプ［集計タイプ］を設定してください。

- 列：P_集計タイプ[集計タイプ]
- 値：[fx販売価格（集計タイプ）]

スライサーを解除すると、すべての集計タイプの結果が同時に表示されます。

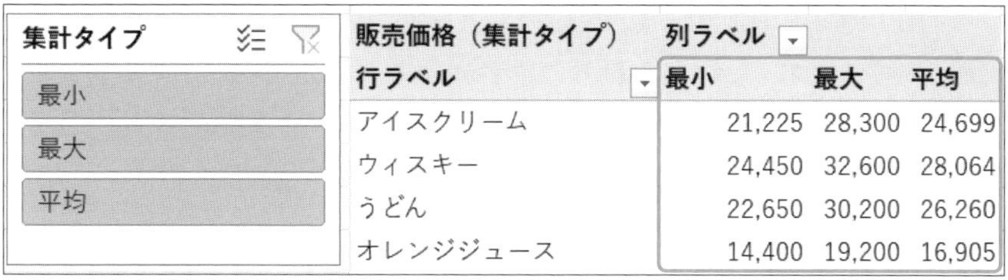

集計タイプ
- 最小
- 最大
- 平均

販売価格（集計タイプ）	列ラベル		
行ラベル	最小	最大	平均
アイスクリーム	21,225	28,300	24,699
ウィスキー	24,450	32,600	28,064
うどん	22,650	30,200	26,260
オレンジジュース	14,400	19,200	16,905

独立テーブルはリレーションシップを持たないため、ピボットテーブルに項目を配置すると、すべての条件を作り出すことができます。

3 範囲パターン

独立テーブルは「1：M」のカーディナリティに縛られないため、「範囲」を使ったサブグループの作成に向いています。範囲とは、数字もしくは日付のように「順番」を持ち、始まりと終わりの2点で区切られた連続する値のことです。リレーションシップは双方のテーブルに共通に存在する値がある場合のみフィルターが効きますが、独立テーブルを使うと60点以上80点未満といったように途切れのない連続した範囲をフィルターすることができます。

技術的なポイントは、独立テーブルを使ってピボットテーブルに「枠組み」を作り、その枠組みを使ってサブグループを作ることです。

「度数分布表（ヒストグラム）」を作る

範囲パターンの代表的な例は「度数分布表（ヒストグラム）」です。度数分布表は一定ごとの数値で区切った「区間」を用意し、それぞれの区間にどれだけのレコード件数が存在するかを表現するレポートです。通常のExcel表でも作成可能ですが、メジャーを使うとより多角的な分析が可能になります。

◎「枠組み」を作る

今回使用するP_区間は、以下のように「区間」「開始」「終了」の3つの列で定義されています。なお、「区間」の数字が0始まりの3桁なのは、ピボットテーブルにしたときに表示順を固定するためです。

区間	開始	終了
000 - 010 MJPY	0	10,000,000
010 - 020 MJPY	10,000,000	20,000,000
020 - 030 MJPY	20,000,000	30,000,000
030 - 040 MJPY	30,000,000	40,000,000
040 - 050 MJPY	40,000,000	50,000,000
050 - 060 MJPY	50,000,000	60,000,000
060 - 070 MJPY	60,000,000	70,000,000
070 - 080 MJPY	70,000,000	80,000,000
080 - 090 MJPY	80,000,000	90,000,000
090 - 100 MJPY	90,000,000	100,000,000
100 MJPY 以上	100,000,000	9,999,999,990

まずは以下のピボットテーブルで「枠組み」を作ります。

▶ 行：P_区間［区間］

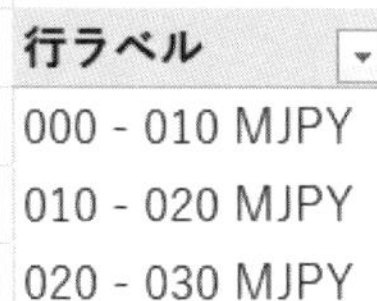

行ラベル
000 - 010 MJPY
010 - 020 MJPY
020 - 030 MJPY

◎枠組みの「境界」をキャッチする

範囲パターンでは枠組みの「境界」の値をキャッチします。境界をキャッチするには、MINX関数とMAXX関数を使います。以下メジャーを追加してください。

```
区間開始
= MINX('P_区間', 'P_区間'[開始])

区間終了
= MAXX('P_区間', 'P_区間'[終了])
```

行ラベル	区間開始	区間終了
000 - 010 MJPY	0	10,000,000
010 - 020 MJPY	10,000,000	20,000,000
020 - 030 MJPY	20,000,000	30,000,000

今回のサンプルでは、メジャーの内容に合わせてそれぞれ開始、終了に使用しています。

◎区間開始、区間終了に合わせてフィルターをかける

各区間の開始と終了をキャッチできたので、売上合計がこの区間の値に含まれる顧客数をカウントします。メジャーの結果による絞り込みを行うので、FILTER関数を使います。以下のメジャーを追加してください。

```
度数
= VAR t_Cust = FILTER('G_顧客',
      [区間開始] <= [売上合計] &&
      [売上合計] < [区間終了])
RETURN SUMX(t_Cust, 1)
```

行ラベル	区間開始	区間終了	度数
000 - 010 MJPY	0	10,000,000	
010 - 020 MJPY	10,000,000	20,000,000	
020 - 030 MJPY	20,000,000	30,000,000	
030 - 040 MJPY	30,000,000	40,000,000	
040 - 050 MJPY	40,000,000	50,000,000	
050 - 060 MJPY	50,000,000	60,000,000	1
060 - 070 MJPY	60,000,000	70,000,000	2
070 - 080 MJPY	70,000,000	80,000,000	14
080 - 090 MJPY	80,000,000	90,000,000	6
090 - 100 MJPY	90,000,000	100,000,000	5
100 MJPY 以上	100,000,000	9,999,999,990	2
総計	**0**	**9,999,999,990**	**30**

それぞれの区間の顧客数が表示される

これで度数の表示が確認できましたが、中間メジャーを使っているので一本化します。

```
度数
= VAR s_Interval_St = MINX('P_区間', 'P_区間'[開始])
  VAR s_Interval_Ed = MAXX('P_区間', 'P_区間'[終了])
  VAR t_Cust = FILTER(
        'G_顧客',
        s_Interval_St <= [売上合計] &&
        [売上合計] < s_Interval_Ed)
  RETURN SUMX(t_Cust, 1)
```

次にピボットテーブルから［fx区間開始］［fx区間終了］を削除します。

行ラベル	度数
050 - 060 MJPY	1
060 - 070 MJPY	2
070 - 080 MJPY	14
080 - 090 MJPY	6
090 - 100 MJPY	5
100 MJPY 以上	2
総計	**30**

すると度数のない区間が消えるので、以下の手順で表示させます。

- ピボットテーブルを右クリック→［ピボットテーブルオプション］を選択
- ［表示］→「データのないアイテムを行に表示する」にチェック→［OK］

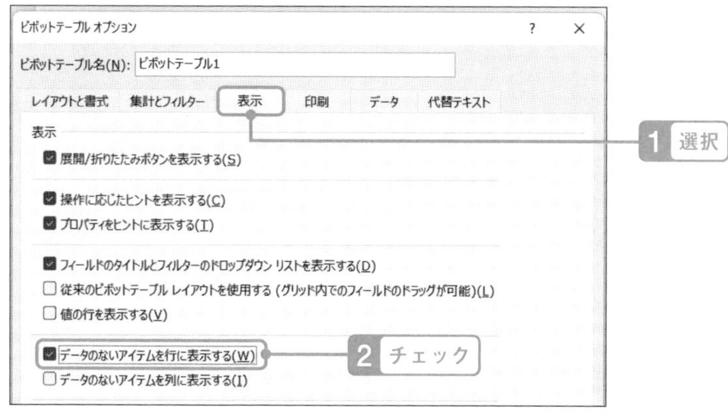

これで値の有無にかかわらず、すべての区間が表示されました。

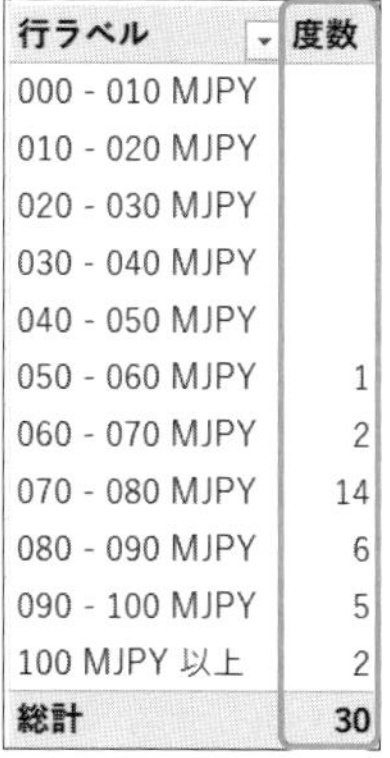

行ラベル	度数
000 - 010 MJPY	
010 - 020 MJPY	
020 - 030 MJPY	
030 - 040 MJPY	
040 - 050 MJPY	
050 - 060 MJPY	1
060 - 070 MJPY	2
070 - 080 MJPY	14
080 - 090 MJPY	6
090 - 100 MJPY	5
100 MJPY 以上	2
総計	**30**

◎ヒストグラム（グラフ）を追加する

次にグラフにして視覚的に特徴をつかみます。

▶ ピボットテーブルの外の何もないセルを選択

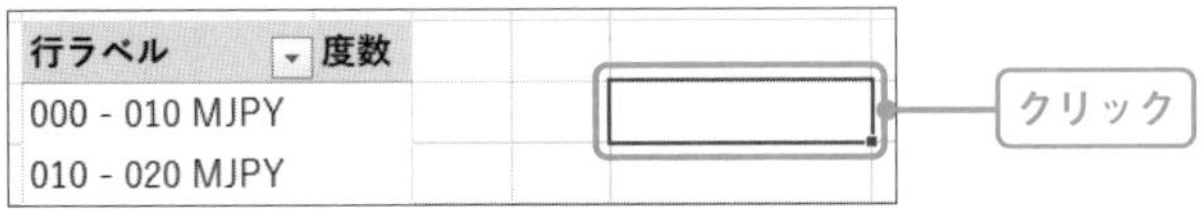

▶［挿入］タブ→［ピボットグラフ］→［ピボットグラフ］を選択

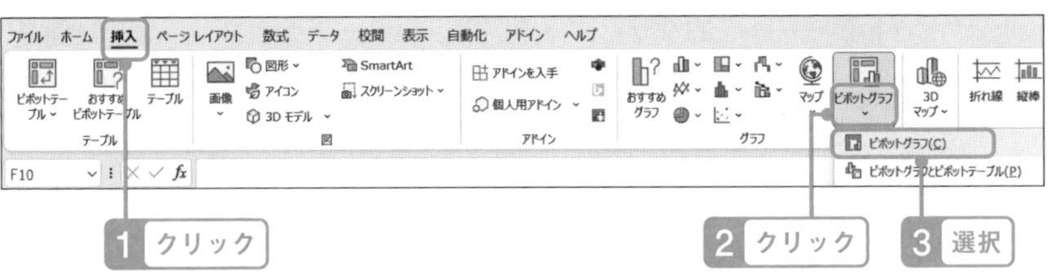

▶「このブックのデータモデルを使用する」にチェック→［OK］

▶ 軸（分類項目）：P_区間[区間]

Σ値：[fx度数]

▶ ピボットグラフを右クリック→［ピボットグラフのオプション］を選択

▶［表示］→「データのないアイテムを軸フィールドに表示する」をチェック→［OK］

これでグラフが表示されました。

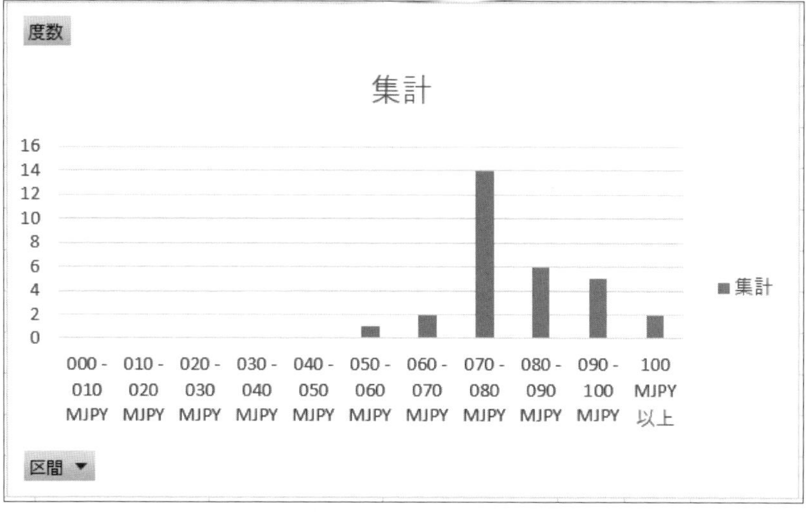

次に、グラフで男女差の違いを確認してみてみましょう。

▶ 凡例（系列）：G_顧客[性別]

度数の男女差をグラフで確認することができるようになりました。

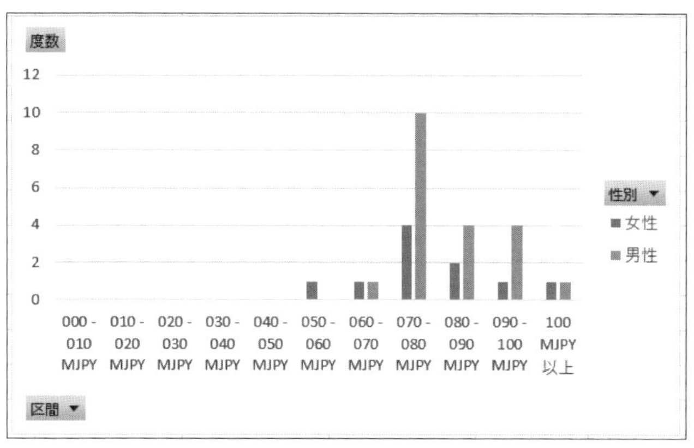

◎「相対度数」を求める

顧客の性別ごとのヒストグラムを表示しましたが、顧客の男性と女性の比率は2：1で男性の方が多いため、男性の度数が高くなる傾向にあります。そこで、区間の度数を度数全体で割った「相対度数」を求め、男女に差があるかを確認します。

以下2つのメジャーを追加してください。[fx相対度数］の書式は「パーセンテージ」にします。

```
度数全体
= CALCULATE( [度数], ALL('P_区間'))

相対度数
= DIVIDE([度数], [度数全体])
```

メジャーの作成が終わったら、ピボットテーブルの方に以下の変更を加えます。

- 列：「Σ値」の下にG_顧客［性別］を追加
- 値：[fx度数全体]、[fx相対度数]を追加

以下のピボットテーブルになりました。

	列ラベル								
	度数		度数全体		相対度数		全体の 度数	全体の 度数全体	全体の 相対度数
行ラベル	女性	男性	女性	男性	女性	男性			
000 - 010 MJPY			10	20				30	
010 - 020 MJPY			10	20				30	
020 - 030 MJPY			10	20				30	
030 - 040 MJPY			10	20				30	
040 - 050 MJPY			10	20				30	
050 - 060 MJPY	1		10	20	10.0%		1	30	3.3%
060 - 070 MJPY	1	1	10	20	10.0%	5.0%	2	30	6.7%
070 - 080 MJPY	4	10	10	20	40.0%	50.0%	14	30	46.7%
080 - 090 MJPY	2	4	10	20	20.0%	20.0%	6	30	20.0%
090 - 100 MJPY	1	4	10	20	10.0%	20.0%	5	30	16.7%
100 MJPY 以上	1	1	10	20	10.0%	5.0%	2	30	6.7%
総計	**10**	**20**	**10**	**20**	**100.0%**	**100.0%**	**30**	**30**	**100.0%**

相対度数を見ると、男性も女性も「070-080 MJPY」の区間がピークで、ほぼ差異が見られないことが分かります。ピボットグラフでも確認してみましょう。

- 値：[fx相対度数］を追加

▶ [デザイン] タブ→[グラフの種類の変更] →[組み合わせ] を選択

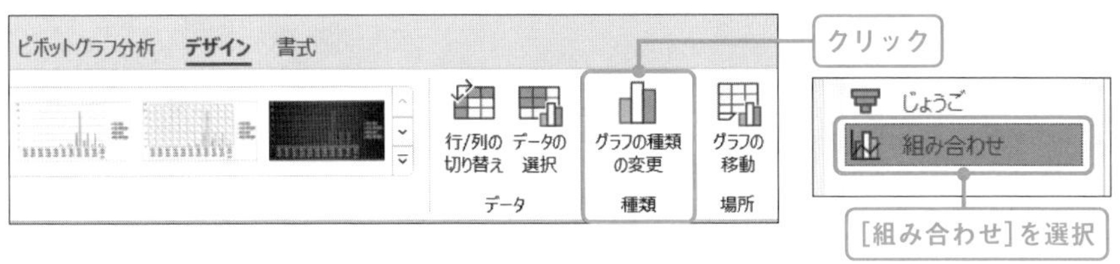

▶「データ系列に使用するグラフの種類と軸を選択してください」で以下を設定

女性 - 度数：[集合縦棒]

女性 - 相対度数：[マーカー付き折れ線]、「第2軸」にチェック

男性 - 度数：[集合縦棒]

男性 - 相対度数：[マーカー付き折れ線]、「第2軸」にチェック

相対度数グラフを見ても男女差はほぼ見られないことが分かりました。

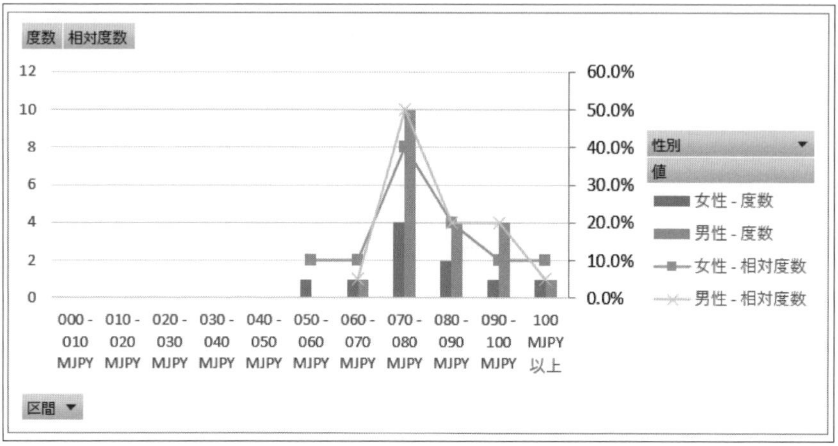

◎「累積度数」を求める

ここまで、度数と相対度数を求めてきました。続いて「累積度数」と「累積相対度数」を求めてみましょう。以下の2つのメジャーをピボットテーブルに追加してください。「累積相対度数」の書式は「パーセンテージ」にしてください。

```
累積度数
= VAR s_Interval_Ed = MAXX('P_区間', 'P_区間'[終了])
  VAR t_Cust = FILTER('G_顧客', [売上合計] < s_Interval_Ed)
RETURN SUMX(t_Cust, 1)
```

```
累積相対度数
= DIVIDE([累積度数], [度数全体])
```

▶ ピボットテーブルを以下に設定

値：[fx累積度数] [fx累積相対度数]

以下のように、累積度数、累積相対度数が表示されました。

	列ラベル					
	累積度数		累積相対度数		全体の 累積度数	全体の 累積相対度数
行ラベル	女性	男性	女性	男性		
000 - 010 MJPY						
010 - 020 MJPY						
020 - 030 MJPY						
030 - 040 MJPY						
040 - 050 MJPY						
050 - 060 MJPY	1		10.0%		1	3.3%
060 - 070 MJPY	2	1	20.0%	5.0%	3	10.0%
070 - 080 MJPY	6	11	60.0%	55.0%	17	56.7%
080 - 090 MJPY	8	15	80.0%	75.0%	23	76.7%
090 - 100 MJPY	9	19	90.0%	95.0%	28	93.3%
100 MJPY 以上	10	20	100.0%	100.0%	30	100.0%
総計	**10**	**20**	**100.0%**	**100.0%**	**30**	**100.0%**

ヒストグラムも同様に作ります。

▶ ピボットグラフに以下の変更を加える
値：[fx累積度数] [fx累積相対度数] に差し替える
▶ [デザイン] タブ→ [グラフの種類の変更] → [組み合わせ] を選択
▶ 「データ系列に使用するグラフの種類と軸を選択してください」で以下を設定→ [OK] をクリック
女性 - 累積度数：[集合縦棒]
女性 - 累積相対度数：[マーカー付き折れ線]、「第2軸」にチェック
男性 - 累積度数：[集合縦棒]
男性 - 累積相対度数：[マーカー付き折れ線]、「第2軸」にチェック

下位の区間から上位の区間へ向けての累積グラフが作成されました。

◎度数分布表とグレーディング

ここまでは度数分布表という形で集計を行ってきましたが、この仕組みは売上規模に応じた顧客の分類（グレーディング）に使用することもできます。以下のピボットテーブルを作成します。

- 行：P_区間［区間］、G_顧客［顧客名］
- 値：［fx度数］
- ピボットテーブルを右クリック→［ピボットテーブルオプション］を選択
- 「表示」→「データのないアイテムを行に表示する」のチェックを外す
- 「区間」のどれかを選択→右クリック→［並べ替え］→［降順］を選択

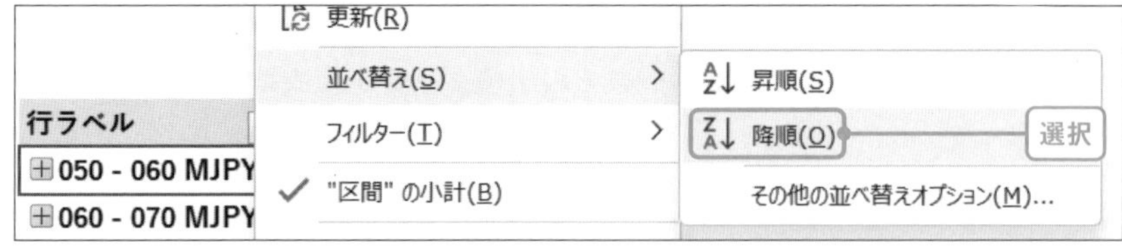

以下のように売上額ごとに顧客を分類できました。

行ラベル	度数
⊟100 MJPY 以上	**2**
緒形	1
仲田	1
⊟090 - 100 MJPY	**5**
佐々木	1
三枝	1
水島	1
成海	1
大浦	1
⊞080 - 090 MJPY	**6**
⊞070 - 080 MJPY	**14**
⊞060 - 070 MJPY	**2**
⊞050 - 060 MJPY	**1**
総計	**30**

最後に度数だけでなく、売上も表示させてみましょう。以下のメジャーを追加します。

```
区間売上
= VAR s_Interval_St = MINX('P_区間', 'P_区間'[開始])
  VAR s_Interval_Ed = MAXX('P_区間', 'P_区間'[終了])
  VAR t_Cust = FILTER(
  'G_顧客',
  s_Interval_St <= [売上合計] && [売上合計] < s_Interval_Ed)
RETURN SUMX(t_Cust, [売上合計])
```

［fx区間売上］を値に追加したら、「区間売上」の降順で並べ替えます。

▶ ピボットテーブルの「区間売上」を右クリック→［並べ替え］→［降順］を選択

それぞれの区間の売上とともに顧客を分類しました。

行ラベル	度数	区間売上
⊟100 MJPY 以上		
緒形	1	103,066,680
仲田	1	102,918,915
⊟090 - 100 MJPY		
水島	1	99,848,545
佐々木	1	95,897,845

4 M：Mリレーションシップ・パターン

独立テーブルを使ってM：Mの仮想的なリレーションシップを実現します。

「キャンペーン期間」の実績を比較する

例えば、ある商品について一定期間、販売促進のためのキャンペーンを展開したとします。独立テーブルを使ってこの効果を測定するメジャーを作ります。

◎キャンペーンマスターの定義について

キャンペーンのマスターは以下のようになっています。

キャンペーン名	商品ID	開始日	終了日
春の洋食フェア	P0002	2022/3/5	2022/3/31
春の洋食フェア	P0003	2022/3/5	2022/3/31
春の洋食フェア	P0007	2022/3/5	2022/3/31
春の洋食フェア	P0008	2022/3/5	2022/3/31
春の洋食フェア	P0017	2022/3/5	2022/3/31
春の洋食フェア	P0026	2022/3/5	2022/3/31
夏のスイーツセット	P0009	2022/7/20	2022/8/15
夏のスイーツセット	P0027	2022/7/20	2022/8/15
夏のスイーツセット	P0030	2022/7/20	2022/8/15
夏のスイーツセット	P0031	2022/7/20	2022/8/15
ショートケーキ特別キャンペーン	P0021	2022/8/1	2022/10/15
秋の和食フェア	P0001	2022/9/10	2022/10/20

それぞれの「キャンペーン名」の定義は、「商品ID」「開始日」「終了日」の3つの要素から成ります。このとき、キャンペーンの開始日と終了日は「暦年」をまたぎません。

なお「商品ID」は、複数のキャンペーンで同じものが使用されることがあります。したがって、F_売上とT_キャンペーンとの間の「商品ID」のカーディナリティは「M：M」となり、リレーションシップを作ることはできません。

キャンペーン対象の売上を把握する

さっそくキャンペーン対象の売上を特定します。以下のピボットテーブルを用意してください。

- 列：G_カレンダー[暦年]、G_カレンダー［暦四半期]、G_カレンダー［暦月]、G_カレンダー［日付]
- 行：T_キャンペーン[キャンペーン名]
- 値：[fx売上合計]

売上合計	列ラベル			
	2016			
	Q2			Q3
行ラベル	4	5	6	7
ショートケーキ特別キャンペーン	11,332,140	6,806,995	9,176,960	12,755,895
夏のスイーツセット	11,332,140	6,806,995	9,176,960	12,755,895
秋の和食フェア	11,332,140	6,806,995	9,176,960	12,755,895
春の洋食フェア	11,332,140	6,806,995	9,176,960	12,755,895
冬の肉祭り	11,332,140	6,806,995	9,176,960	12,755,895
総計	**11,332,140**	**6,806,995**	**9,176,960**	**12,755,895**

この段階では、すべての行で同じ売上合計が表示されています。ここからメジャーでそれぞれのキャンペーンの条件をキャッチして売上を集計します。

まずは商品の条件は追加せずに、キャンペーン期間の条件をキャッチします。以下のメジャーを追加してください。

```
キャンペーン売上合計
= VAR s_CampSt = MINX('T_キャンペーン','T_キャンペーン'[開始日])
  VAR s_CampEd = MAXX('T_キャンペーン','T_キャンペーン'[終了日])
RETURN
CALCULATE(
      [売上合計],
      s_CampSt <= 'G_カレンダー'[日付] ,
      'G_カレンダー'[日付] <= s_CampEd)
```

ピボットテーブルの値から［fx売上合計］を外すと、以下の結果になりました。

キャンペーン売上合計	列ラベル			
	2016			
	Q2			Q3
行ラベル	4	5	6	7
ショートケーキ特別キャンペーン	104,960,205	104,960,205	104,960,205	104,960,205
夏のスイーツセット	11,936,690	11,936,690	11,936,690	11,936,690
秋の和食フェア	67,357,010	67,357,010	67,357,010	67,357,010
春の洋食フェア	46,900,615	46,900,615	46,900,615	46,900,615
冬の肉祭り	84,716,305	84,716,305	84,716,305	84,716,305
総計	**324,633,690**	**324,633,690**	**324,633,690**	**324,633,690**

キャンペーン期間日付のフィルターはかかったようですが、奇妙なことにすべての月で同じ数字を表示しています。これはCALCULATE関数に渡した条件が上書きフィルターとして作用し、元々あったG_カレンダーの条件を消して、キャンペーン期間の日付で上書きしてしまったためです。

元々あったG_カレンダーの条件を残した上で、それぞれのキャンペーンの期間の条件を重ね合わせるには合成フィルターを使います。メジャーを以下のように書き換えてください。

```
キャンペーン売上合計
= VAR s_CampSt = MINX('T_キャンペーン','T_キャンペーン'[開始日])
  VAR s_CampEd = MAXX('T_キャンペーン','T_キャンペーン'[終了日])
RETURN
CALCULATE(
      [売上合計],
      KEEPFILTERS(s_CampSt <= 'G_カレンダー'[日付]),
      KEEPFILTERS('G_カレンダー'[日付] <= s_CampEd))
```

今度は正しくキャンペーン期間の実績のみが表示されました。日付までドリルダウンしてキャンペーン期間の実績を拾っていることを確認してください。

キャンペーン売上合計	列ラベル					
	⊟2022					
	⊞Q1	⊟Q2			⊟Q3	
		⊞4	⊞5	⊞6	⊞7	⊟8
行ラベル						2022/8/3
ショートケーキ特別キャンペーン						729,120
夏のスイーツセット					2,984,350	729,120
秋の和食フェア						
春の洋食フェア	30,274,015	16,626,600				
冬の肉祭り						
総計	**30,274,015**	**30,756,830**	**16,549,475**	**20,529,640**	**27,243,990**	**729,120**

最後に商品の条件を追加します。それぞれのキャンペーンで使用される「商品ID」の売上のみをピックアップしますが、T_キャンペーンとF_売上の間にはリレーションシップはないので、VALUES関数を使います。[fxキャンペーン売上合計] メジャーを以下の式に修正してください。

```
キャンペーン売上合計
= VAR s_CampSt = MINX('T_キャンペーン','T_キャンペーン'[開始日])
  VAR s_CampEd = MAXX('T_キャンペーン','T_キャンペーン'[終了日])
RETURN
CALCULATE(
      [売上合計],
      KEEPFILTERS(s_CampSt <= 'G_カレンダー'[日付]),
      KEEPFILTERS('G_カレンダー'[日付] <= s_CampEd),
      'F_売上'[商品ID] IN VALUES('T_キャンペーン'[商品ID]))
```

このとき、商品IDの「P0021」のキャンペーンは同じ時期に重複していましたがVALUESで条件を直接キャッチして適用しているので、M：Mのカーディナリティに対応しています。以下のように数字が絞り込まれました。

キャンペーン売上合計	列ラベル				
	⊟2022				総計
	⊞Q1	⊞Q2	⊞Q3	⊞Q4	
行ラベル					
ショートケーキ特別キャンペーン			9,287,880	3,857,040	13,144,920
夏のスイーツセット			2,433,840		2,433,840
秋の和食フェア			2,718,895	4,690,270	7,409,165
春の洋食フェア	6,817,960	4,439,045			11,257,005
冬の肉祭り				14,221,780	14,221,780
総計	**18,140,840**	**38,348,455**	**71,012,390**	**81,654,430**	**209,156,115**

行に「商品名」を追加して、各キャンペーンの商品を表示します。

▶ 行：T_キャンペーン[キャンペーン名]、G_商品[商品名]

キャンペーン売上合計	列ラベル				
	⊟2022				総計
	⊞Q1	⊞Q2	⊞Q3	⊞Q4	
行ラベル					
⊟ショートケーキ特別キャンペーン					
ショートケーキ			5,095,440	1,652,400	6,747,840
フォーク			2,140,320	906,360	3,046,680
紙皿			2,052,120	1,298,280	3,350,400
⊞夏のスイーツセット			**2,433,840**		**2,433,840**
⊞秋の和食フェア			**2,718,895**	**4,690,270**	**7,409,165**
⊞春の洋食フェア	**6,817,960**	**4,439,045**			**11,257,005**
⊞冬の肉祭り				**14,221,780**	**14,221,780**
総計	**18,140,840**	**38,348,455**	**71,012,390**	**81,654,430**	**209,156,115**

キャンペーンの売上前年比較を行う

キャンペーン期間の売上を取得したので、次に実際にそのキャンペーンに効果があったのかを知りたくなります。商品の売上は季節の影響を受けるため、キャンペーンを行わなかった前年と比較するとよいでしょう。さらに、前年が営業日であったかどうかも影響します。というわけで、営業日も考慮した前年同期比を計算します。

営業日の観点を含める場合、カレンダーテーブルにあらかじめ営業日を定義しておきます。本書では「暦YTD WD」を使います。これは毎会計年度で1から始まり、営業日を累計した数字です。

◎パワークエリでキャンペーンテーブルに営業日を追加する

まずパワークエリを使ってキャンペーン期間に「暦YTD WD」を追加します。

- ［データ］タブ→［クエリと接続］をクリック
- 「T_キャンペーン」をダブルクリック→Power Queryエディターを開く
- ［ホーム］タブ→［クエリのマージ］を選択
- 「開始日」と「G_カレンダー」の「日付」をマージ

- 同じ手順で「クエリのマージ」→「終了日」と「Gカレンダー」の「日付」をマージ
- 「Gカレンダー」列右上の矢印をクリック

▶（すべての列の選択）でチェックをすべて解除→［暦YTD WD］のみ選択→「元の列名をプレフィックスとして使用します」のチェックを外す→［OK］をクリック

▶同じ手順で「G_カレンダー」の［暦YTD WD］も取得

▶列名ダブルクリックしてそれぞれ列名を変更する

▶［閉じて読み込む］を実行

それぞれのキャンペーン期間の開始営業日、終了営業日を取得できました。

◎キャンペーン期間の前年実績を出す

続いて、前年度に相当する営業日の売上を計算します。まず、「前年」ということは置いておいて、パワークエリで取得した「開始日 WD」「終了日 WD」の期間の売上を計算します。以下のメジャーを追加します。

```
キャンペーン売上 前年
= VAR s_CmpSt = MINX('T_キャンペーン',
      'T_キャンペーン'[開始日 WD])
```

独立テーブル・パターン
1
2
3
4
5
第3部［5つのパターン］

```
    VAR s_CmpEd = MAXX('T_キャンペーン',
        'T_キャンペーン'[終了日 WD])
RETURN
CALCULATE(
    [売上合計],
    KEEPFILTERS(s_CmpSt <= 'G_カレンダー'[暦YTD WD]),
    KEEPFILTERS('G_カレンダー'[暦YTD WD] <= s_CmpEd),
    'F_売上'[商品ID] IN VALUES('T_キャンペーン'[商品ID]))
```

ピボットテーブルの列の［Σ値］を行の「商品名」の下にもってくると、以下の実績が表示されます。

行ラベル	列ラベル 2016	2017	2018	2019	2020	2021	2022
ショートケーキ特別キャンペーン							
ショートケーキ							
キャンペーン売上合計							6,747,840
キャンペーン売上合計 前年	2,557,440	3,801,600	1,114,560	2,868,480	6,624,720	2,140,560	6,747,840
フォーク							
キャンペーン売上合計							3,046,680
キャンペーン売上合計 前年		1,205,750	1,865,500	4,577,300	1,580,670	1,059,240	3,046,680

この段階ではすべての年の該当期間の売上が表示されています。もし、前年のみならず過去の実績もすべて確認したいならば、この式をそのまま使うこともよいでしょう。

続いて、前年実績のみを拾ってくるように式を修正します。先ほどのメジャーを以下のように修正してください。

```
キャンペーン売上合計 前年
= VAR s_CmpSt=MINX('T_キャンペーン',
        'T_キャンペーン'[開始日 WD])
    VAR s_CmpEd = MAXX('T_キャンペーン',
        'T_キャンペーン'[終了日 WD])
    VAR s_CmpStYr = YEAR(MAXX('T_キャンペーン',
```

```
        'T_キャンペーン'[開始日]))

    RETURN
    CALCULATE(
        [売上合計],
        'G_カレンダー'[暦年] = s_CmpStYr - 1,
        KEEPFILTERS(s_CmpSt <= 'G_カレンダー'[暦YTD WD]),
        KEEPFILTERS('G_カレンダー'[暦YTD WD] <= s_CmpEd),
        'F_売上'[商品ID] IN VALUES('T_キャンペーン'[商品ID]))
```

結果は以下のようになりました。

行ラベル	列ラベル ⊞2016	⊞2017	⊞2018	⊞2019	⊞2020	⊞2021	⊞2022
⊟ショートケーキ特別キャンペーン							
ショートケーキ							
キャンペーン売上合計							6,747,840
キャンペーン売上合計 前年	2,140,560	2,140,560	2,140,560	2,140,560	2,140,560	2,140,560	2,140,560
フォーク							
キャンペーン売上合計							3,046,680
キャンペーン売上合計 前年	1,059,240	1,059,240	1,059,240	1,059,240	1,059,240	1,059,240	1,059,240

前年の実績は計算できたものの、「'G_カレンダー'[暦年] = s_CmpStYr - 1」の部分は、「上書きフィルター」として作用するため、すべての年でキャンペーン期間の前の年の実績を表示してしまっています。

今年から見て前の年の数字を持ってくることができればよいので、IF文で表示をコントロールします。メジャーを以下のように修正してください。

```
キャンペーン売上合計 前年
= VAR s_CmpSt = MINX('T_キャンペーン',
    'T_キャンペーン'[開始日 WD])
  VAR s_CmpEd = MAXX('T_キャンペーン',
    'T_キャンペーン'[終了日 WD])
  VAR s_CmpStYr=YEAR(MAXX('T_キャンペーン',
```

```
        'T_キャンペーン'[開始日]))
    VAR s_CurYr = MAXX('G_カレンダー', 'G_カレンダー'[暦年])

RETURN
IF(s_CurYr = s_CmpStYr,
    CALCULATE(
        [売上合計],
        'G_カレンダー'[暦年] = s_CampStartYr - 1,
        KEEPFILTERS(s_CmpSt <= 'G_カレンダー'[暦YTD WD]),
        KEEPFILTERS('G_カレンダー'[暦YTD WD] <= s_CmpEd),
        'F_売上'[商品ID] IN VALUES('T_キャンペーン'[商品ID]))
)
```

前年の売上実績を拾ってくることができました。

行ラベル	列ラベル ⊞2022	総計
⊟ショートケーキ特別キャンペーン		
ショートケーキ		
キャンペーン売上合計	6,747,840	6,747,840
キャンペーン売上合計 前年	2,140,560	
フォーク		
キャンペーン売上合計	3,046,680	3,046,680
キャンペーン売上合計 前年	1,059,240	

◎前年同期の比較

最後に仕上げとして成長率と金額を表示します。以下のメジャーを追加します。［fxキャンペーン売上合計前年比］の書式は「パーセント」にしてください。

```
キャンペーン売上合計 前年差異
= [キャンペーン売上合計] - [キャンペーン売上合計 前年]
```

```
キャンペーン売上合計 前年比
= DIVIDE([キャンペーン売上合計], [キャンペーン売上合計 前年])
```

キャンペーン売上合計に対する前年実績比較を計算できました。

行ラベル	列ラベル 2022	総計
ショートケーキ特別キャンペーン		
ショートケーキ		
キャンペーン売上合計	6,747,840	6,747,840
キャンペーン売上合計 前年	2,140,560	
キャンペーン売上合計 前年差異	4,607,280	6,747,840
キャンペーン売上合計 前年比	315.2%	

［第3章］

順位・累計パターン

本章では、順位と累計がテーマです。累計には「自己参照型累計」と「外部参照型累計」の2つがあります。1「順位」は自己参照累計の1パターンなので、併せて身に付けましょう。

アクセスキー　g（小文字のジー）

1 順位・累計とは

累計とは、何らかの「順番」に基づいて列の値を合計したものです。このとき、累計を行うための「順番」をどこから持ってくるかで2つの種類に分けられます。1つは累計を行う数値列そのものに順番を求める「自己参照型累計」と、もう1つはあらかじめ用意された他の列の順番を使用する「外部参照型累計」です。

「自己参照型累計」の例は、ABC分析に見られるように売上が大きい順に顧客を並べ、その売上を累計していくケースです。このとき、数値を並べること自体が結果として「順位」を決めることになるため、本章では「順位・累計パターン」として同じ章で扱っています。

「外部参照型累計」は、カレンダーテーブルを使った当期売上累計が代表的です。その場合、日付を「順番」として参照し、売上を累積することができます。

本章ではこちらの分類に基づいて、まず「順位」の求め方を学んだのちに、「自己参照型累計」と「外部参照型累計」の2つの累計パターンを学びます。

【本章で登場する関数】

- FILTER関数
- VALUES関数
- SUMX関数
- RANKX関数
- ADDCOLUMNS関数

2 「順位」を求める

まず最初に順位の計算を行います。順位とは、数字どうしを比べてどちらが大きいかを比較した結果、「今の数字より大きいものがどれだけあるか」を数えた結果にすぎません。DAXでこの順位を出すためには、以下の手順を踏みます。

① 順位を求める集計単位を決める
② 「今のセル」の集計値をキープする
③ ALL関数で「今のセル」以外の項目の値を拾える状態にする
④ FILTER関数で「今のセル」の集計値よりも大きなものを数える。

商品ごと売上合計の順位を求める（降順）

「商品」ごとの売上合計に順位を振ります。①集計単位は商品なのでベースとなるピボットテーブルを以下のように作ります。

- 行：G_商品［商品名］
- 値：[fx売上合計]

行ラベル	売上合計
アイスクリーム	77,789,625
ウィスキー	73,666,220
うどん	68,706,510

ここで、「アイスクリーム」の売上合計は「77,789,625」円です。この金額より売上合計が大きい商品は、どの商品でしょうか？　これを見える化するために、少々回り道をしてDAXクエリで確認します。以下のDAX式クエリを実行してください。

```
EVALUATE
FILTER(
        'G_商品',
        [売上合計] >= 77789625)
```

結果を見ると、「アイスクリーム」自身も含めて全部で14の商品が出てきました。このテーブルの総行数を数えれば、そのまま順位になります。

P0022	28300	アイスクリーム	17829	PC03	菓子
P0024	34800	マカロン	22620	PC03	菓子
P0026	47300	パフェ	43043	PC03	菓子
P0027	39600	カップケーキ	29700	PC03	菓子
P0034	40100	テーブルクロス	22456	PC04	雑貨
P0035	36600	ピッチャー	4758	PC04	雑貨

これと同じことをメジャーで実現すれば、それぞれの商品の順位が求められます。DAXクエリでは、アイスクリームの売上合計を固定値で「77789625」と書きましたが、メジャーでは各商品の売上合計をVARを使っていったんキープし、FILTER関数の条件式に渡します。以下のメジャーを追加します。

```
商品売上順位
= VAR s_ProductSales = [売上合計]
  VAR t_ProductsFiltered =
    FILTER('G_商品', [売上合計] >= s_ProductSales)
RETURN SUMX(t_ProductsFiltered, 1)
```

すると、総計を除くすべての「商品売上順位」が「1」になってしまいました。総計だけはブランクになっています。

行ラベル	売上合計	商品売上順位
アイスクリーム	77,789,625	1
ウィスキー	73,666,220	1
うどん	68,706,510	1
総計	**2,430,303,145**	

これはよくあるミスです。この式ではALL関数を使っていないため、「商品名」の自動フィルターが効いています。そのためFILTER関数の中で［fx売上合計］を比較しているG_商品には、アイスクリームの行ならアイスクリーム、ウィスキーならウィスキーというように「今の商品」しか入っていません。常に自分自

身の商品と比較しているため、SUMX関数の結果は常に1になります。

「今の商品」の自動フィルターを解除するにはALL関数を使用します。今回はCALCULATE修飾詞ではなく、テーブルを返す関数としてのALL関数を使います。メジャーを以下のように修正してください。

```
商品売上順位
= VAR s_ProductSales = [売上合計]
  VAR t_Products = ALL('G_商品')
  VAR t_ProductsFiltered =
    FILTER(t_Products, [売上合計] >= s_ProductSales)
RETURN SUMX(t_ProductsFiltered, 1)
```

今度は正しく順位が表示されました。

行ラベル	売上合計	商品売上順位
アイスクリーム	77,789,625	14
ウィスキー	73,666,220	16
うどん	68,706,510	18

なお、総計については順位がブランクになっています。これは、総計には「商品」のフィルターはかかっておらず、キープした売上合計はすべての商品の合計である「2,430,303,145」であるためです。FILTER関数で個々の商品と比較した場合、この金額を超える商品は1つもないのでブランクになります。

米	52,367,280	21
総計	**2,430,303,145**	

商品ごと売上合計のワーストの表示（昇順）

次に並び順を変えて、ワースト順位を表示します。売上合計を低い順に並べるには、FILTER関数の不等号を逆にするだけです。

```
商品売上ワースト順位
= VAR s_ProductSales = [売上合計]
  VAR t_Products = ALL('G_商品')
  VAR t_ProductsFiltered =
    FILTER(t_Products, [売上合計] <= s_ProductSales)
RETURN SUMX(t_ProductsFiltered, 1)
```

ワーストの順位を表示することができました。

行ラベル	売上合計	商品売上順位	商品売上ワースト順位
アイスクリーム	77,789,625	14	23
ウィスキー	73,666,220	16	21
うどん	68,706,510	18	19

ただし総計にはワーストの最大の順位の36が表示されています。

総計	2,430,303,145	36

これは先の「商品売上順位」とは逆に、総計の「2,430,303,145」は各商品の売上を超えているため、すべての商品がカウントされるためです。

これを回避するためにはフィルターでピックアップされた商品が「1」のときだけ順位を表示させるケアが必要です。

```
商品売上ワースト順位
= VAR s_ProductSales = [売上合計]
  VAR t_Products = ALL('G_商品')
  VAR t_ProductsFiltered =
    FILTER(t_Products, [売上合計] <= s_ProductSales)
RETURN
    IF(SUMX('G_商品', 1) = 1, SUMX(t_ProductsFiltered, 1))
```

総計の値がケアされてブランクになりました。

総計	2,430,303,145

順位を使った分析の応用

順位のメジャーができたので、これを使ってさらなる分析をしてみましょう。

◎その他の項目を分析の視点に追加

今回作成したメジャーは「商品」ごとの順位を出しています。したがって、その他の項目、例えば「社員名」などをピボットテーブルに追加すると、それぞれのサブグループごとの売上順位を確認することができます。

▶ 列：G_社員[社員名]

	列ラベル			
	ウィリアム・クリフト		エドワード・ジェンナー	
行ラベル	売上合計	商品売上順位	売上合計	商品売上順位
アイスクリーム	17,050,750	13	16,323,440	12
ウィスキー	20,692,850	11	12,484,170	18
うどん	15,913,890	14	13,964,480	16

◎選択した商品の中での順位を表示する

現在のメジャーはALL関数を使用しています。そのためスライサーで商品を限定しても、その選択は考慮されず全商品の中での順位が表示されます。どのように表示されるか確認してみましょう。

▶ スライサー：G_商品[商品名]

Ctrlキーを押しながらいくつかの商品名を選択すると、表示される商品は限定されますが、「商品売上順位」は全商品の中の順位が表示されたままです。

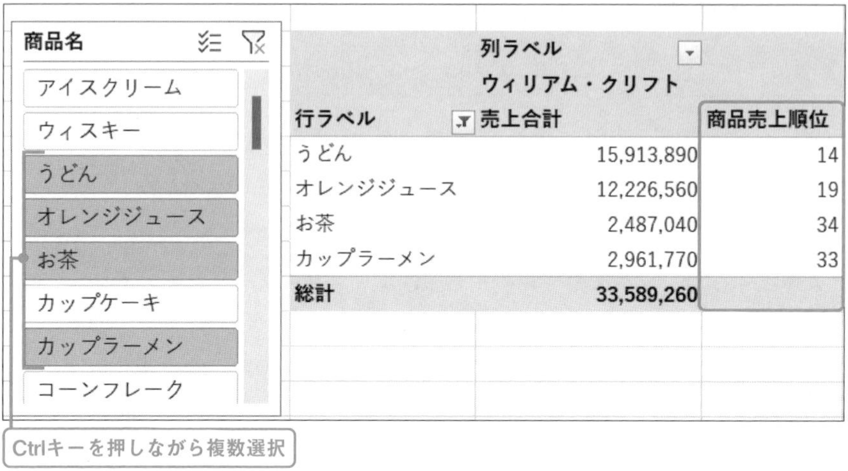

商品名

- アイスクリーム
- ウィスキー
- うどん
- オレンジジュース
- お茶
- カップケーキ
- カップラーメン
- コーンフレーク

Ctrlキーを押しながら複数選択

	列ラベル	
	ウィリアム・クリフト	
行ラベル	売上合計	商品売上順位
うどん	15,913,890	14
オレンジジュース	12,226,560	19
お茶	2,487,040	34
カップラーメン	2,961,770	33
総計	**33,589,260**	

スライサーで選択された商品の中での順位を求めるためにはALLSELECTED関数を使います。メジャーを以下のように書き換えてください。

```
商品売上順位
= VAR s_ProductSales = [売上合計]
  VAR t_Products = ALLSELECTED('G_商品')
  VAR t_ProductsFiltered =
    FILTER(t_Products, [売上合計] >= s_ProductSales)
RETURN
    IF(SUMX('G_商品', 1) = 1, SUMX(t_ProductsFiltered, 1))
```

今度は選択された商品内での順位が表示されました。

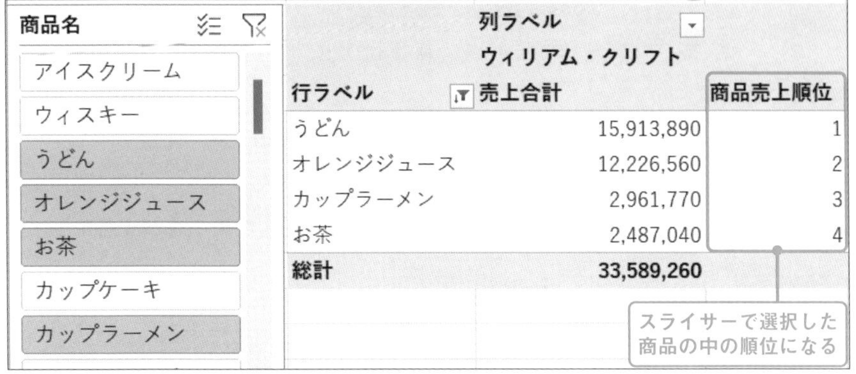

◎「商品カテゴリー」内での順位を求める

続いて、「商品カテゴリー」内での商品順位を求めます。今回はG_商品[商品カテゴリー]列を追加します。

▶ 行：G_商品[商品名カテゴリー]を「商品名」の上に追加

今回も先ほどの「商品名」スライサーの動作に似て、「商品カテゴリー」は考慮されない全商品の中の順位が表示されました。

行ラベル	商品売上順位
⊟飲料	
ウィスキー	16
オレンジジュース	20
お茶	33

全商品内での
順位を表示

これはALL関数やALLSELECTED関数によりG_商品の自動フィルターを解除したものの、追加された「商品カテゴリー」のフィルターが再適用されていないためです。メジャーを以下のように変更します。

```
商品売上順位
= VAR s_ProductSales = [売上合計]
  VAR t_Products = ALLSELECTED('G_商品')
  VAR t_ProductsFiltered = FILTER(t_Products,
```

```
        [売上合計] >= s_ProductSales &&
        'G_商品'[商品カテゴリー] IN VALUES('G_商品'[商品カテゴリー]))
    RETURN
    IF(SUMX('G_商品', 1) = 1, SUMX(t_ProductsFiltered, 1))
```

今度は正しくそれぞれの「商品カテゴリー」内の順位が表示されました。

行ラベル	商品売上順位
⊟飲料	
ウィスキー	3
オレンジジュース	6
お茶	8

「商品カテゴリー」内での順位が表示された

仕上げとしてピボットテーブルの行を「商品売上順位」で並べ替えましょう。

▶「商品売上順位」の数字を右クリック→［並べ替え］→［昇順］を選択

きれいに「商品売上順位」で並べ替えられました。

行ラベル	商品売上順位
飲料	
高級赤ワイン	1
高級白ワイン	2
ウィスキー	3
赤ワイン	4

順位でソートされた

RANKX関数について

順位を計算する仕組みを理解するため、ALL関数とFILTER関数を用いた方法を紹介しました。こちらに関して、実はRANKX関数という順位を求める関数があります。使い方は先ほどのALL関数を使用した方法と同じです。

```
商品売上順位_RANKX
= RANKX(ALL('G_商品'), [売上合計])
```

並び順を昇順にするには、第4引数で「ASC」を設定します。

```
商品売上順位ワースト_RANKX
= RANKX(ALL('G_商品'), [売上合計], , ASC)
```

降順にする場合には「DESC」を入力しますが、引数を省略した場合もこの動作になります。

```
= RANKX(ALL('G_商品'), [売上合計], , DESC)
```

なお、このRANKX関数には同じ順位（「タイ」といいます）をケアするための機能も備わっています。本書のサンプルにはデータは存在しませんが、第5引数の値を「Dense」にすると、同じ順位があったとき、次の順位を詰めて表示します。例えば5位の商品が2つあった場合、次の商品は6位から始まります。

```
= RANKX(ALL('G_商品'), [売上合計], , ASC, Dense)
```

「Skip」にすると、同じ順位があったときに、その商品の数だけ順位をスキップします。例えば5位の商品が2つあった場合、次の商品は7位から始まります。

```
= RANKX(ALL('G_商品'), [売上合計], , ASC, Skip)
```

上位X位までをピックアップする

順位と独立テーブルのパラメーターを組み合わせることで、スライサーで上位X位までの商品に絞り込むことができます。P_数字ランク[数字ランク]をスライサーに追加して、以下のメジャーを追加します。

```
売上合計(上位)
=VAR s_DispRank = MAXX('P_数字ランク', 'P_数字ランク'[数字ランク])
 VAR s_RankSales = RANKX(ALL('G_商品'), [売上合計])
RETURN
    IF(s_RankSales <= s_DispRank, [売上合計])
```

5を選択すると、上位5位までの商品と売上が表示されます。

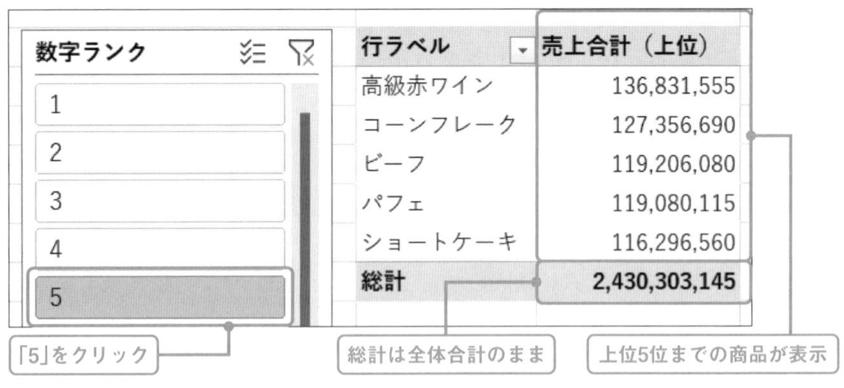

ただし、総計が上位5位ではなく、すべての商品の売上合計になっています。

これに対応するには上位5位に絞り込んだテーブルを用意して合成フィルターをかけます。

```
売上合計(上位)
=VAR s_DispRank = MAXX('P_数字ランク', 'P_数字ランク'[数字ランク])
 VAR s_RankSales = RANKX(ALL('G_商品'), [売上合計])
 VAR t_Products = FILTER(ALL('G_商品'),
    RANKX(ALL('G_商品'), [売上合計]) <= s_DispRank )
RETURN
IF(s_RankSales <= s_DispRank,
    CALCULATE(
         [売上合計] ,
         KEEPFILTERS(t_Products)))
```

　これで、総計を上位5位までに絞り込むことができました。

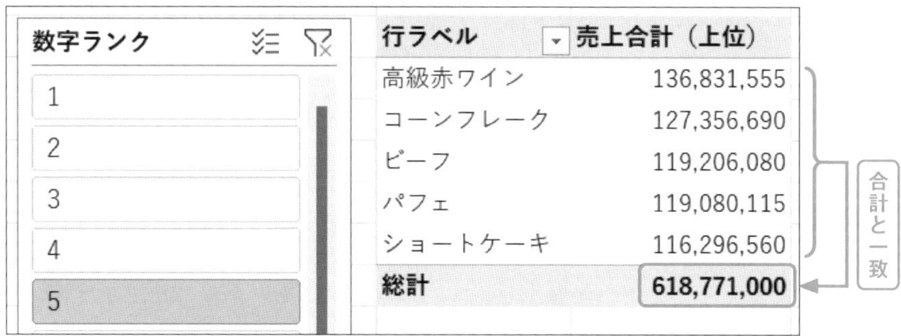

行ラベル	売上合計（上位）
高級赤ワイン	136,831,555
コーンフレーク	127,356,690
ビーフ	119,206,080
パフェ	119,080,115
ショートケーキ	116,296,560
総計	**618,771,000**

　なお、DAXには上位Xで絞り込んだテーブルを用意するTOPN関数というものもあります。以下がTOPNを使った例です。

```
売上合計(上位)_TOPN
=VAR s_DispRank = MAXX('P_数字ランク', 'P_数字ランク'[数字ランク])
 VAR s_RankSales = RANKX(ALL('G_商品'), [売上合計])
 VAR t_Products = TOPN(s_DispRank, 'G_商品' ,[売上合計]
```

```
,DESC)
RETURN
IF(s_RankSales <= s_DispRank,
    CALCULATE(
        [売上合計] ,
        KEEPFILTERS(t_Products)))
```

TOPN関数は、第1引数に残すレコード数を、第2引数にフィルターをかけるテーブル名を、第3引数に式、第4引数にソート順を取ります。第2引数についてはALL関数で囲む必要はありません。

1
2
3
4
5

3 「自己参照型累計」を求める

続いて「累計」に移ります。前述した通り「自己参照型累計」は順位の計算とほぼ同じです。順位ではSUMXの第2引数に「1」を設定しましたが、累計ではこれを［売上合計］のように集計するメジャーに置き換えるだけです。

「売上累計」を求める

順位の式を一部変えて累計を出します。以下のメジャーを追加してください。

```
商品売上累計
= VAR s_ProductSales = [売上合計]
  VAR t_Products = ALL('G_商品'[商品名])
  VAR t_ProductsFiltered = FILTER(t_Products,
    [売上合計] >= s_ProductSales)
RETURN
    SUMX(t_ProductsFiltered, [売上合計])
```

メジャーを追加したら「売上合計」の降順で並べ替えます。

▶「売上合計」を右クリック→［並べ替え］→［降順］を選択

売上が大きい順に並べ替えられ、「商品売上累計」も表示されました。

行ラベル	売上合計	商品売上累計
高級赤ワイン	136,831,555	136,831,555
コーンフレーク	127,356,690	264,188,245
ビーフ	119,206,080	383,394,325
パフェ	119,080,115	502,474,440
ショートケーキ	116,296,560	618,771,000

「累計の占める割合（累計割合）」を求める

次に、売上累計が全体に占める割合（累計割合）を求めます。
売上全体を計算して累計を割るだけです。以下の2つのメジャーを追加します。

```
売上合計_商品名ALL
= CALCULATE([売上合計], ALL('G_商品'[商品名]))

商品売上累計割合
= DIVIDE([商品売上累計], [売上合計_商品名ALL])
```

［fx商品売上累計割合］についてはパーセンテージで表示するので、メジャーの書式を「パーセンテージ」、小数点以下の桁数を「1」に設定してください。

「商品売上累計割合」が表示されました。一番下の商品までの累計でちょうど「100%」になります。

行ラベル	売上合計	商品売上累計	商品売上累計割合
高級赤ワイン	136,831,555	136,831,555	5.6%
コーンフレーク	127,356,690	264,188,245	10.9%
ビーフ	119,206,080	383,394,325	15.8%
パフェ	119,080,115	502,474,440	20.7%
お茶	18,009,935	2,413,810,995	99.3%
カップラーメン	12,620,800	2,426,431,795	99.8%
ミネラルウォーター	1,971,000	2,428,402,795	99.9%
塩	1,900,350	2,430,303,145	100.0%
総計	**2,430,303,145**		

一番下で100%になる

「パレート図」の作成（ABC分析）

今度はパレート図を作ります。パレート図では、売上の大きいものから順に棒グラフを並べ、同時に累積割合を折れ線グラフにします。その累計割合を使って影響度の大きいものから順に、Aランク・Bランク・Cランクに分類するため、別名ABC分析とも呼ばれます。完成したグラフは、以下の形になります。

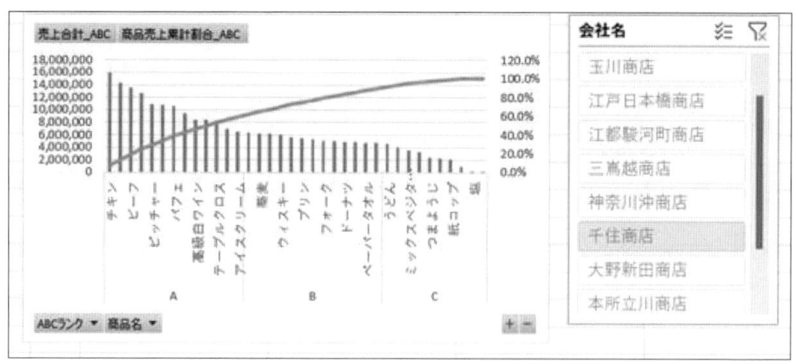

それぞれの「累計割合」の区間は、P_ABCランクに定義されています。ABCのランク分けは範囲の分類なので、独立テーブルを使います。Cランクの上限値だけ誤差を吸収するため余裕を持たせて、100%ではなく「101%」に設定してあります。

ABCランク	下限	上限
A	0%	60%
B	60%	90%
C	90%	101%

◎累計割合を元に「ABCランク」に分類する

［fx商品売上累計割合］を元に商品をABCに分類します。まず、ピボットテーブルにABCのランクを追加します。併せてピボットテーブルのレイアウトを「表形式」に変更します。

- 行：「商品名」の上にP_ABCランク[ABCランク]を追加
- ピボットテーブルにカーソルを置く→［デザイン］タブ→［レポートのレイアウト］→［表形式で表示］を選択

- ［小計］→［小計を表示しない］を選択

P_ABCランクは、リレーションシップを持たないのでこの段階ではABCランク×商品名のすべての組み合わせを作っています。

ABCランク	商品名	商品売上累計	商品売上累計割合
A	高級赤ワイン	136,831,555	5.6%
	コーンフレーク	264,188,245	10.9%
	ビーフ	383,394,325	15.8%
B	高級赤ワイン	136,831,555	5.6%
	コーンフレーク	264,188,245	10.9%
	ビーフ	383,394,325	15.8%

次にABCランクの上限と下限をキャッチして、[fx商品売上累計割合］が各ランクに該当するときのみ結果を表示させます。以下の2つのメジャーを追加します。[fx商品売上累計割合_ABC］の書式は「パーセンテージ」です。

```
売上合計_ABC
= VAR s_RangeBottom = MINX('P_ABCランク', 'P_ABCランク'[下限])
  VAR s_RangeTop = MAXX('P_ABCランク', 'P_ABCランク'[上限])
  VAR s_SalesCumRatio = [商品売上累計割合]
RETURN
IF(s_RangeBottom < s_SalesCumRatio &&
     s_SalesCumRatio <= s_RangeTop ,[売上合計])

商品売上累計割合_ABC
= VAR s_RangeBottom = MINX('P_ABCランク', 'P_ABCランク'[下限])
  VAR s_RangeTop = MAXX('P_ABCランク', 'P_ABCランク'[上限])
  VAR s_SalesCumRatio = [商品売上累計割合]
RETURN
IF(s_RangeBottom < s_SalesCumRatio &&
     s_SalesCumRatio <= s_RangeTop , s_SalesCumRatio)
```

各ランクに該当する商品のみ実績が表示されました。

ABCランク	商品名	商品売上累計	商品売上累計割合	商品売上累計割合_ABC	売上合計_ABC
⊟A	高級赤ワイン	136,831,555	5.6%	5.6%	136,831,555
	コーンフレーク	264,188,245	10.9%	10.9%	127,356,690
	ビーフ	383,394,325	15.8%	15.8%	119,206,080
	パフェ	502,474,440	20.7%	20.7%	119,080,115
	ショートケーキ	618,771,000	25.5%	25.5%	116,296,560
	カップケーキ	724,873,260	29.8%	29.8%	106,102,260
	テーブルクロス	830,246,035	34.2%	34.2%	105,372,775
	スパゲティ	931,890,620	38.3%	38.3%	101,644,585
	チキン	1,033,163,210	42.5%	42.5%	101,272,590
	高級白ワイン	1,129,110,710	46.5%	46.5%	95,947,500
	ピッチャー	1,224,916,700	50.4%	50.4%	95,805,990
	マカロン	1,317,717,860	54.2%	54.2%	92,801,160
	蕎麦	1,399,278,170	57.6%	57.6%	81,560,310
	アイスクリーム	1,477,067,795	60.8%		

ここまで確認できたら、ABCランクに表示を限定し、順番を並べ替えてみましょう。

▶ 値：[fx売上合計_ABC]、[fx商品売上累計割合_ABC]にする

▶ [商品売上累計割合_ABC]を右クリック→［並べ替え］→［昇順］を選択

ABCランク	商品名	売上合計_ABC	商品売上累計割合_ABC
⊟A	高級赤ワイン	136,831,555	5.6%
	コーンフレーク	127,356,690	10.9%
	ビーフ	119,206,080	15.8%

◎「パレート図」の作成

メジャーの準備ができたので、グラフを作ります。前著『Excelパワーピボット』では、ピボットテーブルとピボットグラフを別々に作る方法を推奨しましたが、今回表示する項目はピボットテーブルと一致しているのでピボットテーブルから作成します。

▶ ピボットテーブルにカーソルを置く→［挿入］タブ→［ピボットグラフ］→［ピボットグラフ］を選択

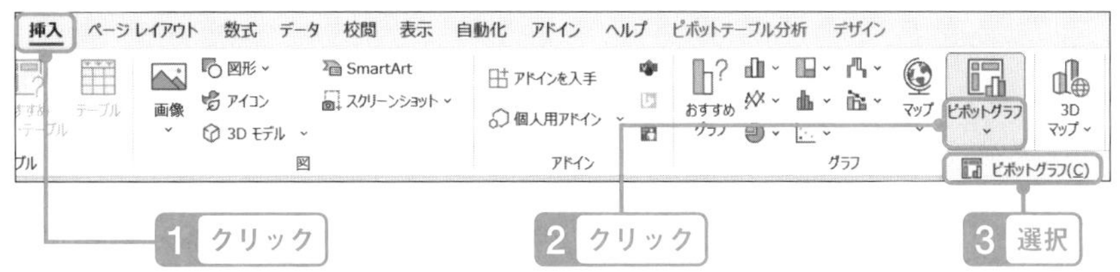

▶「組み合わせ」を選択→以下の設定にする
[売上合計_ABC]→[集合縦棒]、「第2軸」→チェックなし
[商品売上合計割合_ABC]→折れ線、「第2軸」→チェックあり

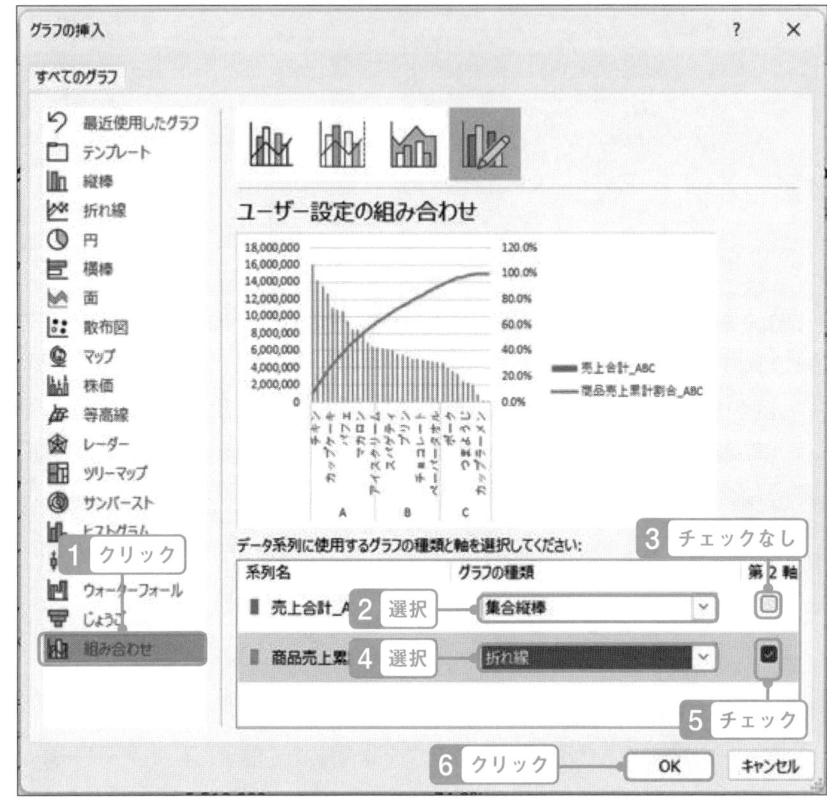

▶グラフ右上の「＋」をクリック→「凡例」のチェックを外す

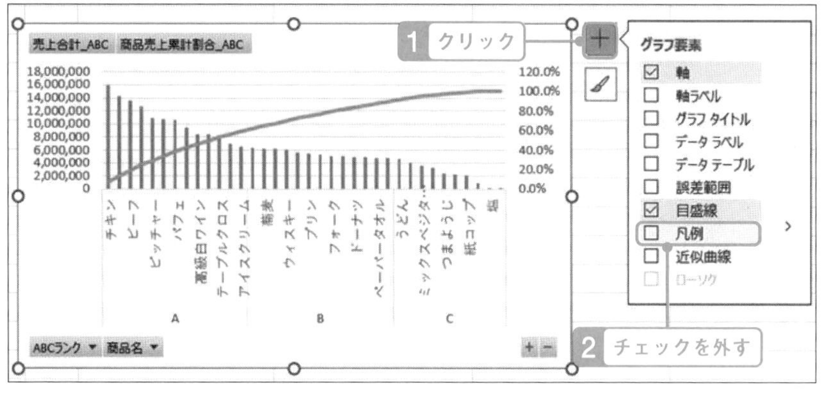

◎レイアウトを見やすく調整

棒グラフは、売上実績が多い商品から降順に並び、折れ線グラフは売上累計割合が100%に近づくにつれ大きくなっています。

パレート図が完成したので、いくつか応用を加えてみます。「会社名」のスライサーを追加し、会社ごとのABCランクの商品を見てみましょう。

- ピボットグラフを選択→右クリック→フィールドリストを表示する
- G_顧客[会社名]を右クリック→スライサーとして追加

パレート図で会社ごとのABCランクの売上を確認することができます。

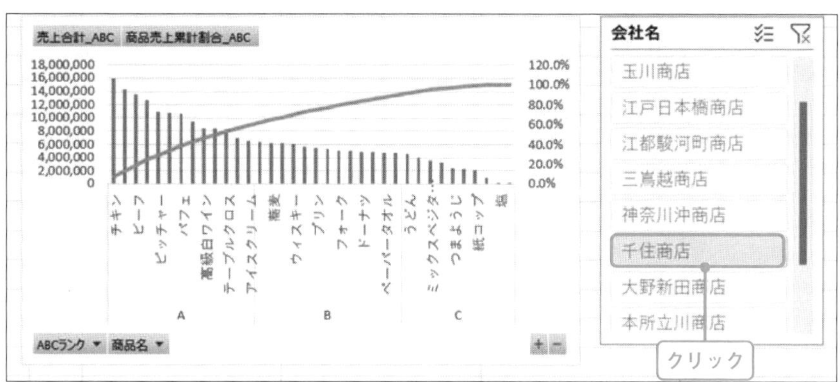

◎直近○○日のスライサーの追加

続いて売上の実績を拾う期間のスライサーを追加します。1つの例として在庫管理を目的とするシナリオを想定します。今回は「売上合計」で代用しますが、実際のケースでは「販売数量」を元にレポートを作成してください。

在庫管理を目的とした場合、直近○○日といった時間軸の視点が有効です。この観点からパワークエリを使って直近180日区切りの絞り込み機能を追加します。

まずは、パワークエリで、売上実績のある最終日を取得します。

▶ ［データ］タブ→［クエリと接続］→「F_売上」を右クリック→［複製］を選択

※このとき、［複製］ではなく［参照］を選ぶと、後ほど「直近○○日」のカスタム列を追加するときに、循環参照のエラーが発生するので注意してください。

▶ 「出荷日」列を選択→［変換］タブ→［日付］→［最も遅い］を選択

▶「クエリの設定」→「プロパティ」→「名前」→「s_MaxSalesDate」に変更

これで売上実績の最終日が取得できました。そのままF_売上の設定に移ります。

次に、F_売上にs_MaxSalesDateをつなぎ、直近○○日の列を追加します。

▶「F_売上」クエリを選択

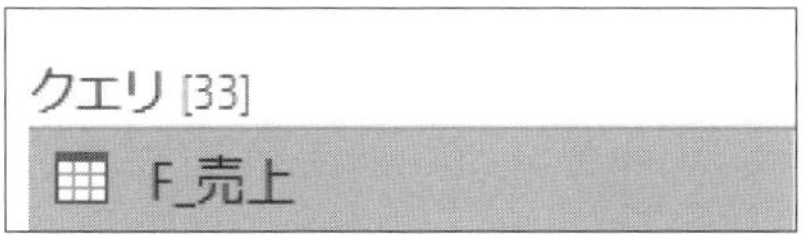

▶［列の追加］タブ→［カスタム列］を選択

▶［新しい列名］→［直近日数］→以下の式を入力

```
Duration.Days(s_MaxSalesDate - [出荷日])
```

▶「直近日数」列を選択→［変換］タブ→［標準］→［整数除算］を選択

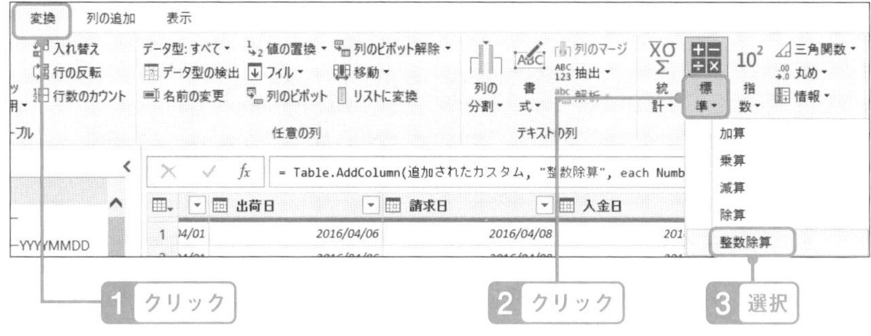

▶値に「180」を入力→［OK］をクリック

▶「直近日数」列を選択→［標準］→［加算］→「1」→［OK］をクリック

▶「直近日数」列を選択→［標準］→［乗算］→「180」→［OK］をクリック

▶［ホーム］タブ→［閉じて読み込む］

これで180日単位の「直近日数」列が用意できました。これをピボットグラフに戻りスライサーとして追加して完成です。

- ピボットグラフを選択→右クリック→フィールドリストを表示する
- 「直近日数」を検索→「直近日数」を右クリック→スライサーとして追加

なお、「直近日数」で複数期間を選択する場合は、Ctrlキーを押しながら複数のスライサーをクリックしてください。

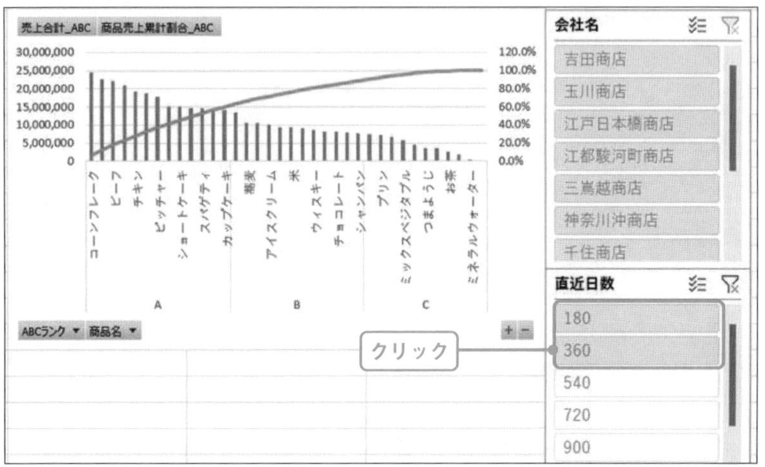

4 「外部参照型累計」を求める：プロダクトライフサイクル分析

ここから「外部参照型累計」に移ります。「外部参照型累計」はあらかじめ順番を定義した列を使って累計します。典型的には会計カレンダーに基づいた「当期売上累計」がありますが、カレンダーテーブルを使った集計は「時間軸分析」の章に譲り、本章は単純な日数をベースにした「プロダクトライフサイクル分析」を例にします。

ある新商品を発売したとき、その商品の売上や販売台数がたどる推移を、導入期、成長期、成熟期、飽和期、衰退期という5つのフェーズに分けて分析する手法を「プロダクトライフサイクル分析」といいます。このプロダクトライフサイクル分析をレポートで実現するためには、すべての商品のスタート地点を揃え、その後で「発売してから○○月後の売上」を可視化する必要があります。今回のサンプルでは完成したグラフは以下のようになります。

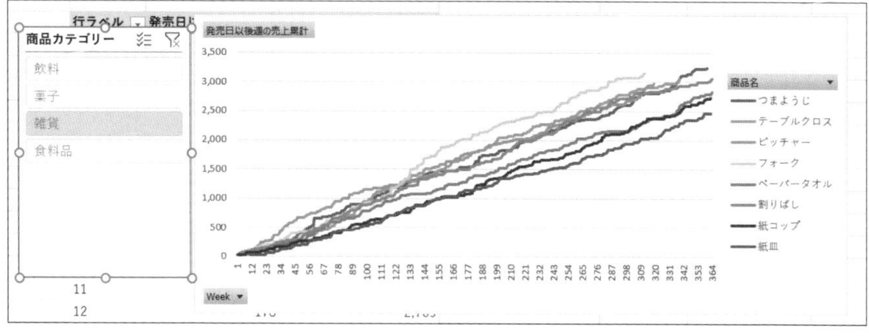

経過日数テーブルと発売日の用意

プロダクトライフサイクル分析に必要な情報は、経過日数のテーブルと商品の発売日です。それぞれパワークエリを使って準備します。

◎「P_経過日数」テーブルの用意

まず、グラフの横軸となる「P_経過日数」テーブルを作ります。このテーブルはExcelを使って手書きで作成しても構いませんが、今回はパワークエリの「空のクエリ」から作成します。

日数といっても具体的な日数では細かすぎるので、週、月、年の粒度を持たせます。日数を7で割った数字を「週」、30で割った数字を「月」、90で割った数字を「四半期」、365で割った数字を「年」として設定します。

- [データ] タブ→[データの取得] →[その他のデータソースから] →[空のクエリ] を選択
- 数式バーに以下の式を入力し、連続数値データのリストを作成

```
= {0..3000}
```

```
= {0..3000}
```

	リスト
1	0
2	1

※数式バーが表示されていない場合は以下のメニューで設定してください。

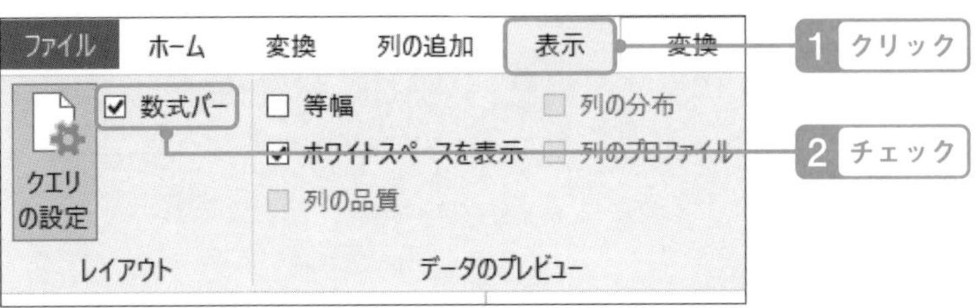

▶ ［変換］タブ→［テーブルへの変換］→［OK］をクリック

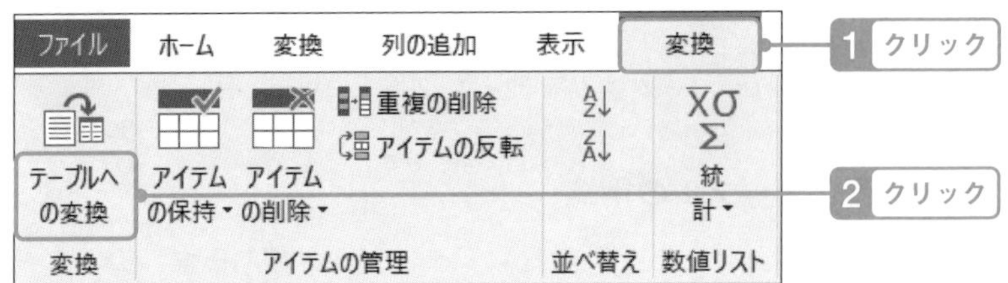

▶ [Column1]列のデータ型アイコンをクリックし、「整数」を選択

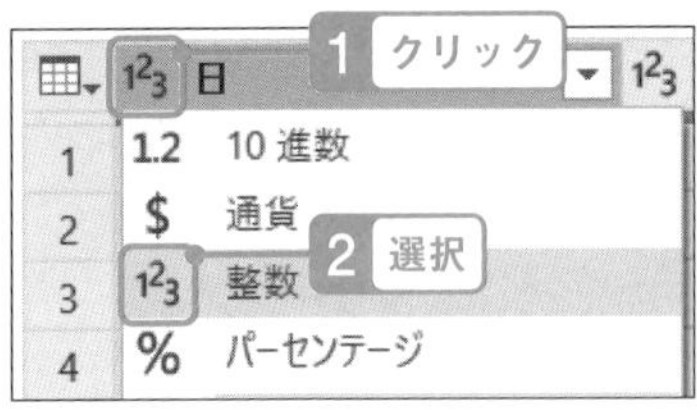

▶ 「Column1」列を選択→［列の追加］タブ→［標準］→［除算（整数）］→「7」→［OK］をクリック

▶ 「Column1」列を選択→［列の追加］タブ→［標準］→［除算（整数）］→「30」→［OK］をクリック

▶「Column1」列を選択→［列の追加］タブ→［標準］→［除算（整数）］→「365」→［OK］をクリック

▶ それぞれ列名を以下のように変更

Column1→日

整数除算→週

整数除算.1→月

整数除算.2→年

	日	週	月	年
1	0	0	0	0
2	1	0	0	0
3	2	0	0	0

▶「クエリの設定」→「名前」→「P_経過日数」と入力

▶［ホーム］タブ→［閉じて読み込む］→［閉じて次に読み込む］

▶ 以下の設定で［OK］をクリック

「接続の作成のみ」を選択

「このデータをデータモデルに追加する」にチェック

これで「P_経過日数」テーブルの完成です。

◎「発売日」を算出する

続いて各商品の「発売日」を追加します。「発売日」といった場合、商品マスターに「発売日」があればそれを使うのがベストです。しかし、状況によっては正確な発売日が把握できないケースもあるので、今回は便宜的に「初めて売上が上がった日」を「発売日」として設定します。

▶［データ］タブ→［クエリと接続］→「F_売上」を右クリック→［複製］

▶ 適用したステップの不要なステップを削除

▶「商品ID」列を選択→［ホーム］タブ→［グループ化］を選択

▶以下の設定で［OK］をクリック

新しい列名：発売日

操作：最小

列：出荷日

▶「クエリの設定」→「名前」→「商品発売日」と入力

これで「商品ID」ごとの発売日が用意できました。次にG_商品に「発売日」列を追加します。

▶クエリの中から［G_商品］を選択

▶［クエリのマージ］→［クエリのマージ］

▶以下の設定で［OK］をクリック

マージ先テーブル→商品発売日

結合の種類→左外部（最初の行すべて、および2番目の行のうち…）

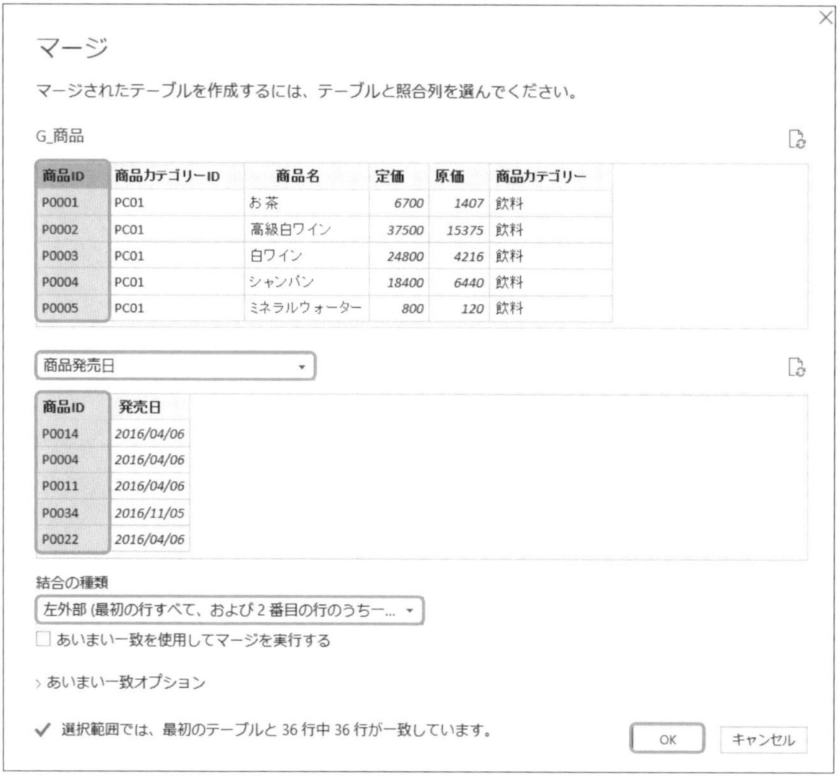

マージ

マージされたテーブルを作成するには、テーブルと照合列を選んでください。

G_商品

商品ID	商品カテゴリーID	商品名	定価	原価	商品カテゴリー
P0001	PC01	お茶	6700	1407	飲料
P0002	PC01	高級白ワイン	37500	15375	飲料
P0003	PC01	白ワイン	24800	4216	飲料
P0004	PC01	シャンパン	18400	6440	飲料
P0005	PC01	ミネラルウォーター	800	120	飲料

商品発売日

商品ID	発売日
P0014	2016/04/06
P0004	2016/04/06
P0011	2016/04/06
P0034	2016/11/05
P0022	2016/04/06

結合の種類

左外部（最初の行すべて、および 2 番目の行のうち一...

あいまい一致を使用してマージを実行する

› あいまい一致オプション

✓ 選択範囲では、最初のテーブルと 36 行中 36 行が一致しています。

OK　キャンセル

▶「商品発売日」列の展開ボタンを押し、以下の設定で［OK］をクリック

▶ ［閉じて読み込む］→［閉じて読み込む］

これで各商品に「発売日」列を追加できました。

プロダクトライフサイクル分析

まず先ほど用意した「発売日」をF_売上に追加し、「発売後日数」を算出します。あとはそれをP_経過日数とリレーションシップでつなげ、累計を出します。

◎パワークエリでF_売上に「発売後日数」を追加する

F_売上に「発売後日数」を追加します。

▶ ［データ］タブ→［クエリと接続］→「F_売上」を右クリック→［編集］

▶ ［クエリのマージ］→［クエリのマージ］→以下の設定で［OK］

F_売上→商品ID

G_商品→商品ID

結合の種類→左外部

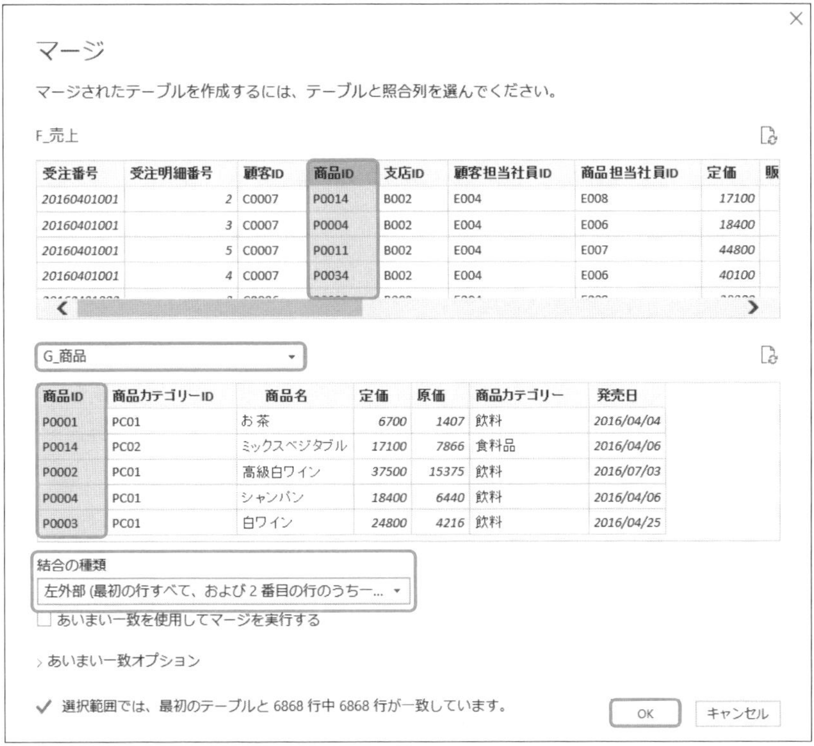

マージ

マージされたテーブルを作成するには、テーブルと照合列を選んでください。

F_売上

受注番号	受注明細番号	顧客ID	商品ID	支店ID	顧客担当社員ID	商品担当社員ID	定価	販
20160401001	2	C0007	P0014	B002	E004	E008	17100	
20160401001	3	C0007	P0004	B002	E004	E006	18400	
20160401001	5	C0007	P0011	B002	E004	E007	44800	
20160401001	4	C0007	P0034	B002	E004	E006	40100	

G_商品

商品ID	商品カテゴリーID	商品名	定価	原価	商品カテゴリー	発売日
P0001	PC01	お茶	6700	1407	飲料	2016/04/04
P0014	PC02	ミックスベジタブル	17100	7866	食料品	2016/04/06
P0002	PC01	高級白ワイン	37500	15375	飲料	2016/07/03
P0004	PC01	シャンパン	18400	6440	飲料	2016/04/06
P0003	PC01	白ワイン	24800	4216	飲料	2016/04/25

結合の種類

左外部 (最初の行すべて、および 2 番目の行のうち一...

☐ あいまい一致を使用してマージを実行する

› あいまい一致オプション

✓ 選択範囲では、最初のテーブルと 6868 行中 6868 行が一致しています。

OK　キャンセル

▶「G_商品」列の展開ボタン→「発売日」のみを選択→「元の列名をプレフィックスとして使用します」のチェックを外す→［OK］

▶「出荷日」列を選択→Ctrlキーを押しながら「発売日」列を選択→［列の追加］タブ→［日付］→［日数の減算］を選択

▶「減算」列名をダブルクリック→列名を「発売後日数」に変更

▶ [ホーム] タブ→[閉じて読み込む] →[閉じて読み込む]

これで、F_売上テーブルに「発売後日数」列が追加されました。

◎リレーションシップを作る

続いて、「発売後日数」を使って、P_経過日数とリレーションシップを作ります。

▶ [データ] タブ→[データツール] →[リレーションシップ] アイコンをクリック

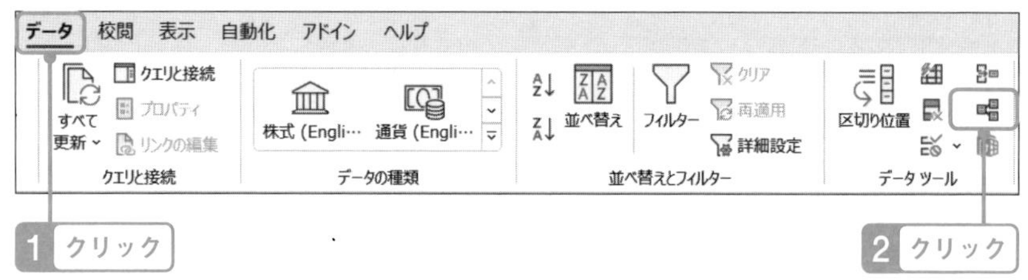

▶ [新規追加] →以下の設定でリレーションシップを作成→閉じる

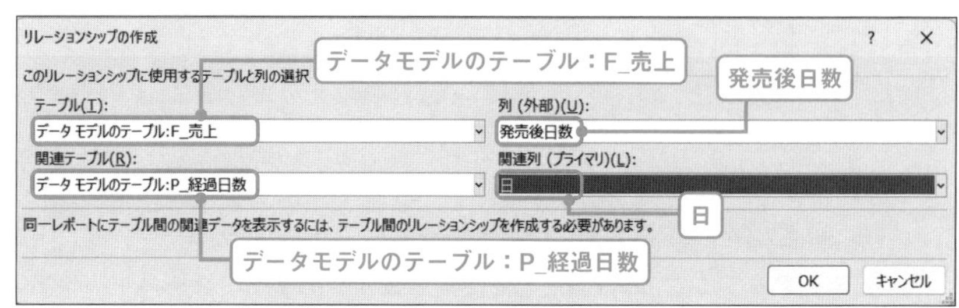

これでリレーションシップが作成されました。

◎メジャーを作る

最後にメジャーを作ります。以下の2つのメジャーを作成してください。累計のポイントはALL関数で順番を定義するテーブルの自動フィルターを解除し、その後でキャッチした境界値を使ってターゲットを絞り込む点です。

```
MAX経過日
= CALCULATE(
    MAXX('F_売上', 'F_売上'[発売後日数]),
    ALL('P_経過日数'))

売上累計(発売日起算)
= VAR s_DaysPastSt = MINX('P_経過日数', 'P_経過日数'[日])
  VAR s_DaysPast = MAXX('P_経過日数', 'P_経過日数'[日])
  VAR s_SalesCum =
CALCULATE(
    [売上合計],
    'F_売上'[発売後日数] <= s_DaysPast,
    ALL('P_経過日数'))
RETURN
IF(s_DaysPastSt <= [MAX経過日], s_SalesCum)
```

◎グラフの作成

最後にグラフを作ります。今回は空のピボットグラフから作ります。

- ピボットテーブルのないセルにカーソルを置く
- ［挿入］タブ→［ピボットグラフ］→［ピボットグラフ］を選択
- 以下の設定で［OK］をクリック
  このブックのデータモデルを使用する
  既存のワークシート
- ピボットグラフを右クリック→フィールドリストを表示する
- 以下の設定にする
  軸（分類項目）：P_経過日数[月]
  値：[fx売上合計]、[fx売上累計(発売日起算)]
- G_商品[商品名]を右クリック→スライサーとして追加
- ピボットグラフをクリック→［デザイン］タブ→グラフの種類の変更
- 以下の設定にする
  グラフの種類→［組み合わせ］

売上（発売日起算）→［集合縦棒］
売上累計（発売日起算）→［折れ線］、［第2軸］にチェック

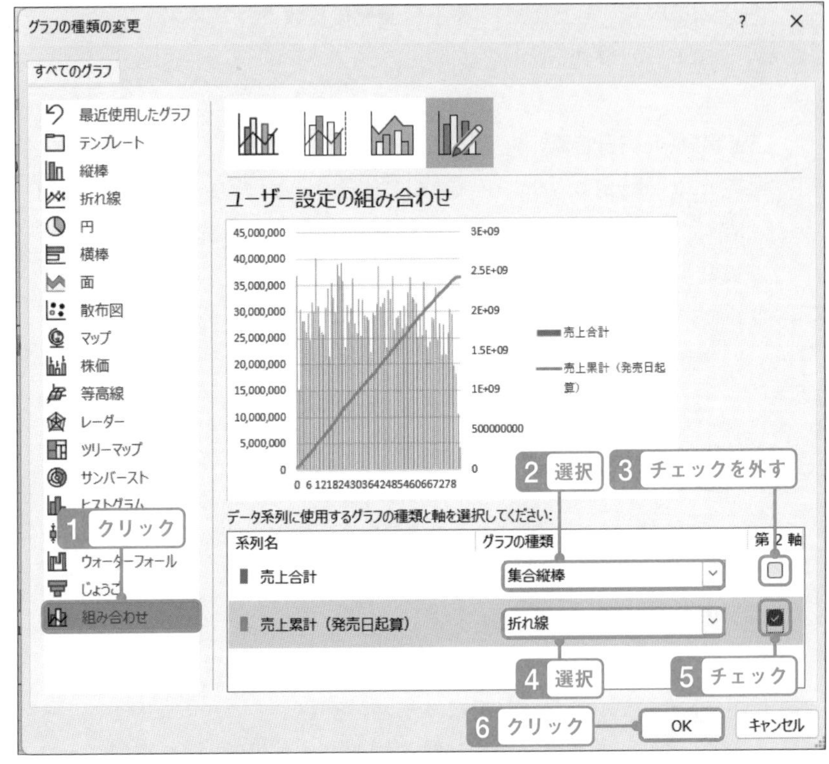

▶ ピボットグラフ右の［+］をクリック→「凡例」のチェックを外す

これで、レポートの準備ができました。スライサーでいくつか商品を選んでみてください。それぞれの商品の発売日から経過した月の売上、売上累計の推移がグラフで表現できました。

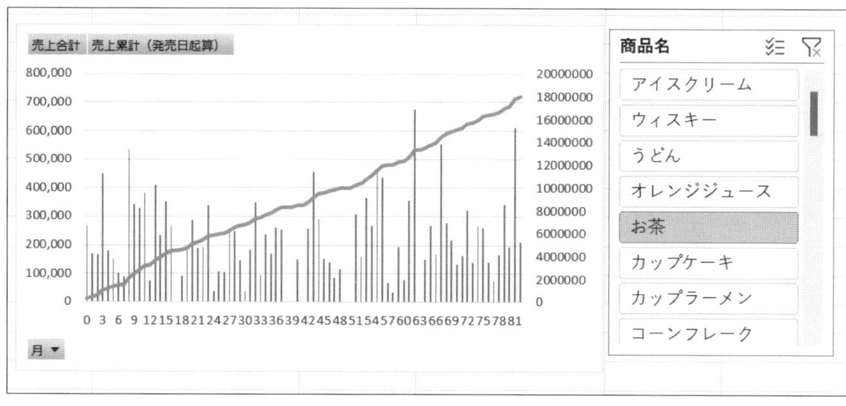

複数の商品の推移を同時に比較したい場合は、以下の手順で新しいピボットグラフを作成します。

- ピボットテーブルのないセルにカーソルを置く
- ［挿入］タブ→［ピボットグラフ］→［ピボットグラフ］→初期状態で［OK］をクリック
- ピボットグラフをクリック→［デザイン］タブ→［グラフの種類の変更］を選択
- 以下の設定にする
  「グラフの種類」→［折れ線］
- ピボットグラフを右クリック→フィールドリストを表示する
- 以下の設定にする
  凡例：G_商品［商品名］
  軸（分類項目）：P_経過日数[月]
  値：[fx売上累計(発売日起算)]

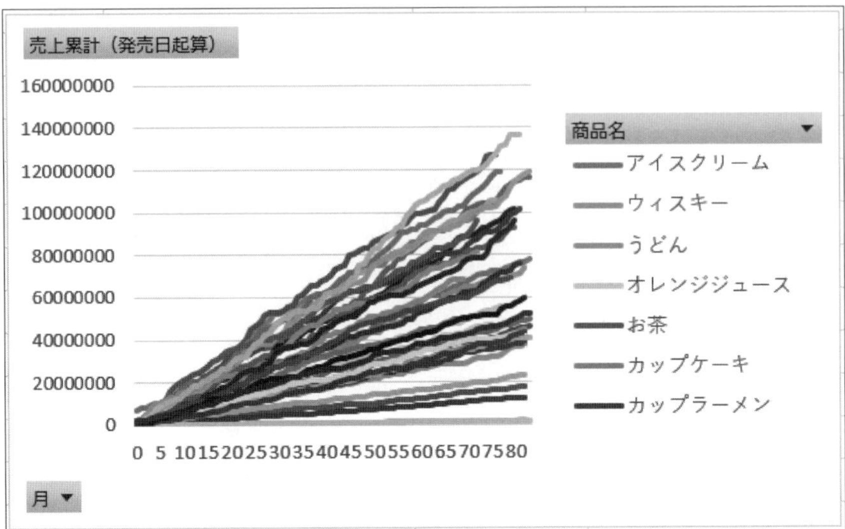
売上累計（発売日起算）
160000000
140000000
120000000
100000000
80000000
60000000
40000000
20000000
0
0 5 1015202530354045505560657075 80
月
商品名
アイスクリーム
ウィスキー
うどん
オレンジジュース
お茶
カップケーキ
カップラーメン

［第4章］

組み合わせパターン

組み合わせパターンは、データの集まりどうし、または同じテーブルどうしの比較を行います。前者はベン図に代表される集合演算、後者はデータサイエンスのように数理的な分析に応用できます。

アクセスキー　Z（大文字のゼット）

1 組み合わせパターンとは

組み合わせパターンは、データの集まりを組み合わせるパターンです。ここでは集合演算と同一項目比較の2種類を取り扱います。

集合演算パターンの代表的なものとして「新規顧客」の把握があります。新規顧客は「今年、取引がある」顧客から「過去に取引がある」顧客を除くことで求めることができます。このとき「フォーカス」の章で学んだ集合演算が効果を発揮します

もう1つの同一項目比較パターンは、同じ項目と同じ項目の組み合わせで関連性を求めます。今回はバスケット分析と相関分析を例に挙げますが、ピボットテーブルの組み合わせでどちらか一方もしくは両方の見方に切り替える点です。技術的なポイントとしては、あえてリレーションシップを作らないことで両方の見方を行き来できるようにする点です。

【本章で登場する関数】

・FILTER

・EXCEPT

・UNION

・DISTINCT

・INTERSECT

・CALCULATE/CALCULATETABLE

2 集合演算パターン:「新規顧客」を求める

集合演算パターンとして「新規顧客」の実績を求めます。新規顧客とは、ある一定の期間に初めて取引実績が生まれた顧客のことです。冒頭でも述べましたが、この新規顧客は「今、取引がある」顧客から「過去に取引がある」顧客を引いたグループのことです。ベン図にすると以下の左側の部分(差集合)として表すことができます。

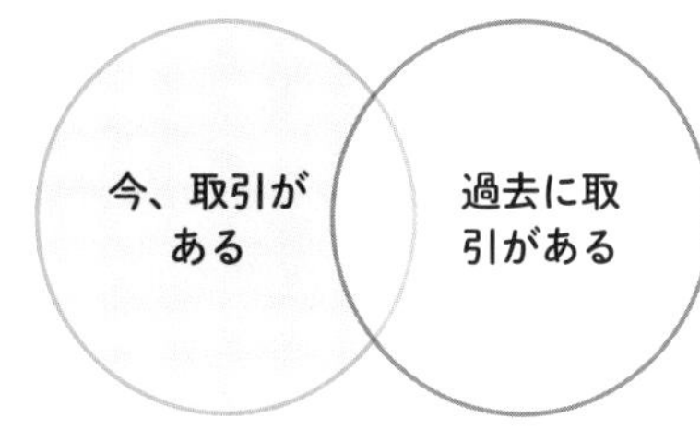

図4-1 新規顧客

この他、関連して既存顧客、喪失顧客、未取引顧客の分類がありますが、マトリクス図を作ると、顧客を以下のように分けることができます。

	最新の実績あり	過去の実績あり
新規顧客	○	×
既存顧客	○	○
喪失顧客	×	○
未取引顧客	×	×

表4-1 顧客の分類

これをメジャーを使って実現しますが、前提として以下が必要です。

・過去の実績を計算するメジャー
・現在/過去の実績がある顧客をリストすること

・顧客グループ間で足す・引く・共通部分を残す集合演算
これらをステップバイステップで実行していきます。

「顧客分類ごとの件数」を求める

それぞれの顧客分類の数を求めていきます。

◎ピボットテーブルを作る

まずはベースとなるピボットテーブルを作ります。

- ▶ 列：G_カレンダー[会計YYYYQQ]
- ▶ 行：G_顧客［顧客名]、Σ値
- ▶ 値：[fx売上合計]
- ▶ スライサー：G_商品[商品名]→アイスクリームを選択

以下のピボットテーブルができました。

商品名
- アイスクリーム
- ウィスキー
- うどん

売上合計	列ラベル				
行ラベル	201601	201602	201603	201604	201701
奥村		475,440			339,600
岩城			72,165		
金田					254,700

◎「過去に実績があったかどうか」を求める

続いて「過去に実績があったかどうか」を求めます。これは「外部参照型累計パターン」を応用します。つまり、それぞれのセル以前の期間の［fx売上合計］をすべて合計します。以下のメジャーを追加します。

```
売上累計(過去)
= VAR s_MinDate = MINX('G_カレンダー', 'G_カレンダー'[日付])
RETURN
    CALCULATE(
        [売上合計],
```

```
        'G_カレンダー'[日付] < s_MinDate,
        ALL('G_カレンダー'))
```

s_MinDateにそれぞれのセルの最も古い（小さい）日付をキープし、それより前の日付のフィルターをかけることで、「今のセルから見た過去の実績」を集計します。

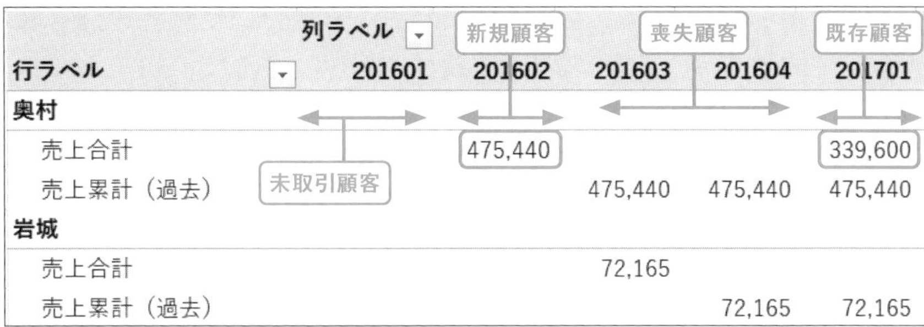

行ラベル	201601	201602	201603	201604	201701
奥村					
売上合計		475,440			339,600
売上累計（過去）			475,440	475,440	475,440
岩城					
売上合計			72,165		
売上累計（過去）				72,165	72,165

ここで見ると、奥村さんは「201601」ではまだ取引がないので「未取引顧客」、「201602」に初めて実績が登場したので「新規顧客」といえます。それに対して、「201602」「201603」では実績がなかったので「喪失顧客」、「201604」では2回目以降の実績なので「既存顧客」ということができます。

◎「新規顧客」の顧客リストを作る

最新の実績と過去の実績が用意できたので、それぞれに該当する顧客グループを可視化します。以下2つのメジャーを追加します。

```
顧客リスト(最新)
= VAR t_Cust =
    FILTER(VALUES('G_顧客'[顧客ID]), [売上合計] > 0)
RETURN
CONCATENATEX(t_Cust, 'G_顧客'[顧客ID], "," , 'G_顧客'[顧客
ID])

顧客リスト(過去)
```

```
= VAR t_Cust =
    FILTER(VALUES('G_顧客'[顧客ID]), [売上累計(過去)] > 0)
RETURN
CONCATENATEX(t_Cust, 'G_顧客'[顧客ID], "," , 'G_顧客'[顧客ID])
```

総計を見ると「売上合計」がある列では「顧客リスト（最新)」に値が表示されています。それに対して、「顧客リスト（過去)」は過去に1度でも「売上合計」が発生したら翌期から顧客IDを表示し続けています。そして「201701」では、その両者に値が入っています。

全体の 売上合計	1,804,125	1,555,085	1,681,020
全体の 売上累計（過去）		1,804,125	3,359,210
全体の 顧客リスト（最新）	C0006,C0015,C0021,C0025	C0008,C0013,C0017,C0021	C0002,C0005,C0012,C0016,C0021
全体の 顧客リスト（過去）		C0006,C0015,C0021,C0025	C0006,C0008,C0013,C0015,C0017,C0021,C0025

この中で、「顧客リスト（最新)」から「顧客リスト（過去)」を引いて残ったものが「新規顧客」です。テーブルの減算にはEXCEPT関数を使います。以下のメジャーを追加してください。

```
顧客リスト(新規顧客)
= VAR t_LatestCust =
    FILTER(VALUES('G_顧客'[顧客ID]), [売上合計] > 0)
  VAR t_PastCust =
    FILTER(VALUES('G_顧客'[顧客ID]), [売上累計(過去)] > 0)
  VAR t_Cust = EXCEPT(t_LatestCust, t_PastCust)
RETURN
CONCATENATEX(t_Cust, 'G_顧客'[顧客ID], "," , 'G_顧客'[顧客ID])
```

以下の結果になりました。「顧客リスト（新規顧客)」では、初めて登場した顧客IDだけがリストされています。

行ラベル	201601	201602	201603	201604	201701
奥村					
売上合計		475,440			339,600
売上累計（過去）			475,440	475,440	475,440
顧客リスト（最新）	C0013			C0013	
顧客リスト（過去）		C0013	C0013	C0013	C0013
顧客リスト（新規顧客）	C0013				

全体の 売上合計	1,804,125	1,555,085	1,681,020
全体の 売上累計（過去）		1,804,125	3,359,210
全体の 顧客リスト（最新）	C0006,C0015,C0021,C0025	C0008,C0013,C0017,C0021	C0002,C0005,C0012,C0016,C0021
全体の 顧客リスト（過去）		C0006,C0015,C0021,C0025	C0006,C0008,C0013,C0015,C0017,C0021,C0025
全体の 顧客リスト（新規顧客）	C0006,C0015,C0021,C0025	C0008,C0013,C0017	C0002,C0005,C0012,C0016

◎顧客分類ごとの数を求める

ここまで来ればあとは簡単です。CONCATENATEX関数で列挙している部分をSUMXに変えて行数をカウントすれば、新規顧客数になります。ピボットテーブルの行から［fx顧客名］を外し、以下のメジャーを追加します。

```
新規顧客数
= VAR t_LatestCust =
    FILTER(VALUES('G_顧客'[顧客ID]), [売上合計] > 0)
  VAR t_PastCust =
    FILTER(VALUES('G_顧客'[顧客ID]), [売上累計(過去)] > 0)
  VAR t_Cust = EXCEPT(t_LatestCust, t_PastCust)
RETURN
    SUMX(t_Cust, 1)
```

新規顧客数のみを数えることができました。

値	201601	201602	201603
売上合計	1,804,125	1,555,085	1,681,020
売上累計（過去）		1,804,125	3,359,210
顧客リスト（最新）	C0006,C0015,C0021,C0025	C0008,C0013,C0017,C0021	C0002,C0005,C0012,C0016,C0021
顧客リスト（過去）		C0006,C0015,C0021,C0025	C0006,C0008,C0013,C0015,C0017,C0021,C0025
顧客リスト（新規顧客）	C0006,C0015,C0021,C0025	C0008,C0013,C0017	C0002,C0005,C0012,C0016
新規顧客数	4	3	4

ここから仕上げに移ります。［fx顧客数］というメジャーを作り、CALCULATE

関数で使う形にします。

```
顧客数
= SUMX('G_顧客', 1)
```

新規顧客数も以下のように変更します。

```
新規顧客数
= VAR t_LatestCust =
    FILTER(VALUES('G_顧客'[顧客ID]), [売上合計] > 0)
  VAR t_PastCust =
    FILTER(VALUES('G_顧客'[顧客ID]), [売上累計(過去)] > 0)
  VAR t_Cust = EXCEPT(t_LatestCust, t_PastCust)
RETURN
    CALCULATE([顧客数], t_Cust)
```

新規顧客は「今の顧客－過去の顧客」でしたが、これを逆転させて「過去の顧客－今の顧客」とすると「喪失顧客」になります。以下のメジャーを追加してください。EXCEPT関数の中の引数の順番が変わっただけです。

```
喪失顧客数
=
VAR t_LatestCust =
FILTER(VALUES('G_顧客'[顧客ID]), [売上合計] > 0)
VAR t_PastCust =
FILTER(VALUES('G_顧客'[顧客ID]), [売上累計(過去)] > 0)
VAR t_Cust = EXCEPT(t_PastCust, t_LatestCust)
RETURN
CALCULATE([顧客数], t_Cust)
```

既存顧客は「今の顧客」であり、かつ「過去の顧客」でもある顧客です。両方のテーブルに共通の値を残す関数はINTERSECT関数（積集合）です。以下のメジャーを追加してください。

```
既存顧客数
=
VAR t_LatestCust =
FILTER(VALUES('G_顧客'[顧客ID]), [売上合計] > 0)
VAR t_PastCust =
FILTER(VALUES('G_顧客'[顧客ID]), [売上累計(過去)] > 0)
VAR t_Cust =
    INTERSECT(t_LatestCust, t_PastCust)
RETURN
CALCULATE([顧客数], t_Cust)
```

「未取引顧客」は「全顧客数－(新規顧客＋既存顧客)」で求めることができます。テーブルの足し算はUNION関数を使います。

```
未取引顧客数
=
VAR t_LatestCust =
FILTER(VALUES('G_顧客'[顧客ID]), [売上合計] > 0)
VAR t_PastCust =
FILTER(VALUES('G_顧客'[顧客ID]), [売上累計(過去)] > 0)
VAR t_AllCust = VALUES('G_顧客'[顧客ID])
VAR t_CustWithSales =
    UNION(t_LatestCust, t_PastCust)
VAR t_Cust =
    EXCEPT(t_AllCust, t_CustWithSales)
RETURN
CALCULATE([顧客数], t_Cust)
```

結果を確認しやすくするため「顧客リスト」系のメジャーを除外して結果を見てみましょう。

値	201601	201602	201603	201604	201701	201702	201703	201704
顧客数	30	30	30	30	30	30	30	30
新規顧客数	4	3	4	7	1	3	1	2
喪失顧客数		3	6	10	15	16	16	16
既存顧客数		1	1	1	3	3	6	7
未取引顧客数	26	23	19	12	11	8	7	5

「新規顧客数＋喪失顧客数＋既存顧客数＋未取引顧客数」が「顧客数」と一致していることを確認してください。

ピボットテーブルで「列」をG_カレンダー[暦年]にすると、より大きな視点で傾向を確認できます。

値	2016	2017	2018	2019	2020	2021	2022	2023	2024	2025	総計
顧客数	30	30	30	30	30	30	30	30	30	30	30
新規顧客数	11	12	3	1	3						30
喪失顧客数		5	8	10	7	9	13	27	30	30	
既存顧客数		6	15	16	20	21	17	3			
未取引顧客数	19	7	4	3							

後半の「喪失顧客」の数字が大きくなっていますが、これは「外部参照型累計パターン」のMAXケアを入れれば解消されます（今回は割愛します）。

なお、単純な足し算引き算なので最後の「未取引顧客数」は以下のメジャーで置き換えることも可能です。

```
未取引顧客数
= [顧客数] - ([新規顧客数] + [既存顧客数] + [喪失顧客数])
```

◎CALCULATE関数に渡すテーブルに注意

ここまで、それぞれの顧客分類の件数を正常に算出することができました。ステップとして、以下の手順を踏んだからです。

- 集合演算で「G_顧客」テーブルの「顧客ID」リストを作る
- 作成した顧客リストをCALCULATE関数に渡し、「このリストでフィルターをかけた「顧客数」を計算してください」という指示を出す。

このとき、データモデルにあるG_顧客[顧客ID]を元にしたリストを渡したから絞り込みが可能になりました。この点を検証するため、以下3つのメジャーの実行結果を比較します。それぞれ「顧客ID」が「C0001」、「C0002」、「C0003」のいずれかである顧客数を求めようとしたメジャーです。

```
顧客数_選択OK
= VAR t_CustSelect = {"C0001", "C0002", "C0003"}
  VAR t_Cust =
    INTERSECT(VALUES('G_顧客'[顧客ID]), t_CustSelect)
RETURN CALCULATE([顧客数], t_Cust)

顧客数_選択NG1
= VAR t_Cust = {"C0001", "C0002", "C0003"}
RETURN CALCULATE([顧客数], t_Cust)

顧客数_選択NG2
= VAR t_CustSelect = {"C0001", "C0002", "C0003"}
  VAR t_Cust = INTERSECT(t_CustSelect, VALUES('G_顧客
'[顧客ID]))
RETURN CALCULATE([顧客数], t_Cust)
```

スライサーを解除すると「顧客数_選択OK」のみが意図した結果を表示し、その他の2つはフィルターが空振りしてすべての顧客数を表示しています。

顧客数_選択OK	顧客数_選択NG1	顧客数_選択NG2
3	30	30

すべての顧客を表示

まず「顧客数_選択OK」ですが、これは手入力で作成した顧客IDリスト（t_CustSelect）を用意し、INTERSECT関数を使ってVALUES('G_顧客'[顧客ID])に絞り込みをかけています。INTERSECT関数は第1引数にあるテーブルのうち、第2引数の値に一致するものを残し、最終的にそのテーブルをCALCULATE関数に渡したためうまくいきました。

続いて「顧客数_選択NG1」ですが、これは手入力で作成した顧客リストをそのままCALCULATE関数に渡しています。手入力で作成したt_Custには、一見最もな顧客IDが並んでいるように見えますが、最終的に［fx顧客数］を計算するためのG_顧客テーブルとは全く関係ないテーブルなので意図したフィルターは空振りしています。

最後に「顧客数_選択NG2」です。これは「顧客数_選択OK」の式によく似ていますが、INTERSECT関数の引数の順番が逆転しています。したがって、このテーブルに3つの顧客IDが残っていたとしても、G_顧客とは全く関連のないテーブルをCALCULATE関数に渡していることになるので、同じく空振りになります。

今回はG_顧客を例に取りましたが、リレーションシップがある場合も同様で、**元のデータモデルに沿ったテーブルを渡すことが必須です**。

「顧客分類ごとの売上」を求める

続いて顧客分類ごとの売上を求めます。売上は実績があるものが対象で、新規顧客と既存顧客の2つの売上を表示します。先ほどのメジャーのCALCULATEの第1引数を［fx顧客数］から［fx売上合計］に変えるだけです。

```
売上合計(新規顧客)
= VAR t_LatestCust =
    FILTER(VALUES('G_顧客'[顧客ID]), [売上合計] > 0)
```

```
  VAR t_PastCust =
    FILTER(VALUES('G_顧客'[顧客ID]), [売上累計(過去)] > 0)
  VAR t_Cust = EXCEPT(t_LatestCust, t_PastCust)
RETURN CALCULATE([売上合計], t_Cust)
```

```
売上合計(既存顧客)
= VAR t_LatestCust =
    FILTER(VALUES('G_顧客'[顧客ID]), [売上合計] > 0)
  VAR t_PastCust =
    FILTER(VALUES('G_顧客'[顧客ID]), [売上累計(過去)] > 0)
  VAR t_Cust = INTERSECT(t_LatestCust, t_PastCust)
RETURN CALCULATE([売上合計], t_Cust)
```

ピボットテーブルの値を以下の設定にして結果を確認します。

- 値：[fx新規顧客数]、[fx既存顧客数]、[fx売上合計]、[fx売上合計（新規顧客)]、[fx売上合計（既存顧客)]

暦年ごとの新規顧客と既存顧客の売上の合計が表示されました。

	列ラベル								
値	2016	2017	2018	2019	2020	2021	2022	2023	総計
新規顧客数	11	12	3	1	3				30
既存顧客数		6	15	16	20	21	17	3	
売上合計	5,040,230	11,996,370	13,642,015	8,359,820	13,210,440	14,940,985	9,167,785	1,431,980	77,789,625
売上合計（新規顧客）	5,040,230	8,969,685	1,584,800	212,250	1,709,320				77,789,625
売上合計（既存顧客）		3,026,685	12,057,215	8,147,570	11,501,120	14,940,985	9,167,785	1,431,980	

新規顧客、既存顧客の内訳を確認したい場合は、ピボットテーブルを以下の設定にします。

- 行：Σ値、G-顧客［顧客名］の順に設定
- 値：[fx売上合計（新規顧客)]、[fx売上合計（既存顧客)]

	列ラベル	
行ラベル	2016	2017
売上合計（新規顧客）		
奥村	475,440	
岩城	72,165	
金田		742,875

売上合計（既存顧客）		
奥村	339,600	1,044,270
岩城		534,870
金田		846,170

最後に仕上げとしてピボットグラフを作成します。

- 凡例：Σ値
- 軸：YYYYMM
- 値：[fx新規顧客数]、[fx売上合計（新規顧客）]、[fx売上合計（既存顧客）]
- スライサー：「YYYYMM」を追加→「201604」から「201610」まで選択
- ［デザイン］タブ→［グラフの種類の変更］→［組み合わせ］→以下の設定にする

  新規顧客数→［マーカー付き折れ線］、第2軸にチェック
  売上合計（新規顧客）　［積み上げ縦棒］
  売上合計（既存顧客）　［積み上げ縦棒］

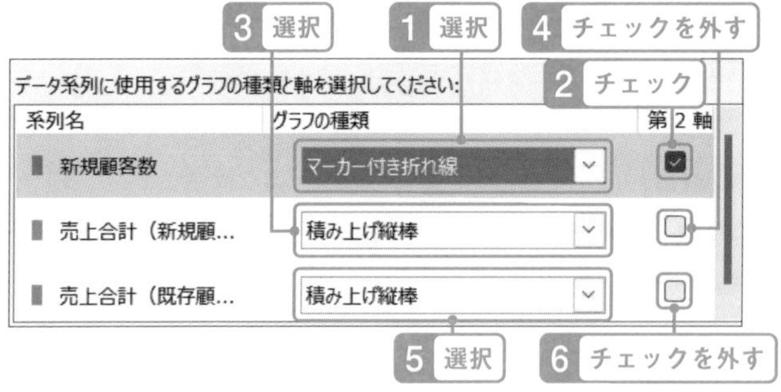

以下のレポートができ上がりました。積み上げ棒グラフにすることで、新規顧客と既存顧客が売上に占める大きさを確認することができます。

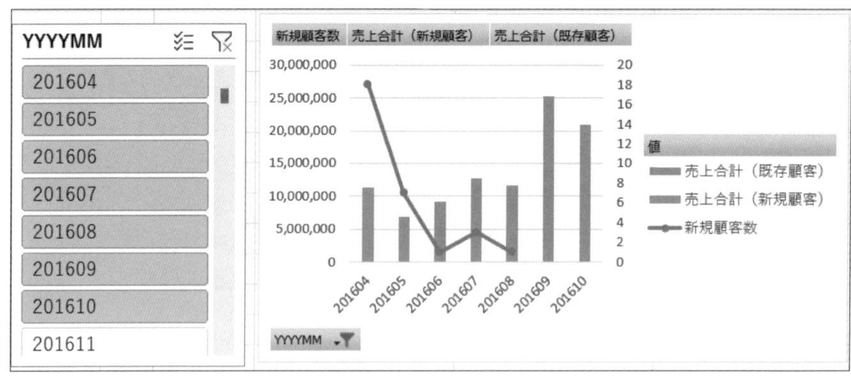

3 同一項目比較パターン

同じテーブルの同一項目の組み合わせの比較を行います。同じテーブルといっても、1つのテーブルをコピーし、それぞれを組み合わせます。使い方として代表的なものに、注文や顧客という集計単位で同時に購入されている商品の組み合わせの程度をスコア化する「バスケット分析」や、あらかじめスコア化された数値データから組み合わせ間の結びつきの強さを比較する「相関分析」が挙げられます。

このような数理的な分析のアプローチは共通しており、以下2つのステップを踏みます。

1. ［テーブルの準備］同じテーブルのペアを作る
2. ［データ準備段階］それぞれの分析に特有の値をキャッチする
3. ［公式化段階］その値を公式のメジャーに乗せる

メジャーを作るときは、今がデータ準備段階なのか、公式化段階なのかを分けて考えると、理解しやすいでしょう。

バスケット分析

「バスケット分析」は、いわゆる機械学習やAIのテーマとしても取り上げられる購買分析手法です。例えば、ある人がAという商品を買ったとき、同時にBやCといった商品が購入されている頻度を統計的に明らかにすることができます。そして、得られた情報は他の顧客が商品を購入するときに関連商品を推薦するための「レコメンデーション」のベースとして活用できます。

バスケット分析自体の式はとてもシンプルで、2つの商品の組み合わせの購入実績をまとめたら、あとは掛け算と割り算で計算できます。ただし、計算量が膨大になりがちなので、商品の重要度に応じてあらかじめ適切にデータを絞り込む工夫が必要です。

なお、今回の例ではバスケットの単位として受注を使うので「同時に購入される頻度が高い」商品を抽出しますが、これを顧客というバスケットに置き換えると、「同じ人に購入される頻度が高い」商品を抽出することができます。

バスケット分析を行うために必要な情報は以下の通りです。

【実績情報の取得】

- 全バスケットの数（全受注数）
- Aという商品が購入されたバスケットの数（Aを含んだ受注数）
- Bという商品が購入されたバスケットの数（Bを含んだ受注数）
- AとBの商品が同時に購入されたバスケットの数（AとBの両方を含んだ受注数）

あとは掛け算と割り算で以下の数字を出していきます。

【指標の計算】

- **支持度**
  全バスケットのうち、対象の商品または両方の商品のバスケットの割合
- **確信度**
  両方のバスケット／対象の商品でAを買った人のうちBも買った人の割合
- **リフト値**
  確信度の値をAのバスケット＊Bのバスケットで割った値
  例えばベストセラーの商品などは、商品の組み合わせにかかわりなく同時に購入される可能性が高いですが、そのような影響を除外するための計算です。最終的に、この値が1以上であれば数値が高いほど関連性が強く、同時に購入される可能性が高い組み合わせとなります。もしこの値が1ならば2つの商品が購入される確率は完全に独立で無関係となります。

◎テーブルの準備段階：「G_商品_BS1」「G_商品_BS2」の作成

バスケット分析は、対となる同じ「商品」テーブルを作るところから始めます。元となるG_商品から新たに2つのテーブルを作ります。

- [データ] タブ→ [クエリと接続] →「G_商品」を右クリック→ [複製] を選択
- [プロパティ] → [名前] →「G_商品_BS1」と入力
- [ホーム] タブ→ [列の選択] で次の列のみ残す
  商品ID、商品名、商品カテゴリー
- それぞれの列名を以下に変更
  「商品ID_BS1」「商品名_BS1」「商品カテゴリー_BS1」
- [閉じて読み込む] → [閉じて次に読み込む] を選択
- [接続の作成のみ]、[このデータをデータモデルに追加する] にチェック → [OK]

続いて、G_商品_BS1のコピーを作ります。

- [クエリと接続] → [クエリ] →「G_商品_BS1」を右クリック→ [複製] を選択
- [プロパティ] → [名前] →「G_商品_BS2」と入力
- それぞれの列名を以下に変更
  「商品ID_BS2」「商品名_BS2」「商品カテゴリー_BS2」
- [閉じて読み込む] → [閉じて次に読み込む] を選択→ [OK]

これで必要なデータの取り込みが終わりました。

◎ピボットテーブルで商品どうしの組み合わせを作る

ピボットテーブルで商品どうしの組み合わせを作ります。

- 行：G_商品_BS_1[商品名_BS1]、G_商品_BS_2[商品名_BS2]

ピボットテーブルに、商品と商品の組み合わせが表示されました。同じ商品名が並んでいますが、それぞれテーブルは別なので、実体としては異なる列の組み合わせです。

行ラベル
⊟アイスクリーム
アイスクリーム
ウィスキー
うどん
オレンジジュース
お茶
カップケーキ

1
2
3
4
5

◎データ準備段階：実績のメジャーの作成

ここからメジャーを作成します。まずは「受注件数」です。以下メジャーを追加します。メジャーを作成するホームテーブルはどこでも構いません。

```
受注件数
= SUMX(VALUES('F_売上'[受注番号]) ,1)
```

それぞれの商品テーブルとF_売上にはリレーションシップがないので、すべての行で同じ「受注件数」が表示されます。

行ラベル	受注件数
⊟アイスクリーム	
アイスクリーム	2,234
ウィスキー	2,234
うどん	2,234

続いて「商品_BS1」の商品を含む受注件数を出します。

```
受注件数(商品_BS1)
= CALCULATE(
      [受注件数],
      'F_売上'[商品ID] IN VALUES('G_商品_BS1'[商品ID_BS1]))
```

以下のように、ピボットテーブルの階層が上位の「商品名_BS1」の受注件数が表示されます。

行ラベル	受注件数	受注件数（商品_BS1）
⊟アイスクリーム		
アイスクリーム	2,234	199
ウィスキー	2,234	199
うどん	2,234	199

同様に「商品_BS2」の商品を含む受注件数を出します。

```
受注件数(商品_BS2)
= CALCULATE(
    [受注件数],
    'F_売上'[商品ID] IN VALUES('G_商品_BS2'[商品ID_BS2]))
```

今度は下の階層の受注件数が表示されます。

行ラベル	受注件数	受注件数（商品_BS1）	受注件数（商品_BS2）
⊟アイスクリーム			
アイスクリーム	2,234	199	199
ウィスキー	2,234	199	174
うどん	2,234	199	160

最後に「両方の商品が同時に含まれる受注件数」を算出します。BS1とBS2の商品の両方を持った受注番号のリストを作り、その両方に登場する受注番号を数えます。以下のメジャーを追加します。

```
受注件数(商品_両方)
= VAR t_Order1 =
    CALCULATETABLE(
        VALUES('F_売上'[受注番号]),
        'F_売上'[商品ID] IN VALUES('G_商品_BS1'[商品ID_BS1]))
  VAR t_Order2 =
```

```
    CALCULATETABLE(
        VALUES('F_売上'[受注番号]),
        'F_売上'[商品ID] IN VALUES('G_商品_BS2'[商品ID_BS2]))
  VAR t_OrderBoth = INTERSECT(t_Order1, t_Order2)
RETURN CALCULATE([受注件数], t_OrderBoth)
```

CALCULATETABLE関数は第1引数にテーブルを取ることができるので、BS1、BS2の受注番号リストを作ります。こうして用意した2つのテーブルに共通した受注番号をINTERSECTで取得します。

「受注番号」という1つのバスケットにBS1、BS2の商品の組み合わせの両方が入っているケースを正しくカウントすることができました。

行ラベル	受注件数	受注件数（商品_BS1）	受注件数（商品_BS2）	受注件数（商品_両方）
⊟アイスクリーム				
アイスクリーム	2,234	199	199	199
ウィスキー	2,234	199	174	13
うどん	2,234	199	160	16

◎公式化段階：指標のメジャーの作成

データの準備が完了したので、これから公式に乗せていきます。ここまで来たらもう完成したも同然です。以下の指標を追加していきます。

```
支持度_BS1
= DIVIDE([受注件数(商品_BS1)], [受注件数])
支持度_BS2
= DIVIDE([受注件数(商品_BS2)], [受注件数])
支持度_両方
= DIVIDE([受注件数(商品_両方)], [受注件数])
確信度
= DIVIDE([支持度_両方], [支持度_BS1])
リフト値
= DIVIDE([支持度_両方], [支持度_BS1] * [支持度_BS2])
```

なお、「支持度」と「確信度」についてはメジャーの書式を「パーセンテージ」、小数点以下の値を1に、「リフト値」については書式を「10進数」、小数点以下の値を1に設定してください。

以下の結果になりました。

行ラベル	受注件数	受注件数（商品_BS1）	受注件数（商品_BS2）	受注件数（商品_両方）	支持度_BS1	支持度_BS2	支持度_両方	確信度	リフト値
⊟アイスクリーム									
アイスクリーム	2,234	199	199	199	8.9%	8.9%	8.9%	100.0%	11.2
ウィスキー	2,234	199	174	13	8.9%	7.8%	0.6%	6.5%	0.8
うどん	2,234	199	160	16	8.9%	7.2%	0.7%	8.0%	1.1
オレンジジュース	2,234	199	195	26	8.9%	8.7%	1.2%	13.1%	1.5

◎指標の確認

中身を確認しやすくするため、ピボットテーブルの設定を変えます。

- ピボットテーブルにカーソルを置く→［デザイン］タブ→［レポートのレイアウト］→［表形式で表示］を選択
- ［レポートのレイアウト］→［アイテムのラベルをすべて繰り返す］
- 「リフト値」の数字にカーソル→右クリック→［並べ替え］→［降順］

以下の表示になりました。ヘッダーの列幅と表示位置は見やすく調整しています。

商品名_BS1	商品名_BS2	受注件数	受注件数（商品_BS1）	受注件数（商品_BS2）	受注件数（商品_両方）	支持度_BS1	支持度_BS2	支持度_両方	確信度	リフト値
⊟**アイスクリーム**	アイスクリーム	2,234	199	199	199	8.9%	8.9%	8.9%	100.0%	11.2
アイスクリーム	オレンジジュース	2,234	199	195	26	8.9%	8.7%	1.2%	13.1%	1.5
アイスクリーム	ポーク	2,234	199	173	19	8.9%	7.7%	0.9%	9.5%	1.2
アイスクリーム	紙コップ	2,234	199	183	20	8.9%	8.2%	0.9%	10.1%	1.2

まず「アイスクリーム」→「アイスクリーム」の組み合わせですが、同じ商品なので当然のことながら確信度は100%になっています。

次に「アイスクリーム」→「オレンジジュース」の組み合わせですが、これはリフト値が1を超えているので、同時に購入される可能性が高い組み合わせです。ちなみに「オレンジジュース」→「アイスクリーム」のリフト値も同じ値になります。

⊟**オレンジジュース**	オレンジジュース	2,234	195	195	195	8.7%	8.7%	8.7%	100.0%	11.5
オレンジジュース	アイスクリーム	2,234	195	199	26	8.7%	8.9%	1.2%	13.3%	1.5

リフト値が1.5

ただし、リフト値が高いからといって常にその組み合わせに注目すべきかというと、必ずしもそうではありません。例えば、ある商品Aの販売実績が2件しかなく、そのうち1件がたまたま商品Bと同時に購入されたとすると、この2つの商品を「同時に購入される可能性が高い」と判断するにはまだ早い状況です。したがって、レコメンデーションの候補に挙げるのは早いでしょう。

以下の組み合わせはリフト値が1を下回り、かなり低いので同時に購入される可能性が低いと考えられます。「確信度」の値も低くなっています。

アイスクリーム	カップケーキ	2,234	199	196	9	8.9%	8.8%	0.4%	4.5%	0.5
アイスクリーム	お茶	2,234	199	186	8	8.9%	8.3%	0.4%	4.0%	0.5

リフト値が0.5

1
2
3
4
5

DAXクエリでバスケット分析の結果をまとめる

ピボットテーブルで表を作ると、リフト値での全体ソートができません。そこで、DAXクエリで同じ結果を表示してみましょう。ピボットテーブルで作った「すべての組み合わせ（直積）」を作るにはCROSSJOIN関数を使います。以下のDAXクエリを実行してください。

```
DEFINE
  VAR t_ProdCombinaion =
    CROSSJOIN(
        VALUES('G_商品_BS1'[商品名_BS1]),
        VALUES('G_商品_BS2'[商品名_BS2]))
  VAR t_BasketAnalysis =
    ADDCOLUMNS(
        t_ProdCombinaion,
        "@受注件数(商品_BS1)", [受注件数(商品_BS1)],
        "@受注件数(商品_BS2)", [受注件数(商品_BS2)],
        "@受注件数(商品_両方)", [受注件数(商品_両方)],
        "@支持度_BS1", [支持度_BS1],
        "@支持度_BS2", [支持度_BS2],
        "@支持度_両方", [支持度_両方],
        "@確信度", [確信度],
```

```
        "@リフト値", [リフト値])
    VAR t_Result =
      FILTER(t_BasketAnalysis,
          [@受注件数(商品_BS1)] <> [@受注件数(商品_BS2)] && [@
          リフト値] > 1)
  EVALUATE
      t_Result
  ORDER BY [@リフト値] DESC
```

リフト値が大きい順に商品の組み合わせを表示できました。

商品名_BS1	商品名_BS2	@受注件数（商品_BS1）	@受注件数（商品_BS2）	@受注件数（商品_両方）	@支持度_BS1	@支持度_BS2	@支持度_両方	@確信度	@リフト値
ペーパータオル	蕎麦	176	187	26	7.9%	8.4%	1.2%	14.8%	1.76
蕎麦	ペーパータオル	187	176	26	8.4%	7.9%	1.2%	13.9%	1.76
ウィスキー	コーンフレーク	174	175	21	7.8%	7.8%	0.9%	12.1%	1.54
コーンフレーク	ウィスキー	175	174	21	7.8%	7.8%	0.9%	12.0%	1.54
お茶	ビーフ	186	189	24	8.3%	8.5%	1.1%	12.9%	1.53

計算量が膨大でクエリが終わらない場合は、あらかじめ支持度の低い商品をFILTER関数で除外しておくことをお勧めします。以下は除外の一例でウィスキー、お茶、蕎麦を除外しています。

```
    VAR t_Prod_BS1 =
        FILTER(
            VALUES('G_商品_BS1'[商品名_BS1]),
            NOT('G_商品_BS1'[商品名_BS1] IN {"ウィスキー",
            "お茶", "蕎麦"}))
    VAR t_Prod_BS2 =
        FILTER(
            VALUES('G_商品_BS2'[商品名_BS2]),
            NOT('G_商品_BS2'[商品名_BS2] IN {"ウィスキー",
            "お茶", "蕎麦"}))
    VAR t_ProdCombinaion =
        CROSSJOIN(t_Prod_BS1, t_Prod_BS2)
```

相関分析

バスケット分析では「全体の中でAとBという商品が同時に入っているカゴの数」という発生件数をスコア化していました。それに対して、相関分析ではあらかじめ数値としてスコア化された2つの項目の関連性を求めます。例えば、「アンケートを取ったところ、Aという料理に高評価を付けた人はBという料理にも高評価を付ける傾向が高いか」を指標化できます。この指標を「相関係数」といいます。

この相関係数が「1」に近づくことを「正の相関」といい、その両者のうち一方の数値が高いともう一方の数値も高くなる傾向があることを意味します。それとは逆に「-1」に近づくことを「負の相関」といい、一方の数値が高いと逆にもう一方の数値が低くなることを意味しています。

今回使用するピアソンの相関係数は以下の式で求めます。

$$\frac{\sum_{i=1}^{n}(x_i-\overline{x})(y_i-\overline{y})}{\sqrt{\sum_{i=1}^{n}(x_i-\overline{x})^2}\sqrt{\sum_{i=1}^{n}(y_i-\overline{y})^2}}$$

$\overline{x}$、$\overline{y}$はそれぞれ全体の平均です。式は難しく見えますが、1つずつメジャーで検証していきましょう。

◎今回使用するデータ

今回のデータは、50名に複数の料理の評価をアンケートを取った回答です。5点が最高、1点が最低の評価で、この中で好みが共通する料理の組み合わせを見つけます。

回答者ID	性別	年齢層	カツ丼	天ぷら	カレー	マサラドーサ	ビリヤーニ
A001	男性	10-20	4	4	2	3	3
A002	男性	30-40	4	7	3	3	3
A003	男性	10-20	5	4	1	4	4
A004	女性	30-40	3	2	2	2	2
A005	女性	50-60	3	5	4	4	1

元データはT_食事アンケートという1つのテーブルですが、これを以下の3つ

のテーブルに分割します。

- G_回答者→回答者ID、性別、年齢層といった回答者の属性
- F_スコアX→回答者IDとそれぞれの料理の評価
- F_スコアY→F_スコアXのコピー

◎テーブル準備段階：回答者と2組のスコアテーブルを作る

まず、G_回答者テーブルを作ります。回答者用のテーブルはまとめテーブルとして使うので、回答の内容は持たず、プライマリ・キーの回答者IDと回答者の属性情報のみを残します。

- 「T_食事アンケート」→右クリック→［参照］を選択
- ［クエリの設定］→［名前］→「G_回答者」に変更
- ［列の選択］をクリック→「回答者ID」、「性別」、「年齢層」を選択
- ［閉じて読み込む］→［閉じて次に読み込む］→［接続の作成のみ］→「このデータをデータモデルに追加する」にチェック→［OK］をクリック

※なお、パワークエリの更新でExcelが固まる場合は、Excelを閉じて前節で作成したDAXクエリの結果のシートを削除してから再実行して下さい。

続いてF_スコアXとF_スコアYを作成します。この2つは数字テーブルなので、回答者の属性は持たずに、外部キー項目である回答者IDとそれぞれのアンケートのスコアを持ちます。ポイントは回答の内容を「ピボット解除」で縦に並べる点です。このようにデータを持つことで、後ほど各料理のスコアの組み合わせを作ることができます。

- 「T_食事アンケート」→右クリック→［参照］を選択
- ［クエリの設定］→［名前］→「F_スコアX」に変更
- 「性別」、「年齢層」列を選択→［列の削除］→［列の削除］を選択
- 「回答者ID」列を選択→［変換］タブ→［列のピボット解除］→［その他の列のピボット解除］を選択
- 列名をそれぞれ以下のように変更する
  属性→料理
  値→スコア
- ［閉じて読み込む］→［閉じて次に読み込む］→［接続の作成のみ］→「このデータをデータモデルに追加する」にチェック→［OK］をクリック

これで1つ目のテーブルが完成しました。もう1つのテーブルは「F_スコアX」を元に全く同じテーブルを用意します。

- 「F_スコアX」を右クリック→［複製］を選択
- ［クエリの設定］→［名前］→「F_スコアY」に変更
- ［閉じて読み込む］→［閉じて次に読み込む］→［接続の作成のみ］→「このデータをデータモデルに追加する」にチェック→［OK］をクリック

これでテーブルの準備ができました。

◎データをつなげる（リレーションシップの追加）

続いてリレーションシップを作成します。今回は、非アクティブなリレーションシップを元にUSERELATIONSHIP関数を使って、メジャーの中で動的にリレーションシップを切り替えます。

- ［データ］タブ→［リレーションシップ］アイコン→［新規作成］
- 以下の設定（F_スコアXとG_回答者）で［OK］をクリック

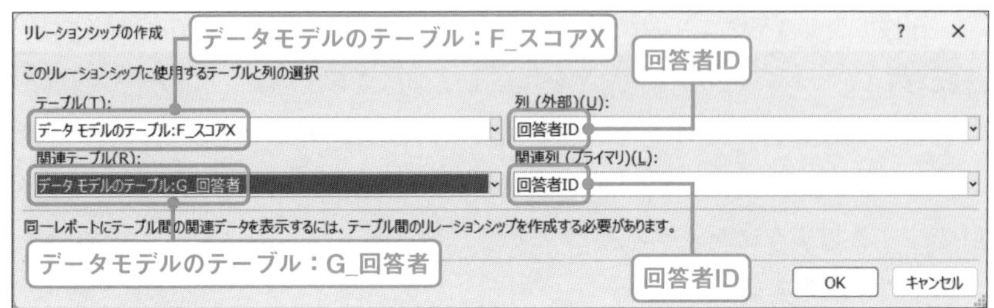

- 以下の設定（F_スコアYとG_回答者）で［OK］をクリック

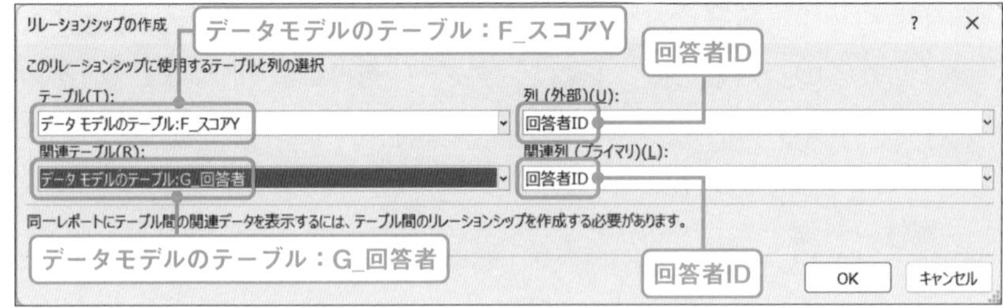

▶ それぞれのリレーションシップを選択→［非アクティブ化］をクリック→［OK］

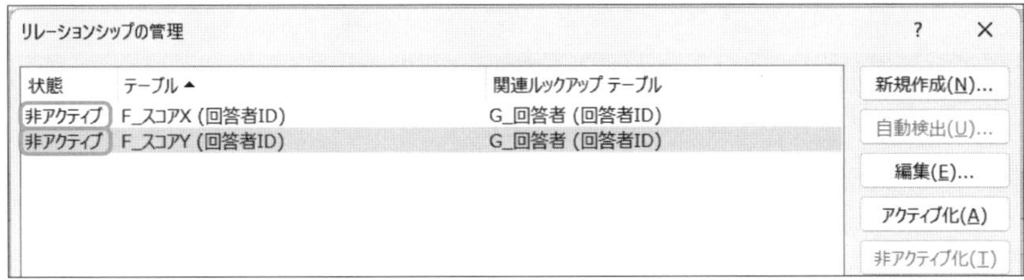

これでリレーションシップの準備ができました。

◎ピボットテーブルの準備

ピボットテーブルを作成し、メジャーを追加していきます。

まず「すべての組み合わせ」を作るため、以下のピボットテーブルを用意します。「総計」は不要なので非表示にしておきます。

▶ 行：F_スコアX[料理]、F_スコアY[料理]

▶ ［デザイン］タブ→［総計］→［行と列の集計を行わない］を選択

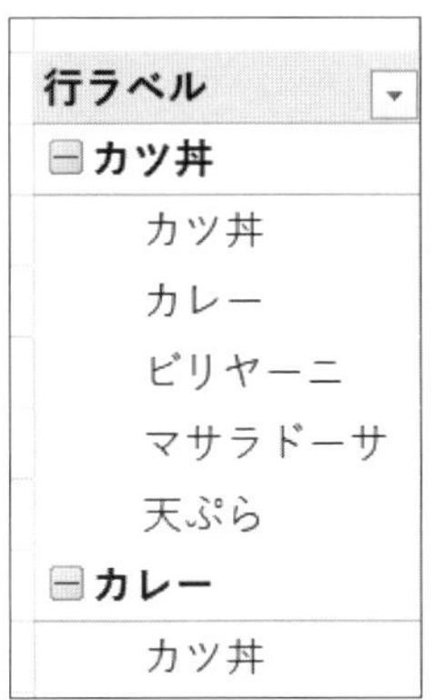

行ラベル
⊟カツ丼
カツ丼
カレー
ビリヤーニ
マサラドーサ
天ぷら
⊟カレー
カツ丼

◎データ準備段階：X値、Y値を求める

ここからメジャーを作成します。まずは「データ準備段階」として、それぞれの料理のスコアを取得します。メジャーを作るテーブルはどこでも構いませんが、今回は「F_スコアX」に作成します。以下のメジャーを追加します。

```
X値
= CALCULATE(
    MAXX('F_スコアX', 'F_スコアX'[スコア]),
    USERELATIONSHIP('G_回答者'[回答者ID],
        'F_スコアX'[回答者ID]))

Y値
= CALCULATE(
    MAXX('F_スコアY', 'F_スコアY'[スコア]),
    USERELATIONSHIP('G_回答者'[回答者ID],
        'F_スコアY'[回答者ID]))
```

この段階ではピボットテーブルのすべての値が「5」になっています。

行ラベル	X値	Y値
⊟カツ丼		
カツ丼	5	5
カレー	5	5
ビリヤーニ	5	5
マサラドーサ	5	5
天ぷら	5	5

これは今のピボットテーブルのそれぞれセルの中には同時に複数の回答者が存在しており、その中の最大値を表示しているためです。試しに「回答者」のスライサーを追加し、一人選んでみましょう。

▶ G_回答者[回答者ID]を右クリック→［スライサーとして追加］→スライサーで「A001」を選択

こうすると、回答者ごとの回答の組み合わせが表示されます。これから先のメジャーでは、「回答者」ごとにこの組み合わせで計算します。この段階ではそれぞれのセルの裏側で50人の回答者のデータが準備されていると考えてください。

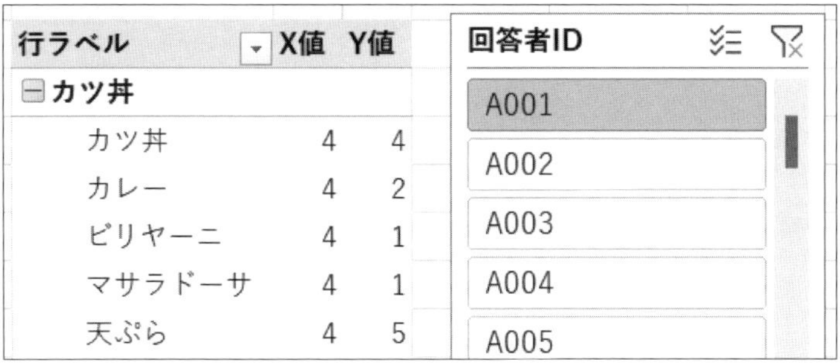

行ラベル	X値	Y値
⊟カツ丼		
カツ丼	4	4
カレー	4	2
ビリヤーニ	4	1
マサラドーサ	4	1
天ぷら	4	5

回答者ID
A001
A002
A003
A004
A005

◎公式化段階：相関係数を求める

ここから「公式化段階」として相関係数を求めるためのメジャーを追加していきます。数は多いですが、「回答者」ごとに計算した値をそれぞれ用意して、最終的に相関係数の式に代入する流れです。

```
X合計
= SUMX(VALUES('G_回答者'[回答者ID]), [X値])

Y合計
= SUMX(VALUES('G_回答者'[回答者ID]), [Y値])

X2乗合計
= SUMX(VALUES('G_回答者'[回答者ID]), POWER([X値], 2))

Y2乗合計
= SUMX(VALUES('G_回答者'[回答者ID]), POWER([Y値], 2))

XY合計
= SUMX(VALUES('G_回答者'[回答者ID]), [X値] * [Y値])

回答者数
= SUMX(VALUES('G_回答者'[回答者ID]), 1)
```

X分母

```
= ([回答者数] * [X2乗合計]) - POWER([X合計], 2)
```

Y分母

```
= ([回答者数] * [Y2乗合計]) - POWER([Y合計], 2)
```

分母

```
= SQRT([X分母] * [Y分母])
```

分子

```
= ([回答者数] * [XY合計]) - ([X合計] * [Y合計])
```

相関係数

```
= DIVIDE([分子], [分母])
```

メジャーの書式については相関係数の書式だけ、以下のように設定してください。

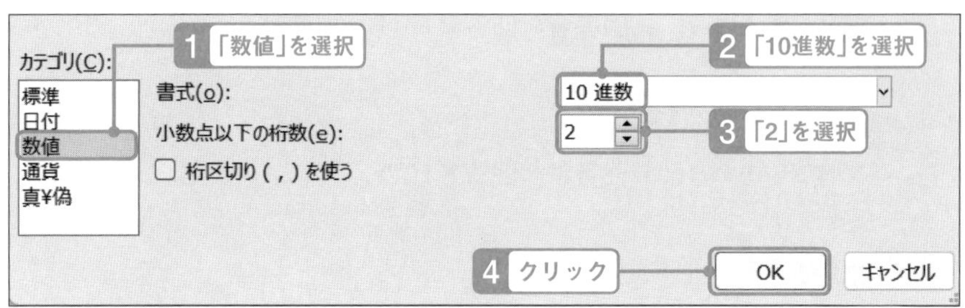

これで相関係数が算出できました。カツ丼×カツ丼のように同じ項目の組み合わせは相関係数が最大の「1」になっています。

行ラベル	X値	Y値	X合計	Y合計	X2乗合計	Y2乗合計	XY合計	回答者数	X分母	Y分母	分母	分子	相関係数
⊟カツ丼													
カツ丼	5	5	163	163	623	623	623	50	4581	4581	4581	4581	1.00
カレー	5	5	163	171	623	651	558	50	4581	3309	3893.395562	27	0.01
ビリヤーニ	5	5	163	177	623	697	581	50	4581	3521	4016.179901	199	0.05
マサラドーサ	5	5	163	178	623	710	587	50	4581	3816	4181.040062	336	0.08
天ぷら	5	5	163	167	623	649	573	50	4581	4561	4570.989061	1429	0.31

◎仕上げ：好みが共通するパターンを見つける

メジャーが完成したのでここから仕上げに移ります。

まず、ピボットテーブルを以下の設定にします。

▶「回答者ID」スライサー→削除

▶ピボットテーブルの設定

列：F_スコアX[料理]

行：F_スコアY[料理]

値：[fx相関係数]

相関係数	列ラベル				
行ラベル	カツ丼	カレー	ビリヤーニ	マサラドーサ	天ぷら
カツ丼	1.00	0.01	0.05	0.08	0.31
カレー	0.01	1.00	0.61	0.51	-0.43
ビリヤーニ	0.05	0.61	1.00	0.71	-0.66
マサラドーサ	0.08	0.51	0.71	1.00	-0.41
天ぷら	0.31	-0.43	-0.66	-0.41	1.00

同じ料理どうしのセルはすべて相関係数が「1」で表示する必要がないので非表示にします。[fx相関係数] を以下のように変更します。

```
相関係数
= VAR s_Correl = DIVIDE([分子], [分母])
  VAR s_ItemX
= IF(SUMX(VALUES('F_スコアX'[料理]),1) = 1,
    VALUES('F_スコアX'[料理]))
  VAR s_ItemY
= IF(SUMX(VALUES('F_スコアY'[料理]),1) = 1,
    VALUES('F_スコアY'[料理]))
RETURN
    IF(s_ItemX <> s_ItemY, s_Correl)
```

同じ料理どうしのセルが空白になりました。

相関係数	列ラベル ▾				
行ラベル ▾	カツ丼	カレー	ビリヤーニ	マサラドーサ	天ぷら
カツ丼		0.01	0.05	0.08	0.31
カレー	0.01		0.61	0.51	-0.43
ビリヤーニ	0.05	0.61		0.71	-0.66
マサラドーサ	0.08	0.51	0.71		-0.41
天ぷら	0.31	-0.43	-0.66	-0.41	

続いて相関の強さによって表示・非表示を切り替えます。これは独立テーブルを使います。

- ピボットテーブルを右クリック→フィールドリストを表示する
- 相関レベル[相関レベル]を右クリック→スライサーとして追加

［fx相関係数］を以下のように修正します。最後のSUMXの部分は、それぞれのセルの内容がスライサーで選択されたレベルに一致するときに表示する処理です。

```
相関係数
= VAR s_Correl = DIVIDE([分子], [分母])
  VAR s_ItemX
= IF(SUMX(VALUES('F_スコアX'[料理]),1) = 1, VALUES('F_スコアX'[料理]))
  VAR s_ItemY
= IF(SUMX(VALUES('F_スコアY'[料理]),1) = 1, VALUES('F_スコアY'[料理]))
RETURN
IF(s_ItemX <> s_ItemY,
    SUMX('T_相関レベル',
           IF('T_相関レベル'[開始] < s_Correl &&
           s_Correl <= 'T_相関レベル'[終了],
           s_Correl))
```

)

これで、相関レベルの強さによって結果を選択的に絞り込むことができるようになりました。

相関係数	列ラベル			
行ラベル	カレー	ビリヤーニ	マサラドーサ	天ぷら
カレー		0.61	0.51	-0.43
ビリヤーニ	0.61		0.71	-0.66
マサラドーサ	0.51	0.71		-0.41
天ぷら	-0.43	-0.66	-0.41	

相関レベル
1. 正の相関（強）
2. 正の相関（中）
3. 正の相関（弱）
4. 相関なし
5. 負の相関（弱）
6. 負の相関（中）
7. 負の相関（強）

その他、回答者の属性を追加すると、それぞれのカットでの相関係数を求めることができます。

相関係数	列ラベル			
行ラベル	カツ丼	カレー	ビリヤーニ	マサラドーサ
カツ丼		-0.17	-0.04	0.11
カレー	-0.17		0.61	0.37
ビリヤーニ	-0.04	0.61		0.71
マサラドーサ	0.11	0.37	0.71	
天ぷら	0.38	-0.33	-0.50	-0.33

相関レベル
1. 正の相関（強）
2. 正の相関（中）
3. 正の相関（弱）
4. 相関なし
5. 負の相関（弱）
6. 負の相関（中）
7. 負の相関（強）

年齢層
10-20
30-40
50-60
70-80

性別
女性
男性

なお、実務で使用するときは散布図と合わせて評価の分布を確認することをお勧めします。

［第5章］

時間軸分析パターン

応用編最後のシナリオは「時間軸分析」パターンです。

時間軸分析の本質は時間という「順番」を使ってデータのサブグループを用意する点にあります。普段何気なく口にしている「時間」ですが、システム上は順番を持った数字として扱われます。この順番の特徴をあらかじめカレンダーテーブルに定義しておくことで、「今のセル」を起点として過去または将来という別なサブグループを自由に取得することができます。結果として「前年同期比」や「当期累計」のような、ビジネス上で意味のある集計を可能にします。

なお、時間軸分析に大変便利な「タイムインテリジェンス関数」というものがあります。こちらも本章で紹介しますが、これらを正しく活用するためには時間軸分析についての正しい理解が前提です。目先の便利さにとらわれず本質を理解するように心がけてください。

アクセスキー　**0**（数字のゼロ）

1 時間軸分析とは

最初に、時間軸分析の基礎となる知識とテクニックを紹介します。これらを理解しておくことで様々な時間軸分析に対応できる応用力が身に付きます。

時間軸は「見える化」の公式を使って確認

時間軸分析のアプローチは、「今のセル」を起点として、一定期間ずらした日付、もしくは累計の日付のサブグループを準備することが基本です。

しかし、メジャーが返す値は常に「1つの値」なので、メジャーを一度作成するとその中身はブラックボックスになってしまいます。したがって、時間軸分析の前に指定した期間の「見える化」を行って、サブグループの期間を具体的に確認することが重要です。というわけで、最初に期間の「見える化」のテクニックを身に付けます。

まずは、ベースとなるピボットテーブルを用意します。

▶ 行：G_カレンダー[会計年度]、G_カレンダー[会計四半期]
：G_カレンダー[暦月]、G_カレンダー[日付]

次に、以下2つのメジャーを追加します。書式は「標準」のままで結構です。

```
期間表示
= VAR s_StartDate = MINX('G_カレンダー', 'G_カレンダー'[日付])
  VAR s_EndDate = MAXX('G_カレンダー', 'G_カレンダー'[日付])
  VAR s_DaysCnt = SUMX('G_カレンダー', 1)
RETURN
IF(s_DaysCnt > 0, s_StartDate & " - " & s_EndDate &
"(" & s_DaysCnt & ")")


期間表示_SPLY
```

```
= CALCULATE(
    [期間表示],
    SAMEPERIODLASTYEAR('G_カレンダー'[日付]))
```

SAMEPERIODLASTYEAR関数は、「今のセル」の前年に相当する日付を持ってくるタイムインテリジェンス関数です。以下の結果になりました。

行ラベル	期間表示	期間表示_SPLY
⊞2016	2016/04/01 - 2017/03/31 (365)	
⊞2017	2017/04/01 - 2018/03/31 (365)	2016/04/01 - 2017/03/31 (365)
⊞2018	2018/04/01 - 2019/03/31 (365)	2017/04/01 - 2018/03/31 (365)

このメジャーを使うと、それぞれの期間の内訳が開始日、終了日、日数として可視化されるので、サブグループの期間を具体的に確認できます。カレンダーを日付の階層までドリルダウンしても、1年前の期間が正しく表示されます。2016年については、前年のカレンダーはないため［fx期間表示_SPLY］はブランクになります。

行ラベル	期間表示	期間表示_SPLY
⊞2016	2016/04/01 - 2017/03/31 (365)	
⊟2017		
⊞Q1	2017/04/01 - 2017/06/30 (91)	2016/04/01 - 2016/06/30 (91)
⊟Q2		
⊞7	2017/07/01 - 2017/07/31 (31)	2016/07/01 - 2016/07/31 (31)
⊟8		
2017/8/1	2017/08/01 - 2017/08/01 (1)	2016/08/01 - 2016/08/01 (1)
2017/8/2	2017/08/02 - 2017/08/02 (1)	2016/08/02 - 2016/08/02 (1)

期間の確認をしたら、CALCULATE関数の第1引数の[期間表示]を[売上合計]などのメジャーに差し替えるだけで目的の集計ができます。

```
売上合計_SPLY
= CALCULATE(
    [売上合計],
    SAMEPERIODLASTYEAR('G_カレンダー'[日付]))
```

このように時間軸分析の第1歩は目的のサブグループの「見える化」です。

カレンダー初期設定の変更

パワーピボットのカレンダーにはとてもおせっかいな機能があります。初期設定のままピボットテーブルで日付型のデータを設定すると、自動的に年・四半期・月の列が作られてしまいます。以下の例はG_カレンダー[日付]をピボットテーブルに追加したケースですが、勝手に年・四半期・月の階層が追加されています。

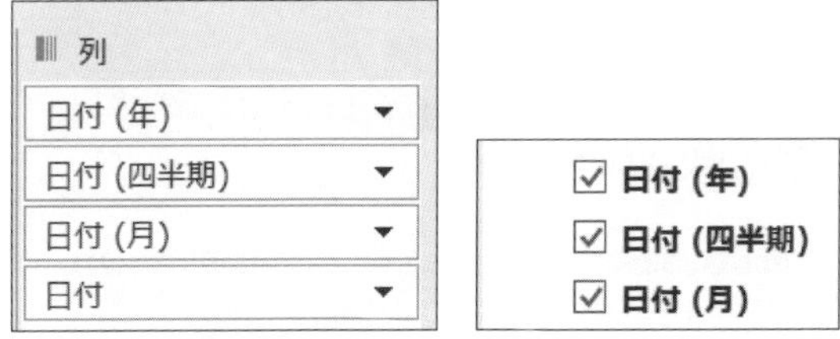

使用しない項目が勝手に追加されてしまうのはとても紛らわしいので、オプション設定で「日付／時刻列の自動グループ化」を無効にしておきます。

- ［ファイル］ダブ→［その他］→［オプション］を選択
- ［データ］→「ピボットテーブルで日付／時刻列の自動グループ化を無効にする」にチェック

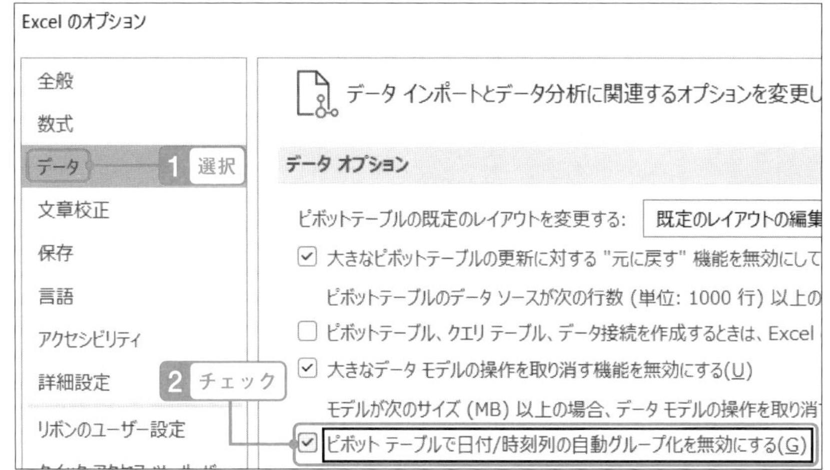

2つの時間軸（連続型時間軸と循環型時間軸）

時間軸分析には「連続型時間軸」と「循環型時間軸」の2つの見方があります。この違いをデータソースの「カレンダー」シートを見ながら確認してみます。「日付」列を見ると、1日ずつ増加するユニークな日付が表示されています。

	A	B	C	D	E	F	G	H
1	日付	暦年	会計年度	暦四半期	会計四半期	暦月	暦四半期N	会計四半期N
2	2016/4/1	2016	2016	Q2	Q1	4	2	1
3	2016/4/2	2016	2016	Q2	Q1	4	2	1
4	2016/4/3	2016	2016	Q2	Q1	4	2	1

ここで「日付」の数式を表示してみます。

▶［数式］タブ→［数式の表示］をクリック

すると、それぞれの日付は「1」ずつ増加する整数の連番になりました。

	A	B	C
1	日付	暦年	会計年度
2	42461	2016	2016
3	42462	2016	2016
4	42463	2016	2016

暦年をまたぐときも、数字を飛ばすことなく「1」ずつ増加しています。

	A	B	C
1	日付	暦年	会計年度
276	42735	2016	2016
277	42736	2017	2017

つまり、日付型データの実体は連続した順番です。この連番は「1900/1/1」を1として始まり、それぞれの日付がユニークで循環することはありません。したがって、日付そのものは「連続型時間軸」ということができます。

ここまで確認できたら［数式の表示］を解除して表示を元に戻します。

▶［数式］タブ→［数式の表示］をクリック

次に「暦年」を見ましょう。ご存知の通り1年は365日あり、この1年の中に12の月があります。月は1から始まって12まで毎年同じ値が繰り返されます。これは太陽を中心として地球が1年周期で公転を繰り返しているためです。このように考えると時間は循環しているといえます。この見方を「循環型時間軸」といいます。

「連続型時間軸」と「循環型時間軸」のそれぞれの分析の特徴をまとめると以下のようになります。

【連続型時間軸】

・繰り返しの存在しない連続

過去15日間、過去2四半期、過去3年間など、連続的視点

分析は対前期比、移動累計・移動平均などが代表

【循環型時間軸】

・一定周期で繰り返しが存在する

季節的、会計的視点

分析は対前年同期比・当年累計・予算目標達成などが代表

時間軸分析のメジャーを作成するときは、今、作ろうとしている式がこのどちらに分類されるのかを考えると、式の設計をイメージしやすくなります。

2 タイムインテリジェンス関数

DAXには「タイムインテリジェンス関数」と呼ばれる関数群があります。これらの関数を使うと、カレンダーテーブルと連携して様々な期間を自動で取得できます。タイムインテリジェンス関数は組織固有のカレンダーには対応できませんが、暦に従った分析ならDAXの初心者でも使いこなすことができます。

「日付テーブル」と「タイムインテリジェンス関数」

タイムインテリジェンス関数を使うための前提として「日付テーブル」という設定があります。最初にこちらについて説明します。

先ほど使用したSAMEPERIODLASTYEAR関数は、タイムインテリジェンス関数の1つで、カレンダーテーブルの「日付」型の列を引数に取り、目的の期間の日付リストを返します。

以下の画面の例でいうと、2017年の［fx期間表示_SPLY］の中には「2016/04/01」から始まり「2017/03/31」で終わる365日のG_カレンダー[日付]が入っています。それをCALCULATE関数に渡すことで日付列の上書きフィルターとして目的の期間の日付を取得できます。

行ラベル	期間表示	期間表示_SPLY
⊞2016	2016/04/01 - 2017/03/31 (365)	
⊞2017	2017/04/01 - 2018/03/31 (365)	2016/04/01 - 2017/03/31 (365)

しかし、ここで今までに学んだ知識を思い出してみましょう。確かに、関数で取得した日付をCALCULATE関数で上書きしました。しかし、行には「G_カレンダー[会計年度]=2017」という自動フィルターがあるはずです。したがって、「日付」は前年の期間なのに「会計年度」は今年というあり得ない期間になり、結果として対象年度データはブランクになるはずではないでしょうか？

実は、**日付型のデータどうしでリレーションシップを作成すると、見えないところでカレンダー側のテーブルが自動的に「日付テーブル」として設定されます。同時にリレーションシップが設定された列は「日付列」として設定されます。「日付列」に設定された列に手動フィルターが追加されると、見えないところで自動的に「ALL(日付テーブル)」というフィルターが設定されます。**その結果、タイムインテリジェンス関数が返した日付範囲をそのまま適用したサブグループを作ることができます。

このことを確認するため、G_カレンダーYYYYMMDDと比較します。このテーブルはG_カレンダーとよく似ていますが、「日付」の他に「日付YYYYMMDD」という整数型の列を持っています。

そして、日付型の列ではなく整数型の「日付YYYYMMDD」で、F_売上とリレーションシップを持っています。

このテーブルを使って先ほどと同じ構成のピボットテーブル、メジャーを作成します。

- 列：G_カレンダーYYYYMMDD[会計年度]、G_カレンダーYYYYMMDD[会計四半期]

期間表示_YYYYMMDD

```
= VAR s_StDate = MINX('G_カレンダーYYYYMMDD',
     'G_カレンダーYYYYMMDD'[日付])
  VAR s_EdDate = MAXX('G_カレンダーYYYYMMDD',
     'G_カレンダーYYYYMMDD'[日付])
  VAR s_DaysCnt = SUMX('G_カレンダーYYYYMMDD', 1)
RETURN
IF(s_DaysCnt > 0, s_StDate & " - " & s_EdDate &
"(" & s_DaysCnt & ")")
```

```
期間表示_SPLY_YYYYMMDD
= CALCULATE(
     [期間表示_YYYYMMDD],
     SAMEPERIODLASTYEAR('G_カレンダーYYYYMMDD'[日付]))
```

以下のように、こちらのメジャーはブランクになりました。この結果は通常のフィルターが動作することが前提の結果と一致しています。

行ラベル	期間表示_YYYYMMDD	期間表示_SPLY_YYYYMMDD
⊞2016	**2016/04/01 - 2017/03/31 (365)**	
⊞2017	**2017/04/01 - 2018/03/31 (365)**	
⊟2018		
Q1	2018/04/01 - 2018/06/30 (91)	
Q2	2018/07/01 - 2018/09/30 (92)	
Q3	2018/10/01 - 2018/12/31 (92)	
Q4	2019/01/01 - 2019/03/31 (90)	

それでは次にALL関数を追加してみましょう。[期間表示_SPLY_YYYYMMDD]メジャーを以下のように変更します。

```
期間表示_SPLY_YYYYMMDD
= CALCULATE(
     [期間表示_YYYYMMDD],
     SAMEPERIODLASTYEAR('G_カレンダーYYYYMMDD'[日付]),
```

```
ALL('G_カレンダーYYYYMMDD'))
```

今度は目的の期間を取得できました。

行ラベル	期間表示_YYYYMMDD	期間表示_SPLY_YYYYMMDD
⊞2016	2016/04/01 - 2017/03/31 (365)	
⊞2017	2017/04/01 - 2018/03/31 (365)	2016/04/01 - 2017/03/31 (365)
⊟2018		
Q1	2018/04/01 - 2018/06/30 (91)	2017/04/01 - 2017/06/30 (91)
Q2	2018/07/01 - 2018/09/30 (92)	2017/07/01 - 2017/09/30 (92)
Q3	2018/10/01 - 2018/12/31 (92)	2017/10/01 - 2017/12/31 (92)
Q4	2019/01/01 - 2019/03/31 (90)	2018/01/01 - 2018/03/31 (90)

このようにカレンダーテーブルが「日付テーブル」として設定されているかどうかにより、暗黙のうちに動作が変わります。なお、タイムインテリジェンス関数を使わなくても**日付テーブルの日付列に手動フィルターがかかるとALL関数が追加されます**。以下のメジャーで直接日付を指定してみましょう。

```
期間表示_直接指定
= CALCULATE(
    [期間表示],
    'G_カレンダー'[日付] = DATE(2017, 6, 10))

期間表示_YYYYMMDD_直接指定
= CALCULATE(
    [期間表示_YYYYMMDD],
    'G_カレンダーYYYYMMDD'[日付] = DATE(2017, 6, 10))
```

日付型データでリレーションシップがある方では会計年度にかかわらず、常に2017/06/10の日付を表示します。

行ラベル	期間表示	期間表示_SPLY	期間表示_直接指定
⊞2016	2016/04/01 - 2017/03/31 (365)		2017/06/10 - 2017/06/10 (1)
⊞2017	2017/04/01 - 2018/03/31 (365)	2016/04/01 - 2017/03/31 (365)	2017/06/10 - 2017/06/10 (1)
⊞2018	2018/04/01 - 2019/03/31 (365)	2017/04/01 - 2018/03/31 (365)	2017/06/10 - 2017/06/10 (1)

それに対して、YYYYMMDDのカレンダーの方では、2017年にしか日付が表示されません。会計年度のフィルターが解除されていないためです。

行ラベル	期間表示_YYYYMMDD	期間表示_SPLY_YYYYMMDD	期間表示_YYYYMMDD_直接指定
⊞2016	2016/04/01 - 2017/03/31 (365)		
⊞2017	2017/04/01 - 2018/03/31 (365)	2016/04/01 - 2017/03/31 (365)	2017/06/10 - 2017/06/10 (1)
⊞2018	2018/04/01 - 2019/03/31 (365)	2017/04/01 - 2018/03/31 (365)	

では、日付型データでリレーションシップがある条件で「日付列」以外の列で手動フィルターを追加するとどうなるでしょう？

```
期間表示_直接指定
= CALCULATE(
      [期間表示],
      'G_カレンダー'[暦年] = 2017)
```

この場合、ALLは追加されません。日付列のみがALL追加の条件になります。

行ラベル	期間表示	期間表示_SPLY	期間表示_直接指定
⊞2016	2016/04/01 - 2017/03/31 (365)		2017/01/01 - 2017/03/31 (90)
⊞2017	2017/04/01 - 2018/03/31 (365)	2016/04/01 - 2017/03/31 (365)	2017/04/01 - 2017/12/31 (275)
⊞2018	2018/04/01 - 2019/03/31 (365)	2017/04/01 - 2018/03/31 (365)	

◎「日付テーブル」を作る条件

カレンダーテーブルが日付テーブルになるためには以下の条件を満たす必要があります。

・データ型date（またはdate/time）の日付列を持つ
・日付列には一意の値が含まれている
・日付列は年間全体にわたっている必要がある。1年は必ずしも暦年（1月から12月）とは限らない
・日付列に欠落している日付がない

その他、「日付テーブルには日付テーブルとしてマークされている必要がある」という条件もありますが、これは今まで見てきたように日付列でリレーションシッ

プを作成すると自動設定されます。

これらの条件はテーブル作成時のみならず、ピボットテーブル使用中でも条件によってはエラーを引き起こすことがあります。例えば、「期間表示_SPLY」で1年のうち特定の月だけのデータとしてフィルターをかけてみるとエラーが発生します。

▶「暦月」を「フィルター」に追加→フィルターから1つの月を選択→［OK］をクリック

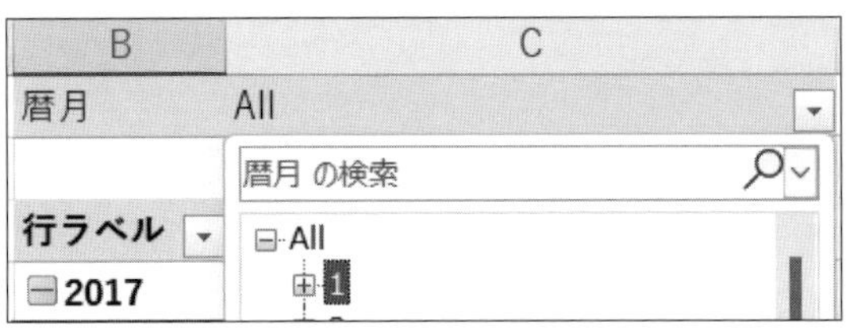

これは、フィルター処理によって「日付列に欠落している日付がない」という条件に引っかかったためです。タイムインテリジェンス関数を使用するときには、このような制約事項もあります。

2種類のタイムインテリジェンス関数

タイムインテリジェンス関数は戻り値の種類で以下の2つに分類されます。

・日付のみを返す
　日付のテーブルを戻り値として返します。CALCULATE関数と組み合わせて使います。
　DATESYTD、SAMEPERIODLASTYEAR、DATESBETWEENなど

・集計結果を直接返す

CALCULATE関数を必要とせずに直接集計結果を「1つの値」として返します。

TOTALYTD、CLOSINGBALANCEQUARTERなど

このように2種類の関数がありますが、日付のみを返す関数を覚えておけばすべて対応ができます。

タイムインテリジェンス関数の働きを「見える化」する

ここからタイムインテリジェンス関数の紹介に移ります。それぞれの関数がどの日付を返すのかを視覚的に「見える化」しますが、以後の例では以下の式のSAMEPERIODLASTYEARの部分をそれぞれの関数に置き換えてください。

```
期間表示_SPLY
= CALCULATE([期間表示],
    SAMEPERIODLASTYEAR('G_カレンダー'[日付]))
```

事前準備として以下のピボットテーブルを用意しておきます。

▶ 行：G_カレンダー[会計年度]、G_カレンダー[会計四半期]、
：G_カレンダー[暦月]、[日付]

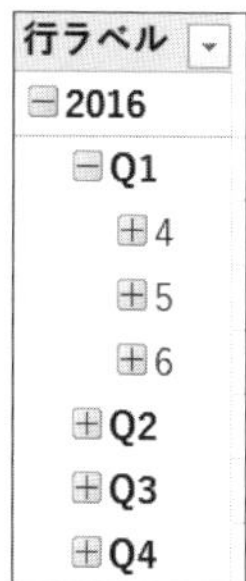

指定された期間の「最初の日・最後の日」を返す関数

指定された期間の「最初の日・最後の日」を返すタイムインテリジェンス関数です。「式名」はサンプルのメジャー名の末尾のことです。

関数名	戻り値	範囲	式名末尾
STARTOFMONTH	暦月の最初の1日	1日	SOM
STARTOFQUARTER	暦四半期の最初の1日	1日	SOQ
STARTOFYEAR	暦年（または年度）の最初の1日	1日	SOY
ENDOFMONTH	暦月の最後の1日	1日	EOM
ENDOFQUARTER	暦四半期の最後の1日	1日	EOQ
ENDOFYEAR	暦年（または年度）の最後の1日	1日	EOY

START系の関数の結果は以下のようになります。

行ラベル	期間表示_SOM	期間表示_SOQ	期間表示_SOY	期間表示_SOY_331
⊟2016				
⊟Q1				
⊞4	2016/04/01 - 2016/04/01 (1)	2016/04/01 - 2016/04/01 (1)	2016/04/01 - 2016/04/01 (1)	2016/04/01 - 2016/04/01 (1)
⊞5	2016/05/01 - 2016/05/01 (1)	2016/04/01 - 2016/04/01 (1)	2016/04/01 - 2016/04/01 (1)	2016/04/01 - 2016/04/01 (1)
⊞6	2016/06/01 - 2016/06/01 (1)	2016/04/01 - 2016/04/01 (1)	2016/04/01 - 2016/04/01 (1)	2016/04/01 - 2016/04/01 (1)
⊞Q2	**2016/07/01 - 2016/07/01 (1)**	**2016/07/01 - 2016/07/01 (1)**	**2016/04/01 - 2016/04/01 (1)**	**2016/04/01 - 2016/04/01 (1)**
⊞Q3	**2016/10/01 - 2016/10/01 (1)**	**2016/10/01 - 2016/10/01 (1)**	**2016/04/01 - 2016/04/01 (1)**	**2016/04/01 - 2016/04/01 (1)**
⊞Q4	**2017/01/01 - 2017/01/01 (1)**	**2017/01/01 - 2017/01/01 (1)**	**2017/01/01 - 2017/01/01 (1)**	**2016/04/01 - 2016/04/01 (1)**
⊞2017	**2017/04/01 - 2017/04/01 (1)**	**2017/04/01 - 2017/04/01 (1)**	**2017/01/01 - 2017/01/01 (1)**	**2017/04/01 - 2017/04/01 (1)**

それぞれの関数は**1日の日付のみ**を返します。

末尾に「YEAR」の付く関数は年度の最終日を指定することで、その翌日を1年の開始日にすることができます。以下の式では年の開始日が4/1になります。

```
期間表示_SOY_331
= CALCULATE([期間表示],
    STARTOFYEAR('G_カレンダー'[日付], "3/31"))
```

END系の関数の方は、終了日を返します。

◎集計結果を直接返す関数

続いて「開始日・終了日」の集計結果を返す式です。

関数名	戻り値	範囲	式名末尾
OPENINGBALANCEMONTH	直前の月最終日の式の結果	1日	OBM
CLOSINGBALANCEMONTH	月の最終日の式の結果	1日	CBM
OPENINGBALANCEQUARTER	直前の四半期最終日の式の結果	1日	OBQ
CLOSINGBALANCEQUARTER	四半期の最終日の式の結果	1日	CBQ
OPENINGBALANCEYEAR	直前の暦年（または年度）の最終日の式の結果	1日	OBY
CLOSINGBALANCEYEAR	暦年（または年度）の最終日の式の結果	1日	CBY

これらの式は第1引数にメジャーまたは式を、第2引数に日付テーブルの日付列を取り、該当する期間の集計結果を返します。以下の式はSTARTOFMONTH関数と同じ日付の［fx売上合計］を返します。

```
売上合計_OBM
= OPENINGBALANCEMONTH([売上合計], 'G_カレンダー'[日付])
```

OPENINGBALANCEMONTHとCLOSINGBALANCEMONTHの結果を見てみましょう。確認のため［fx売上合計］もピボットテーブルに追加します。

行ラベル	売上合計	売上合計_OBM	売上合計_CBM
⊟2016			
⊟Q1			
⊞4	11,332,140		643,100
⊞5	6,806,995	643,100	1,349,445
⊞6	9,176,960	1,349,445	
⊞Q2	49,750,995		1,059,675
⊞Q3	62,247,000	1,059,675	586,800
⊞Q4	75,732,900	586,800	806,100
⊞2017	381,830,510	806,100	335,010

時間軸分析パターン 1 2 3 4 5 第3部［5つのパターン］

2016/4/30と2016/5/1の値を確認します。4/30の［fx売上合計］には「643,100」の実績があり、これが月末の実績として4月中の［fx売上合計_CBM］の値に使用されています。それに対して、翌5月では2016/4/30の値が［fx売上合計_OBM］の値として使用されています。

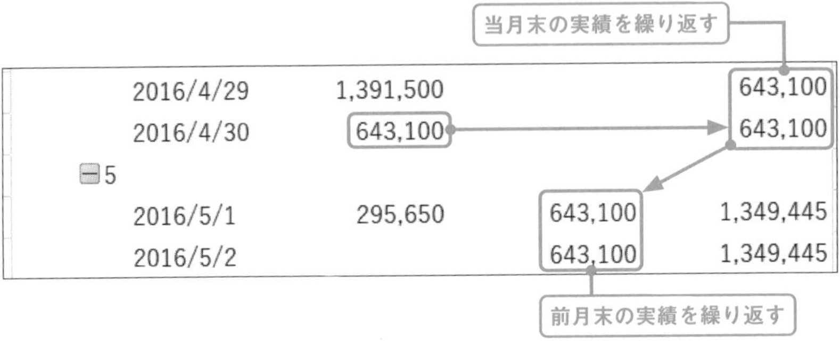

CLOSINGBALANCEMONTHは当月末の実績を、OPENINGBALANCEMONTHは前月末の実績を月にわたって表示します。この動作はその他の四半期、年度用の関数でも同様です。

なお、期間の最終日に［fx売上合計］の実績が存在しなかった場合は、月にわたってブランク表示になります。

行ラベル	売上合計	売上合計_OBM	売上合計_CBM
2016			
Q1			
4	11,332,140		643,100
5	6,806,995	643,100	1,349,445
6			
2016/6/1	182,160	1,349,445	
2016/6/29	389,700	1,349,445	
2016/6/30		1,349,445	
Q2			
7			
2016/7/1	376,380		517,680

ブランク表示

6月末日に実績がない

ブランク表示

◎実績のある最初・最後の日付を取得する

最終日が実績を持たない場合、代わりに実績のある最後の日付を持ってくるにはLASTNONBLANKという関数を使います。以下のメジャーを追加してください。

```
期間表示_LNB
= CALCULATE(
    [期間表示],
    LASTNONBLANK('G_カレンダー'[日付], [売上合計]))
```

結果を見ると、［fx売上合計］の値が入っている日付をそれぞれ表示しており、6月で最後の売上が入っている2016/6/29まで続いています。

行ラベル	売上合計	売上合計_OBM	売上合計_CBM	期間表示_LNB
2016				
2016/6/27	1,452,920	1,349,445		2016/06/27 - 2016/06/27 (1)
2016/6/28	708,730	1,349,445		2016/06/28 - 2016/06/28 (1)
2016/6/29	389,700	1,349,445		2016/06/29 - 2016/06/29 (1)
2016/6/30		1,349,445		

以下の式を追加して実績のある最終日の［fx売上合計］を表示します。

```
売上合計_LNB
= CALCULATE(
    [売上合計],
    LASTNONBLANK('G_カレンダー'[日付], [売上合計]))
```

ピボットテーブルを「還暦」のレベルまでドリルアップすると、2016/6/29の売上合計が表示されます。

行ラベル	売上合計	売上合計_OBM	売上合計_CBM	期間表示_LNB	売上合計_LNB
2016					
Q1					
4	11,332,140		643,100	2016/04/30 - 2016/04/30 (1)	643,100
5	6,806,995	643,100	1,349,445	2016/05/31 - 2016/05/31 (1)	1,349,445
6	9,176,960	1,349,445		2016/06/29 - 2016/06/29 (1)	389,700

なお、STARTOF……やOPENING……系の関数は固定した月・四半期・年といった期間に対して働くのに対し、このLASTNONBLANKは現在表示されている階層レベルに合わせて実績のある最終日を取得します。

行ラベル	売上合計	売上合計_OBM	売上合計_CBM	期間表示_LNB	売上合計_LNB
⊟2016					
⊞Q1	27,316,095			2016/06/29 - 2016/06/29 (1)	389,700
⊞Q2	49,750,995		1,059,675	2016/09/30 - 2016/09/30 (1)	1,059,675
⊞Q3	62,247,000	1,059,675	586,800	2016/12/31 - 2016/12/31 (1)	586,800
⊞Q4	75,732,900	586,800	806,100	2017/03/31 - 2017/03/31 (1)	806,100
⊞2017	381,830,510	806,100	335,010	2018/03/31 - 2018/03/31 (1)	335,010
⊞2018	390,285,950	335,010	114,930	2019/03/31 - 2019/03/31 (1)	114,930

同様の働きを持った関数には以下のものがあります。

関数名	戻り値	範囲	式名
FIRSTDATE	その期間の最初の日	1日	FD
FIRSTNONBLANK	実績のあるその期間の最初の日	1日	FNB
LASTDATE	その期間の最後の日	1日	LD
LASTNONBLANK	実績のあるその期間の最後の日	1日	LNB

FIRSTDATE/LASTDATEは日付だけを引数に取り、実績のあるなしにかかわりなく最初の日付を返します。それに対してFIRSTNONBLANK/LASTNONBLANKは、日付の他に式を引数に取り、式がブランクでない最初/最後の日付を返します。

期間をシフトする関数

「今のセル」から一定期間ずらす=シフトする関数です。

◎連続型時間軸で前／後にシフトする関数

連続型時間軸として期間をシフトする関数を紹介します。これらの関数は「今のセル」を起点として前または次の1つの期間だけ移動した日付を返します。

関数名	戻り値	範囲	式名
PREVIOUSDAY	前の日	1日	PD
PREVIOUSMONTH	前の月	期間	PM
PREVIOUSQUARTER	前の四半期	期間	PQ
PREVIOUSYEAR	前の暦年（または年度）	期間	PY
NEXTDAY	次の日	1日	ND
NEXTMONTH	次の月	期間	NM
NEXTQUARTER	次の四半期	期間	NQ
NEXTYEAR	次の暦年（または年度）	期間	NY

PREVIOUS系の結果を確認します。

行ラベル	期間表示_PD	期間表示_PM	期間表示_PQ	期間表示_PY
⊟2017				
⊟Q1				
⊞4	2017/03/31 - 2017/03/31 (1)	2017/03/01 - 2017/03/31 (31)	2017/01/01 - 2017/03/31 (90)	2016/04/01 - 2016/12/31 (275)
⊞5	2017/04/30 - 2017/04/30 (1)	2017/04/01 - 2017/04/30 (30)	2017/01/01 - 2017/03/31 (90)	2016/04/01 - 2016/12/31 (275)
⊞6	2017/05/31 - 2017/05/31 (1)	2017/05/01 - 2017/05/31 (31)	2017/01/01 - 2017/03/31 (90)	2016/04/01 - 2016/12/31 (275)
⊞Q2	**2017/06/30 - 2017/06/30 (1)**	**2017/06/01 - 2017/06/30 (30)**	**2017/04/01 - 2017/06/30 (91)**	**2016/04/01 - 2016/12/31 (275)**
⊞Q3	**2017/09/30 - 2017/09/30 (1)**	**2017/09/01 - 2017/09/30 (30)**	**2017/07/01 - 2017/09/30 (92)**	**2016/04/01 - 2016/12/31 (275)**
⊞Q4	**2017/12/31 - 2017/12/31 (1)**	**2017/12/01 - 2017/12/31 (31)**	**2017/10/01 - 2017/12/31 (92)**	**2017/01/01 - 2017/12/31 (365)**
⊞2018	**2018/03/31 - 2018/03/31 (1)**	**2018/03/01 - 2018/03/31 (31)**	**2018/01/01 - 2018/03/31 (90)**	**2017/01/01 - 2017/12/31 (365)**

それぞれ関数名の期間の結果を返しています。これらの関数の特徴は、DAYなら前日1日だけを、MONTHなら前月全体を、QUARTERなら前四半期全体を、YEARなら前年全体の期間を返すという点です。

例えば、「今のセル」の階層が月や日であろうと、PREVIOUSYEAR関数は前の年全体の365日を等しく返します。したがって「今のセル」の階層とこの関数が返す粒度が対称ではないこともあります。用途としては、前の年全体の平均と「今のセル」を比較したい場合に有効です。

◎循環型時間軸でシフトする関数

循環型時間軸でシフトする関数は、すでに紹介したSAMEPERIODLASTYEAR関数です。この関数の便利なところは、年、四半期、月、日といった「今のセル」の粒度に合わせて前年の対応期間を返す点です。そのため、「前年同期比」などの指標を集計する上で絶大な効果を発揮します。

関数名	戻り値	範囲	式名
SAMEPERIODLASTYEAR	前の年の同じ時期の期間	期間	SPLY

「前／後にシフトする関数」のメジャーも追加して結果を比較します。

階層に応じて期間が変化

期間が一定

行ラベル	期間表示_SPLY	期間表示_PM	期間表示_PQ	期間表示_PY_0331
⊟2017				
⊟Q1				
⊞4	2016/04/01 - 2016/04/30 (30)	2017/03/01 - 2017/03/31 (31)	2017/01/01 - 2017/03/31 (90)	2016/04/01 - 2017/03/31 (365)
⊞5	2016/05/01 - 2016/05/31 (31)	2017/04/01 - 2017/04/30 (30)	2017/01/01 - 2017/03/31 (90)	2016/04/01 - 2017/03/31 (365)
⊞6	2016/06/01 - 2016/06/30 (30)	2017/05/01 - 2017/05/31 (31)	2017/01/01 - 2017/03/31 (90)	2016/04/01 - 2017/03/31 (365)
⊞Q2	2016/07/01 - 2016/09/30 (92)	2017/06/01 - 2017/06/30 (30)	2017/04/01 - 2017/06/30 (91)	2016/04/01 - 2017/03/31 (365)
⊞Q3	2016/10/01 - 2016/12/31 (92)	2017/09/01 - 2017/09/30 (30)	2017/07/01 - 2017/09/30 (92)	2016/04/01 - 2017/03/31 (365)
⊞Q4	2017/01/01 - 2017/03/31 (90)	2017/12/01 - 2017/12/31 (31)	2017/10/01 - 2017/12/31 (92)	2016/04/01 - 2017/03/31 (365)
⊞2018	2017/04/01 - 2018/03/31 (365)	2018/03/01 - 2018/03/31 (31)	2018/01/01 - 2018/03/31 (90)	2017/04/01 - 2018/03/31 (365)

［fx期間表示_SPLY］の方は、「今のセル」の階層の粒度に従って期間が変化していますが、PREVIOUS系の方は関数に応じた期間を一定して返しています。

◎連続型時間軸で期間を指定してシフトする関数

連続型時間軸で期間を指定してシフトする関数があります。

関数名	戻り値	範囲	式名
DATEADD	「今のセル」から指定してスライドした期間	期間	DA
PARALLELPERIOD	「今のセル」から指定してスライドした期間全体	期間	PP

例えば、以下のようにDATEADD関数を使うと、「今のセル」から1四半期、将来にシフトした期間を取得できます。

```
期間表示_DA
= CALCULATE(
    [期間表示],
    DATEADD('G_カレンダー'[日付] , 1, QUARTER))
```

第3引数でDAY、MONTH、QUARTER、YEARといった期間タイプを、第

2引数にシフトする期間を指定します。第2引数の負の数字を指定すれば過去に移動します。この関数は、SAMEPERIODLASTYEAR関数のように、「今のセル」の粒度に応じた期間を取得します。

一方、PARALLELPERIOD関数は「今のセル」の粒度が第3引数の粒度以下のときは、関数で指定した期間タイプの粒度を取得し、それ以上である場合は「今のセル」と同じ粒度の期間を返します。DATEADD関数とNEXTQUARTER関数のメジャーと併せて比較します。

```
期間表示_PP
= CALCULATE(
    [期間表示],
    PARALLELPERIOD('G_カレンダー'[日付] , 1, QUARTER))
```

行ラベル	期間表示_DA	期間表示_PP	期間表示_NQ
⊟2016			
⊟Q1			
⊞4	2016/07/01 - 2016/07/31 (31)	2016/07/01 - 2016/09/30 (92)	2016/07/01 - 2016/09/30 (92)
⊞5	2016/08/01 - 2016/08/31 (31)	2016/07/01 - 2016/09/30 (92)	2016/07/01 - 2016/09/30 (92)
⊞6	2016/09/01 - 2016/09/30 (30)	2016/07/01 - 2016/09/30 (92)	2016/07/01 - 2016/09/30 (92)
⊞Q2	2016/10/01 - 2016/12/31 (92)	2016/10/01 - 2016/12/31 (92)	2016/10/01 - 2016/12/31 (92)
⊞Q3	2017/01/01 - 2017/03/31 (90)	2017/01/01 - 2017/03/31 (90)	2017/01/01 - 2017/03/31 (90)
⊞Q4	2017/04/01 - 2017/06/30 (91)	2017/04/01 - 2017/06/30 (91)	2017/04/01 - 2017/06/30 (91)
⊞2017	2017/07/01 - 2018/06/30 (365)	2017/07/01 - 2018/06/30 (365)	2018/04/01 - 2018/06/30 (91)

期間を直接指定する関数

これまでの関数はすべて「今のセル」を基準として、そこから期間をシフトする関数でした。その他、期間を直接指定する関数もあります。

関数名	戻り値	範囲	式名
DATESBETWEEN	2つの日付で指定された期間	期間	DB
DATESINPERIOD	指定した日付から始まる指定された期間	期間	DIP

DATESBETWEEN関数は第2引数に開始日、第3引数に終了日を指定します。

```
期間表示_DB
= CALCULATE(
      [期間表示],
      DATESBETWEEN('G_カレンダー'[日付] , "2017/1/28","2017/4/2"))
```

実際にはこのように日付を直接書くことは少なく、「今のセル」の値をキャッチして加工した後に、関数の引数として渡す使い方が主です。

DATESINPERIOD関数は、第2引数に開始日を、第3引数に期間を、第4引数に期間タイプを渡します。

```
期間表示_DIP
= CALCULATE(
      [期間表示],
      DATESINPERIOD('G_カレンダー'[日付] , "2017/6/25", 2, MONTH))
```

行ラベル	期間表示_DB	期間指定_DIP
⊟2016		
⊟Q1		
⊞4	2017/01/28 - 2017/04/02 (65)	2017/06/25 - 2017/08/24 (61)
⊞5	2017/01/28 - 2017/04/02 (65)	2017/06/25 - 2017/08/24 (61)
⊞6	2017/01/28 - 2017/04/02 (65)	2017/06/25 - 2017/08/24 (61)
⊞Q2	**2017/01/28 - 2017/04/02 (65)**	**2017/06/25 - 2017/08/24 (61)**
⊞Q3	**2017/01/28 - 2017/04/02 (65)**	**2017/06/25 - 2017/08/24 (61)**
⊞Q4	**2017/01/28 - 2017/04/02 (65)**	**2017/06/25 - 2017/08/24 (61)**
⊞2017	**2017/01/28 - 2017/04/02 (65)**	**2017/06/25 - 2017/08/24 (61)**

累計期間を返す関数

期間累計の期間を返す関数です。これらの関数はそれぞれ月・四半期・年の開始日から「今のセル」までの日付を取得します。

関数名	戻り値	範囲	式名末尾
DATESMTD	月開始日から「今のセル」までの期間	期間	DMTD
DATESQTD	四半期開始日から「今のセル」までの期間	期間	DQTD
DATESYTD	年開始日から「今のセル」までの期間	期間	DYTD

DATESYTDについては、第3引数に年度最終日を指定することが可能です。第3引数を省略した場合は、1月1日開始となります。

```
期間表示_DYTD_331
= CALCULATE([期間表示], DATESYTD('G_カレンダー'[日付], "3/31"))
```

行ラベル	期間表示_DMTD	期間表示_DQTD	期間表示_DYTD_331
⊟2016			
⊞Q1	**2016/06/01 - 2016/06/30 (30)**	**2016/04/01 - 2016/06/30 (91)**	**2016/04/01 - 2016/06/30 (91)**
⊟Q2			
⊟7			
2016/7/1	2016/07/01 - 2016/07/01 (1)	2016/07/01 - 2016/07/01 (1)	2016/04/01 - 2016/07/01 (92)
2016/7/2	2016/07/01 - 2016/07/02 (2)	2016/07/01 - 2016/07/02 (2)	2016/04/01 - 2016/07/02 (93)

累計を返す関数には、集計結果を返すタイプの関数も存在します。これらも第1引数に式を、第2引数に日付列を取ります。

関数名	戻り値	範囲	式名
TOTALMTD	月開始日から「今のセル」までの期間の集計値	期間	TMTD
TOTALQTD	四半期開始日から「今のセル」までの期間の集計値	期間	TQTD
TOTALYTD	年開始日から「今のセル」までの期間の集計値	期間	TYTD

タイムインテリジェンス関数を組み合わせる

複数のタイムインテリジェンス関数を組み合わせることが可能です。例えば、前年の同じ時期を求めるSAMEPERIODLASTYEAR関数と、年間累計日付を求めるDATESYTD関数を組み合わせることができます。

```
期間表示_SPLY_DYTD
= CALCULATE(
    [期間表示],
    DATESYTD(SAMEPERIODLASTYEAR('G_カレンダー'[日付]), "3/31"))
```

行ラベル	期間表示_SPLY	期間表示_DYTD_331	期間表示_SPLY_DYTD_331
⊞2016		2016/04/01 - 2017/03/31 (365)	
⊟2017			
⊟Q1			
⊞4	2016/04/01 - 2016/04/30 (30)	2017/04/01 - 2017/04/30 (30)	2016/04/01 - 2016/04/30 (30)
⊞5	2016/05/01 - 2016/05/31 (31)	2017/04/01 - 2017/05/31 (61)	2016/04/01 - 2016/05/31 (61)
⊞6	2016/06/01 - 2016/06/30 (30)	2017/04/01 - 2017/06/30 (91)	2016/04/01 - 2016/06/30 (91)
⊞Q2	2016/07/01 - 2016/09/30 (92)	2017/04/01 - 2017/09/30 (183)	2016/04/01 - 2016/09/30 (183)
⊞Q3	2016/10/01 - 2016/12/31 (92)	2017/04/01 - 2017/12/31 (275)	2016/04/01 - 2016/12/31 (275)
⊞Q4	2017/01/01 - 2017/03/31 (90)	2017/04/01 - 2018/03/31 (365)	2016/04/01 - 2017/03/31 (365)

前年同時期の累計日付になる

3 カスタムカレンダーの活用

ここまで、タイムインテリジェンス関数を紹介してきました。タイムインテリジェンス関数はメジャーの式を考えなくても目的の期間を簡単に取得できるため大変便利です。しかし暦に限定されたカレンダーしか使えない制限があります。例えば、4・4・5週ベースカレンダーを使用したり、特定の月だけ会計期間を短くするなどの対応はできません。

その場合、自作のカスタムカレンダーを使って目的の期間の指定を行います。カスタムカレンダーのメリットは、それぞれの組織に独自の会計期間を使った集計ができることです。その際、あらかじめカレンダーテーブルにメジャーを簡単にするための「仕掛け」を準備しておくのがポイントです。以降、カスタムカレンダーを使ったメジャーと「仕掛け」のポイントを説明します。

期間をシフトする

カスタムカレンダーで期間をシフトします。期間のシフトは連続型時間軸に分類されるので、あらかじめそれぞれの期間をユニークに定義する「連番」列を用意しておきます。その値をメジャーの中でキャッチして、必要な期間だけプラス・マイナスして再適用します。

◎前日の期間を取得する

まずは、1日前の日付を取得する式を作成します。前述したように「日付」の実体は連番です。したがって、「今のセル」の日付をキャッチして、マイナス1すれば前日を取得できます。今回は、前日なので階層の日付の最も早い方に合わせてMINX関数を使います。以下のメジャーを追加します。

```
期間表示_C_PD
= VAR s_CurPeriod = MINX('G_カレンダー',
    'G_カレンダー'[日付])
RETURN
CALCULATE(
    [期間表示],
    'G_カレンダー'[日付] = s_CurPeriod - 1,
    ALL('G_カレンダー'))
```

PREVIOUSDAY関数を使った［fx期間表示_PD］メジャーと並べると、結果がぴったり一致していることが分かります。

行ラベル	期間表示_C_PD	期間表示_PD
⊟2017		
⊟Q1		
⊞4	2017/03/31 - 2017/03/31 (1)	2017/03/31 - 2017/03/31 (1)
⊞5	2017/04/30 - 2017/04/30 (1)	2017/04/30 - 2017/04/30 (1)
⊞6	2017/05/31 - 2017/05/31 (1)	2017/05/31 - 2017/05/31 (1)
⊞Q2	**2017/06/30 - 2017/06/30 (1)**	**2017/06/30 - 2017/06/30 (1)**
⊞Q3	**2017/09/30 - 2017/09/30 (1)**	**2017/09/30 - 2017/09/30 (1)**
⊞Q4	**2017/12/31 - 2017/12/31 (1)**	**2017/12/31 - 2017/12/31 (1)**
⊞2018	**2018/03/31 - 2018/03/31 (1)**	**2018/03/31 - 2018/03/31 (1)**

カスタムカレンダーを使ったメジャーの特徴は以下の3ステップです。

① 「今のセル」から必要な値をキャッチする
② ALL関数でカレンダーテーブル全体のフィルターを解除する
③ 上記①を加工して、フィルターに再適用する

同様に「次の日」を持ってくる場合は、日付のキャッチにMAXX関数を使い、その値にプラス1します。

◎前月の期間を取得する

続いて「前月」の期間を取得します。日付の方は最初から連番なので簡単にシフトできましたが、月の場合はどうでしょう？　前月の期間を持ってくるには「今のセル」の月から1を引けばよさそうです。しかし、「今のセル」が1月であった場合、マイナス1すると0月となり、前年の12月にたどり着けません。

このため、あらかじめカレンダーテーブルに「連番月」を用意しておきます。連番月は以下のExcel式で途切れのない整数の連番として用意します。なお「暦月N」のNはNumberのNです。通常の「暦月」が「12月」のように文字列だった場合、計算しやすいように整数型の月も別に用意しておきます。

```
=[@暦年] * 12 + [@暦月N]
```

カレンダーにあらかじめ連番月を用意しておく

YYYYMM	会計YYYYMM	YYYYQ	会計YYYYQ	曜日番号	曜日	祝日	営業日	連番月	連番四半期
201604	201601	20162	20161	6	金		1	24196	8066
201604	201601	20162	20161	7	土		0	24196	8066

同様に連番四半期の場合は、以下の式になります。

```
=[@暦年] * 4 + [@暦四半期N]
```

それでは前月の期間を取得する以下のメジャーを追加してください。

```
期間表示_C_PM
= VAR s_CurPeriod = MINX('G_カレンダー',
    'G_カレンダー'[連番月])
RETURN
CALCULATE(
    [期間表示],
    'G_カレンダー'[連番月] = s_CurPeriod - 1,
    ALL('G_カレンダー'))
```

PREVIOUSMONTH関数の結果と並べてみると、同じ結果になりました。

行ラベル	期間表示_C_PM	期間表示_PM
⊟2016		
⊟Q1		
⊞5	2016/04/01 - 2016/04/30 (30)	2016/04/01 - 2016/04/30 (30)
⊞6	2016/05/01 - 2016/05/31 (31)	2016/05/01 - 2016/05/31 (31)
⊞Q2	**2016/06/01 - 2016/06/30 (30)**	**2016/06/01 - 2016/06/30 (30)**

四半期、年も同様です。年の場合は最初から連番なので、特別な列は不要です。

```
期間表示_C_PQ
= VAR s_CurPeriod = MINX('G_カレンダー',
    'G_カレンダー'[連番四半期])
RETURN
CALCULATE(
    [期間表示], 'G_カレンダー'[連番四半期] = s_CurPeriod - 1,
    ALL('G_カレンダー'))
```

```
期間表示_C_PY
= VAR s_CurPeriod = MINX('G_カレンダー',
    'G_カレンダー'[暦年])
RETURN
CALCULATE(
    [期間表示], 'G_カレンダー'[暦年] = s_CurPeriod - 1,
    ALL('G_カレンダー'))
```

行ラベル	期間表示_C_PQ	期間表示_PQ	期間表示_C_PY	期間表示_PY
⊟2017				
⊟Q1				
⊞4	2017/01/01 - 2017/03/31 (90)	2017/01/01 - 2017/03/31 (90)	2016/04/01 - 2016/12/31 (275)	2016/04/01 - 2016/12/31 (275)
⊞5	2017/01/01 - 2017/03/31 (90)	2017/01/01 - 2017/03/31 (90)	2016/04/01 - 2016/12/31 (275)	2016/04/01 - 2016/12/31 (275)
⊞6	2017/01/01 - 2017/03/31 (90)	2017/01/01 - 2017/03/31 (90)	2016/04/01 - 2016/12/31 (275)	2016/04/01 - 2016/12/31 (275)
⊞Q2	**2017/04/01 - 2017/06/30 (91)**	**2017/04/01 - 2017/06/30 (91)**	**2016/04/01 - 2016/12/31 (275)**	**2016/04/01 - 2016/12/31 (275)**
⊞Q3	**2017/07/01 - 2017/09/30 (92)**	**2017/07/01 - 2017/09/30 (92)**	**2016/04/01 - 2016/12/31 (275)**	**2016/04/01 - 2016/12/31 (275)**
⊞Q4	**2017/10/01 - 2017/12/31 (92)**	**2017/10/01 - 2017/12/31 (92)**	**2017/01/01 - 2017/12/31 (365)**	**2017/01/01 - 2017/12/31 (365)**

1月開始でない4月開始の前年の期間を持ってくるには、「暦年」の代わりにカレンダーテーブルで定義した「会計年度」を使います。

```
期間表示_C_PY_331
= VAR s_CurPeriod = MINX('G_カレンダー',
    'G_カレンダー'[会計年度])
RETURN
CALCULATE(
    [期間表示], 'G_カレンダー'[会計年度] = s_CurPeriod - 1,
```

```
        ALL('G_カレンダー'))
```

◎ISO週ベースカレンダーについて

次にISO 4・4・5週カレンダーを使います。今回の例では月曜から日曜で1週間、1月、2月が4週間、3月が5週間の構成です。したがって、1月は28日、2月、3月は35日になります。このカレンダーで「前月」の期間を取得します。

ISO_年	ISO_四半期	ISO_月	ISO_週	ISO_YTD	ISO_WeekDay	ISO_連番月
2016	1	3	13	89	5	24195
2016	1	3	13	90	6	24195
2016	1	3	13	91	7	24195

ピボットテーブルを以下の設定にしてください。

- 行：G_カレンダー[ISO_年]、G_カレンダー[ISO_四半期]、G_カレンダー[ISO_月]

以下のメジャーを追加します。

```
期間表示_C_PM_ISO
= VAR s_CurPeriod = MINX('G_カレンダー',
        'G_カレンダー'[ISO_連番月])
RETURN
CALCULATE(
        [期間表示],
        'G_カレンダー'[ISO_連番月] = s_CurPeriod - 1,
        ALL('G_カレンダー'))
```

これで週ベースのカレンダーで前月の期間を取得できました。

行ラベル	期間表示	期間表示_C_PM_ISO
⊞2016	2016/04/01 - 2017/01/01 (276)	
⊟2017		
⊟1		
⊞1	2017/01/02 - 2017/01/29 (28)	2016/11/28 - 2017/01/01 (35)
⊞2	2017/01/30 - 2017/02/26 (28)	2017/01/02 - 2017/01/29 (28)
⊞3	2017/02/27 - 2017/04/02 (35)	2017/01/30 - 2017/02/26 (28)
⊟2		
⊞4	2017/04/03 - 2017/04/30 (28)	2017/02/27 - 2017/04/02 (35)
⊞5	2017/05/01 - 2017/05/28 (28)	2017/04/03 - 2017/04/30 (28)
⊞6	2017/05/29 - 2017/07/02 (35)	2017/05/01 - 2017/05/28 (28)

このように、カスタムカレンダーの定義次第で自由に期間を定義できますので、ぜひ組織に沿ったカレンダーを用意して活用してください。

前年同時期を取得する

次は前年同時期を取得します。タイムインテリジェンス関数のSAMEPERIODLASTYEAR関数に相当します。前年同時期は「年」の概念が入るので、循環型時間軸に該当します。メジャーを作成するにあたっては以下がポイントになります。

① 「今のセル」の年をキャッチして、マイナス1する（前年の取得）
② 年の開始日からカウントしている期間連番フィルターを適用する

◎カスタムカレンダーのYTD連番について

今回使用する期間連番は、「会計YTD」です。「会計YTD」は、それぞれの会計年度の初日が「1」で、その後、毎日1ずつ増加していき、会計期間最後の日がピークになります。

年度の初日が1で、年度末まで1ずつ増加

日付	暦YTD WD	暦QTD WD	暦MTD WD	会計YTD	会計QTD	会計MTD
2016/4/1	1	1	1	1	1	1
2016/4/2	1	1	1	2	2	2
2016/4/3	1	1	1	3	3	3

YTDの連番を作成するにあたって1点注意しなくてはならないのは、「閏年」です。4年に一度訪れる閏年では2月29日が追加され、1年が366日になります。したがって、閏年でない3月1日は閏年の2月29日と同じになり、ここから前年同時期が1日ずつずれていきます。この問題を回避するため、2月29日のカウンターを2月28日と同じ値にして「足踏み」させます。

Work Day用カウンターは閏年だけでなく休日も「足踏み」させる

日付	会計YTD	会計QTD	会計MTD	会計YTD WD	会計QTD WD	会計MTD WD
2020/2/27	333	58	27	222	38	17
2020/2/28	334	59	28	223	39	18
2020/2/29	334	59	28	223	39	18
2020/3/1	335	60	1	223	39	0
2020/3/2	336	61	2	224	40	1

閏年の2／29には2／28と同じ番号にする（足踏み）

QTD、MTDも2月29日には2月28日と同じ値にします。そして翌日からは次の数字にカウントアップします。

末尾に「WD」の付いた列は休日にカウントを「足踏み」させる営業日のWork Day用カウンターですが、そちらも休日でない場合は同様の設定になります。

◎「前年同時期」のメジャー

カレンダーの説明が終わりましたので、前年同時期のメジャーを作成します。以下のメジャーを追加してください。

```
期間表示_C_SPLY
= VAR s_CurYear = MAXX('G_カレンダー', 'G_カレンダー'[会計年度])
```

```
RETURN
CALCULATE(
        [期間表示],
        'G_カレンダー'[会計YTD] IN VALUES('G_カレンダー'[会計YTD]),
        'G_カレンダー'[会計年度] = s_CurYear - 1,
        ALL('G_カレンダー'))
```

行ラベル	期間表示_C_SPLY	期間表示_SPLY
⊟2017		
⊟Q1		
⊞4	2016/04/01 - 2016/04/30 (30)	2016/04/01 - 2016/04/30 (30)
⊞5	2016/05/01 - 2016/05/31 (31)	2016/05/01 - 2016/05/31 (31)
⊞6	2016/06/01 - 2016/06/30 (30)	2016/06/01 - 2016/06/30 (30)
⊞Q2	**2016/07/01 - 2016/09/30 (92)**	**2016/07/01 - 2016/09/30 (92)**
⊞Q3	**2016/10/01 - 2016/12/31 (92)**	**2016/10/01 - 2016/12/31 (92)**
⊞Q4	**2017/01/01 - 2017/03/31 (90)**	**2017/01/01 - 2017/03/31 (90)**
⊞2018	**2017/04/01 - 2018/03/31 (365)**	**2017/04/01 - 2018/03/31 (365)**
⊞2019	**2018/04/01 - 2019/03/31 (365)**	**2018/04/01 - 2019/03/31 (365)**
⊞2020	**2019/04/01 - 2020/03/31 (366)**	**2019/04/01 - 2020/03/31 (366)**

年度は−1し、会計YTDについてはVALVES関数で同じ値のフィルターをかけます。

期間累計を取得する

最後にカスタムカレンダーを使って期間累計を出します。期間累計のポイントは以下の通りです。

① 「今のセル」の月、四半期、年といった階層をキャッチする
② 「今のセル」の最大のTo Date値を取得する（MAXX関数）
③ フィルター解除後に、①と②以下のTo Dateフィルターを再適用する

このうち①についてはそれぞれの粒度にあった年度、YYYYQQ、YYYYMM列を使用します。

G	H	I	J	K	L	M	N
暦四半期N	会計四半期N	暦月N	会計月N	YYYYMM	会計YYYYMM	YYYYQQ	会計YYYYQQ
2	1	4	1	201604	201601	201602	201601
2	1	4	1	201604	201601	201602	201601
2	1	4	1	201604	201601	201602	201601

Excel式は、「年」に「四半期」または「月」を結合して6桁の整数にします。

```
会計YYYYQQ
= INT([@会計年度] & TEXT([@会計四半期N], "00"))
会計YYYYMM
= INT([@会計年度] & TEXT([@会計月N], "00"))
```

YYYYMMの場合、桁が詰まるのを防ぐため月の部分を2桁にしておきます。四半期の方は2桁にする必要はないのですが、YYYYMMと合わせて2桁にしておくと、後ほど前年累計の式がシンプルになります。

②については「前年同時期期間」で説明したYTD、およびQTD、MTD値を使用します。

◎期間累計の式

月の累計MTD期間を取得する以下のメジャーを追加します。

```
期間表示_C_DMTD
= VAR s_CurPeriod = MAXX('G_カレンダー',
    'G_カレンダー'[会計YYYYMM])
  VAR s_MaxTD = MAXX('G_カレンダー', 'G_カレンダー'[会計MTD])
RETURN
CALCULATE(
    [期間表示],
    'G_カレンダー'[会計MTD] <= s_MaxTD,
    'G_カレンダー'[会計YYYYMM] = s_CurPeriod,
```

```
        ALL('G_カレンダー'))
```

ALLでテーブル全体のフィルターを解除し、あらかじめキャッチしていた今年度を再適用します。それと合わせて、「今のセル」以前のTo Date（TD）のフィルターを再適用します。

タイムインテリジェンス関数と比較すると同じ結果になります。

行ラベル	期間表示_C_DMTD	期間表示_DMTD
⊞2016	**2017/03/01 - 2017/03/31 (31)**	**2017/03/01 - 2017/03/31 (31)**
⊟2017		
⊟Q1		
⊟4		
2017/4/1	2017/04/01 - 2017/04/01 (1)	2017/04/01 - 2017/04/01 (1)
2017/4/2	2017/04/01 - 2017/04/02 (2)	2017/04/01 - 2017/04/02 (2)
2017/4/3	2017/04/01 - 2017/04/03 (3)	2017/04/01 - 2017/04/03 (3)

なお、この式はYYYYMM列を使用しなくても、以下のように年と月を使うことも可能ですが、式がずいぶんと長くなります。したがって、必要に応じて元データに「仕掛け」を用意しておくと、式をシンプルにできます。

```
期間表示_C_DMTD_2
=VAR s_CurYear = MAXX('G_カレンダー', 'G_カレンダー'[会計年度])
VAR s_CurMonth = MAXX('G_カレンダー', 'G_カレンダー'[会計月N])
VAR s_MaxTD = MAXX('G_カレンダー', 'G_カレンダー'[会計MTD])
RETURN
CALCULATE(
    [期間表示],
    'G_カレンダー'[会計MTD] <= s_MaxTD,
    'G_カレンダー'[会計月N] = s_CurMonth,
    'G_カレンダー'[会計年度] = s_CurYear,
    ALL('G_カレンダー'))
```

◎前年度の期間累計

続いて前年のMTD期間累計を出します。前の年の値を取得するには年の値を1年シフトします。以下のメジャーを追加してください。

```
期間表示_C_DMTD_PY
= VAR s_CurPeriod = MAXX('G_カレンダー',
      'G_カレンダー'[会計YYYYMM])
  VAR s_MaxTD = MAXX('G_カレンダー', 'G_カレンダー'[会計MTD])
RETURN
CALCULATE(
      [期間表示],
      'G_カレンダー'[会計MTD] <= s_MaxTD,
      'G_カレンダー'[会計YYYYMM] = s_CurPeriod - 100,
      ALL('G_カレンダー'))
```

「会計YYYYMM」は100の位が年に相当しますので、-100するだけで1年前にシフトできます。

行ラベル	期間表示_C_DMTD	期間表示_C_DMTD_PY
⊞2016	2017/03/01 - 2017/03/31 (31)	
⊟2017		
⊟Q1		
⊞4	2017/04/01 - 2017/04/30 (30)	2016/04/01 - 2016/04/30 (30)
⊟5		
2017/5/1	2017/05/01 - 2017/05/01 (1)	2016/05/01 - 2016/05/01 (1)
2017/5/2	2017/05/01 - 2017/05/02 (2)	2016/05/01 - 2016/05/02 (2)
2017/5/3	2017/05/01 - 2017/05/03 (3)	2016/05/01 - 2016/05/03 (3)

なお、YYYYQQの方もあえてQQを2桁にしているのは、MTDと同様に-100することで1年シフトできるようにするためです。

4 時間軸分析の応用シナリオ

基礎の説明が完了したので、ここから実務に即したシナリオで時間軸分析を行います。前作『Excelパワーピボット』ではタイムインテリジェンス関数を使ったので、本書ではカスタムカレンダーを中心にしたシナリオになります。

1
2
3
4
5

「最終日」の設定

ここでいう「最終日」とは「今のセル」のことではありません。そうではなく、「レポートを作成した日」もしくは「実績として捉える最終日」のことです。この最終日の要素をレポートに組み込むことで、レポートの完成度を高めることができます。

「最終日」の設定には、以下2つのステップがあります。

① 最終日を決める（自動・手動）
② 最終日から導かれる情報をカレンダーに追加する

①の最終日を決めるとは、文字通り該当のレポートの「最終日」を確定することです。最終日を確定するには、手動で設定する方法と自動的に設定する方法（今日の日付を設定する、または実績の最終日から取得する）があります。

例えば、今日の日付を自動的にセットするなら元のデータも毎日最新されていることが前提ですが、週に決まった曜日しか更新されないとすると、今日の日付を設定するのは不適切です。また、元データが更新されても最終日に実績がない場合も同様に不適切です。手動で設定するのは正確ですが、ひと手間がかかります。それぞれメリットデメリットがあるので、状況に応じて選択しましょう。

最終日が決まったら、②最終日から導かれる情報をカレンダーに自動でセットします。設定する情報は以下が代表的です。

・過去・将来フラグ（「最終日」を元に各年の最終日以前か以降かを設定）

・現在の年・四半期・月・週フラグ
・最終日からの差異（オフセット）

◎パワークエリで「最終日」をセットする（Excelテーブルから手動設定）

最終日を決める方法は、前述した通り2つあります。1つは手動で設定する方法、もう1つは数字テーブルや更新日付などから自動で取得する方法です。どちらもパワークエリで準備しますが、最終的に日付型のデータにしておくことが必須です。

まず手動で設定するケースを紹介します。この場合、1行1列のExcelテーブルを作成します。「データソース」ファイルの「最終日」シートに「P_最終日」テーブルのサンプルを用意してありますので、これを使います。

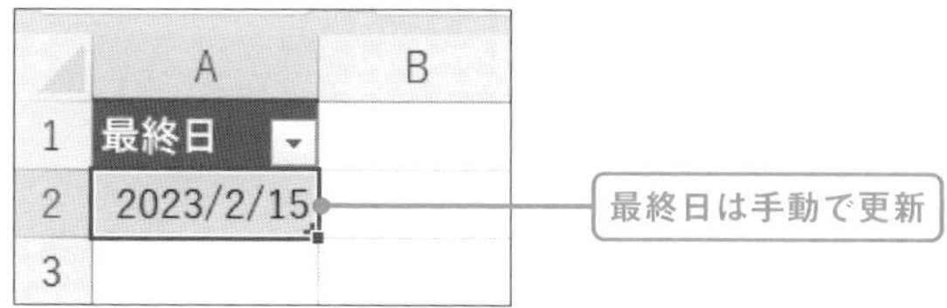

▶［データ］タブ→［クエリと接続］→「P_最終日」を右クリック→［編集］
▶「2023/2/15」と表示されているセルを選択→右クリック→［ドリルダウン］を選択

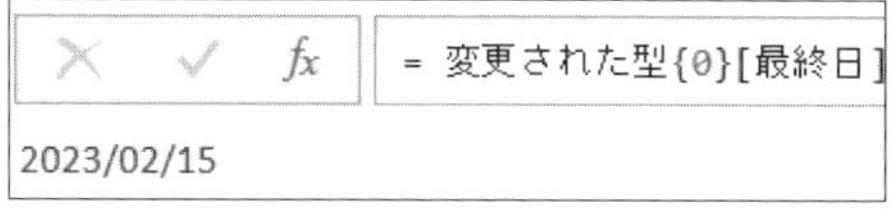

▶［ホーム］タブ→［閉じて読み込む］を選択

これで完成です。最後の操作はデータをテーブル型から日付型の「1つの値」に変換するための処理です。これで他のクエリでこの値を参照できるようになります。

◎パワークエリで「最終日」をセットする（レポート更新日から自動取得）

レポートを更新した日付を自動的に最終日にセットする方法です。

- ［データ］タブ→［データの取得］→［その他のデータソースから］→［空のクエリ］を選択
- 数式バーに以下の式を入力（すべて半角で入力する）

```
= Date.From(DateTime.LocalNow())
```

- 列を選択→［変換］タブ→［日付］→［日付のみ］を選択

```
= Date.From(ソース)
2023/02/18
```

- ［クエリの設定］→［名前］→「P_最終日_更新日」に設定
- ［ホーム］タブ→［閉じて次に読み込む］→［接続の作成のみ］→［OK］

◎パワークエリで「最終日」をセットする（実績の最終日から自動取得）

実績のある最終日を自動的に「最終日」にセットします。

- ［データ］タブ→［クエリと接続］→「F_売上」を右クリック→［複製］を選択
- 「出荷日」列を選択→［変換］タブ→［日付］→［最も遅い］を選択
- ［クエリの設定］→［名前］→「P_最終日_実績」に設定
- ［ホーム］タブ→［閉じて次に読み込む］を選択→［接続の作成のみ］→［OK］

◎「最終日」のカレンダー情報を用意する

最終日の値を決定したら、G_カレンダーの該当日の1行を取得します。3種類の「最終日」を取得しましたが、今回は手動で設定した「P_最終日」を使います。

- ［データ］タブ→［クエリと接続］→「G_カレンダー」を右クリック→［複製］を選択
  ※循環参照防止のため、必ず「参照」ではなく「複製」を選んでください。
- 「日付」列の「2016/4/1」のセルを右クリック→［日付フィルター］→［指

定の値に等しい] を選択

▶ 数式バーの「#date(2016, 4, 1)」を「P_最終日」に書き換える

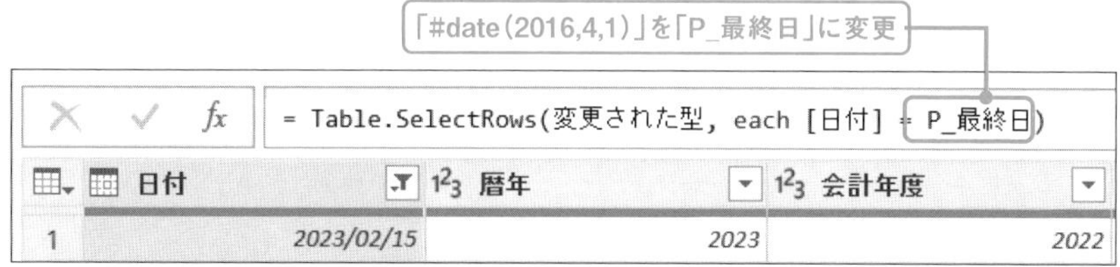

▶ 数式バーの [fx] をクリックし、数式バーに以下のように入力

```
= Table.Buffer(フィルターされた行)
```

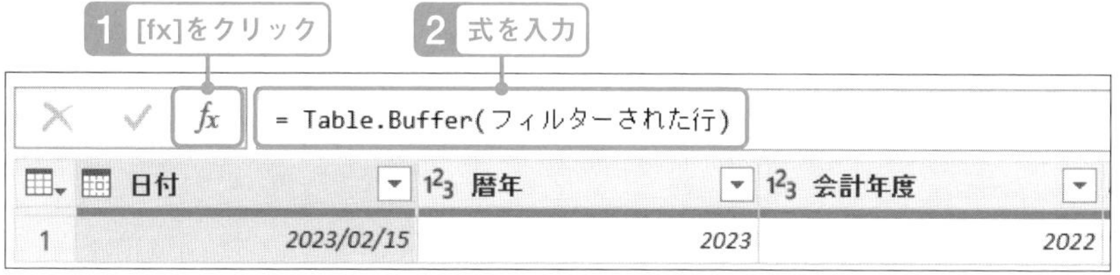

※この処理は後ほどG_カレンダーと結合させたときのパフォーマンスを向上させます。

▶ [クエリの設定] →[名前] →「P_カレンダー最終日」に設定

▶ [ホーム] タブ→[閉じて次に読み込む] を選択→[接続の作成のみ] →[OK]

◎「最終日」から導かれるカレンダー情報を追加する

カレンダーの最終日のレコードを抽出できたので、G_カレンダーに情報を追加します。

▶ [データ] タブ→[クエリと接続] →「G_カレンダー」を右クリック→[編集]

▶ [列の追加] タブ→[カスタム列] →新しい列名を「LAST」に、「カスタム列の式」に以下の式を入力→[OK] をクリック

```
= P_カレンダー最終日
```

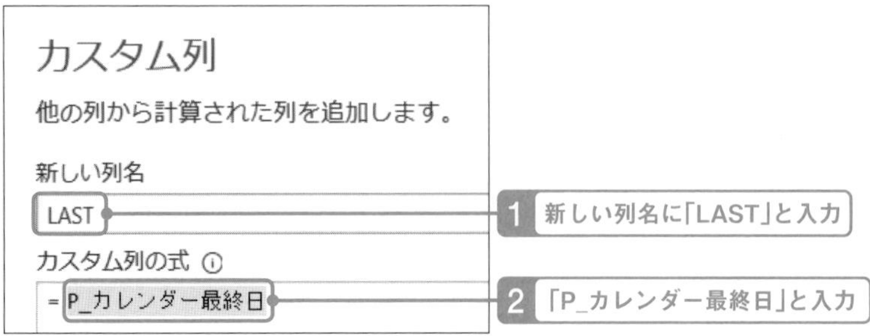

▶「LAST」列右上の展開ボタン→以下の列を選択して、[OK] をクリック
日付、会計年度、会計四半期、会計YTD

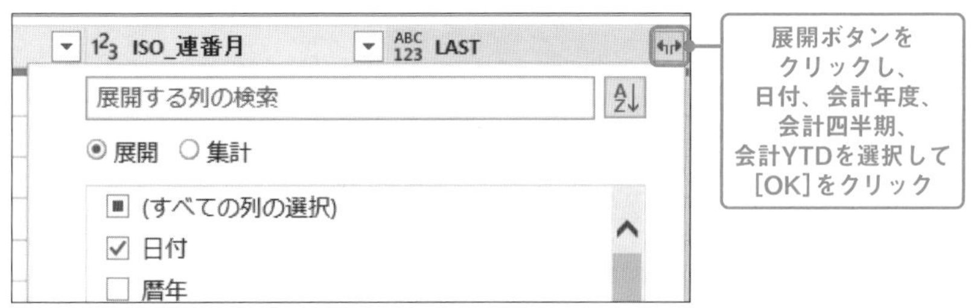

▶追加された列が選択された状態のまま→[変換] タブ→[データ型の検出] を選択

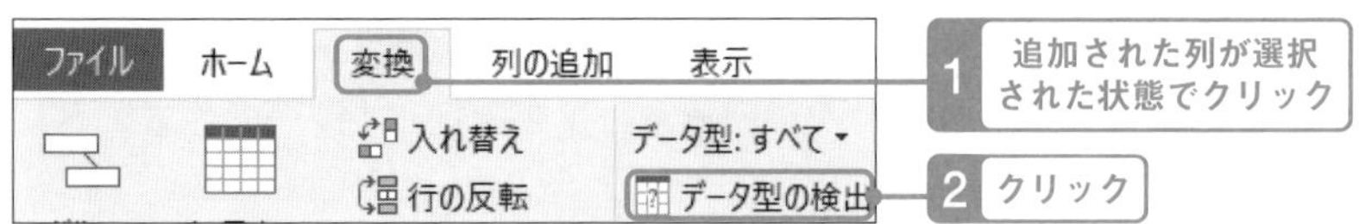

▶どこか1つの列を選択し、[列の追加] タブ→[条件列] →以下の設定で [OK] をクリック

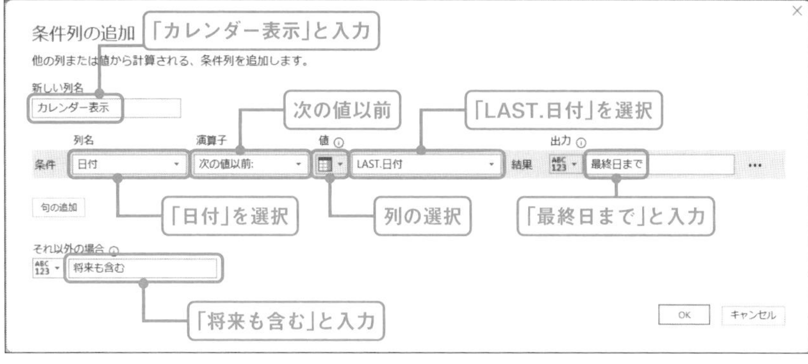

▶ [列の追加] タブ→[条件列] →以下の設定で [OK] をクリック

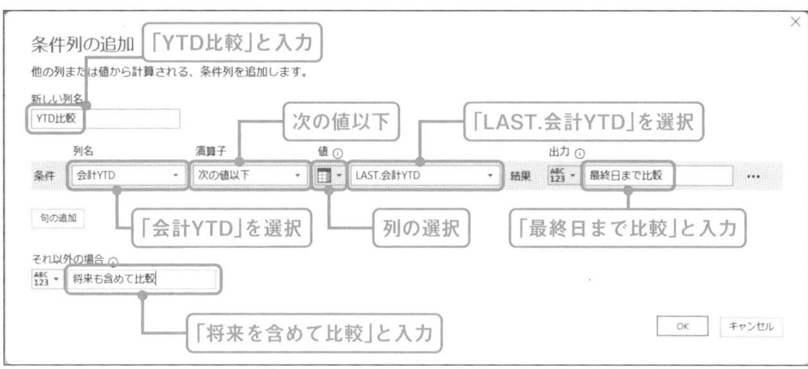

▶ [列の追加] タブ→[条件列] →以下の設定で [OK] をクリック

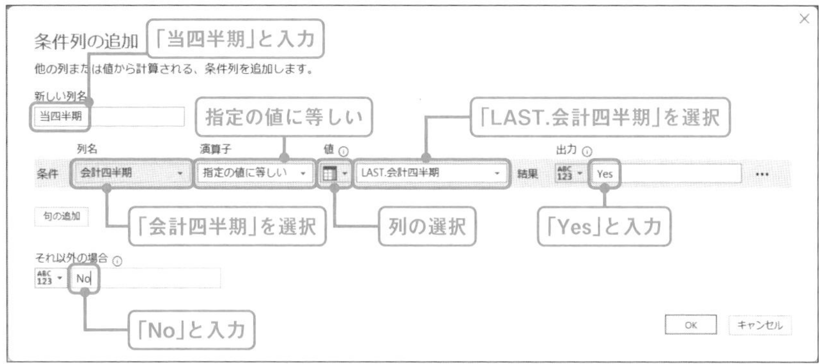

- [列の追加] タブ→ [カスタム列] →列名を「年オフセット」、「カスタム列の式」に以下の式を入力→ [OK] をクリック

```
= [会計年度] - [LAST.会計年度]
```

- [列の追加] タブ→ [カスタム列] →列名を「日付オフセット」、「カスタム列の式」に以下の式を入力→ [OK] をクリック

```
= Duration.Days([日付] - [LAST.日付])
```

- 「LAST.」で始まる列をすべて選択→ [ホーム] タブ→ [列の削除] → [列の削除] を選択
- 新しく追加された列すべてを選択→ [変換] タブ→ [データ型の検出] を選択
- [ホーム] タブ→ [閉じて読み込む] を選択

これで必要な情報を追加できました。以後、これらの列を使用して分析を行います。

前の年と比較する（前年同期比）

「最終日」の設定ができたので、ここから本格的な時系列分析に移ります。まず対前年度比較を行います。

◎前年の実績を持ってくる

すでに紹介した以下の式で前年の実績を持ってきます。[fx売上合計] も併せてピボットテーブルに追加します。

```
売上合計(前年)
= VAR s_CurYear = MAXX('G_カレンダー', 'G_カレンダー'[会計年度])
RETURN
```

```
CALCULATE(
    [売上合計],
    'G_カレンダー'[会計YTD] IN VALUES('G_カレンダー'[会計YTD]),
    'G_カレンダー'[会計年度] = s_CurYear - 1,
    ALL('G_カレンダー'))
```

行ラベル	売上合計	売上合計（前年）
⊞2016	215,046,990	
⊟2017		
⊟Q1		
⊞4	34,618,940	11,332,140
⊞5	47,993,705	6,806,995
⊞6	24,285,090	9,176,960

◎対前年差異と成長率を求める

前年実績を取得したら、当年の実績と比較し、前年差異と成長率を求めます。以下のメジャーを追加します。［fx売上成長率］の書式はパーセンテージにします。

```
売上前年差異
= [売上合計] - [売上合計(前年)]

売上成長率
= DIVIDE([売上合計] - [売上合計(前年)] , [売上合計(前年)])
```

行ラベル	売上合計	売上合計（前年）	売上前年差異	売上成長率
⊞2016	215,046,990		215,046,990	
⊞2017	381,830,510	215,046,990	166,783,520	77.6%
⊞2018	390,285,950	381,830,510	8,455,440	2.2%

◎表示の仕上げ

ここまでで一応、対前年度比較はできるようになりました。しかし、将来の日付である2023年にも［fx売上合計（前年)］と［fx売上前年差異］が表示されており、このままではレポートを見た人に誤解を与えます。

将来まで表示されている

行ラベル	売上合計	売上合計（前年）	売上前年差異	売上成長率
⊞2022	345,582,030	346,710,535	-1,128,505	-0.3%
⊞2023		345,582,030	-345,582,030	-100.0%
総計	2,430,303,145		2,430,303,145	

このとき、最終日の設定で作成した列が活躍します。以下の手順でスライサーを追加してください。

- フィールドリスト→「カレンダー表示」を右クリック→［スライサーとして追加］を選択
- スライサーで［最終日まで］を選択

以下のように将来の日付が非表示になりました。

行ラベル	売上合計	売上合計（前年）	売上前年差異	売上成長率
⊞2016	215,046,990		215,046,990	
⊞2017	381,830,510	215,046,990	166,783,520	77.6%
⊞2018	390,285,950	381,830,510	8,455,440	2.2%
⊞2019	350,688,045	390,285,950	-39,597,905	-10.1%
⊞2020	400,159,085	350,688,045	49,471,040	14.1%
⊞2021	346,710,535	400,159,085	-53,448,550	-13.4%
⊞2022	345,582,030	296,299,235	49,282,795	16.6%
総計	2,430,303,145	346,710,535	2,083,592,610	601.0%

カレンダー表示
最終日まで
将来も含む
選択
意味のない情報が残っている

これで1歩前進しましたが、総計の［fx売上合計（前年）］、［fx売上前年差異］、[fx売上成長率]は不要です。これらの指標は2016から2022のように会計年度が1つの場合のみ表示すればよいので、［fx売上合計（前年）］と［fx売上前年差異］を以下のように修正します。

```
売上合計(前年)
= VAR s_YearCnt = SUMX(VALUES('G_カレンダー'[会計年度]), 1)
  VAR s_CurYear = MAXX('G_カレンダー', 'G_カレンダー'[会計年度])
```

```
  VAR s_Return =
CALCULATE(
  [売上合計],
  'G_カレンダー'[会計YTD] IN VALUES('G_カレンダー'[会計YTD]),
  'G_カレンダー'[会計年度] = s_CurYear - 1,
  ALL('G_カレンダー'))
RETURN IF(s_YearCnt = 1, s_Return)

売上前年差異
= VAR s_YearCnt = SUMX(VALUES('G_カレンダー'[会計年度]), 1)
  VAR s_Return = [売上合計] - [売上合計(前年)]
RETURN IF(s_YearCnt = 1, s_Return)
```

これで、不要な指標が消えてすっきりしました。

行ラベル	売上合計	売上合計（前年）	売上前年差異	売上成長率
⊞2021	346,710,535	400,159,085	-53,448,550	-13.4%
⊞2022	345,582,030	296,299,235	49,282,795	16.6%
総計	2,430,303,145			

不要な指標が消えた

ところで「最終日」は2023年2月15日です。ところが前年比較では、2月16日から3月31日まで含まれた実績と比較しています。これでは正確な比較が行えないので、最終日で取得した「YTD比較」列で比較期間を揃えます。

- フィールドリスト→「YTD比較」を右クリック→スライサーとして追加
- スライサーで「最終日まで比較」を選択

これで、各年度の2月15日までのデータに絞り込んだ比較ができました。

行ラベル	売上合計	売上合計（前年）	売上前年差異	売上成長率
2016	176,146,155		176,146,155	
2017	336,735,535	176,146,155	160,589,380	91.2%
2018	344,855,170	336,735,535	8,119,635	2.4%
2019	304,110,430	344,855,170	-40,744,740	-11.8%
2020	346,563,405	304,110,430	42,452,975	14.0%
2021	296,299,235	346,563,405	-50,264,170	-14.5%
2022	345,582,030	296,299,235	49,282,795	16.6%
総計	2,150,291,960			

5

ちなみに、「年オフセット」をスライサーに追加することで、レポート更新時に自動的に直近3年に絞り込むことも可能です。

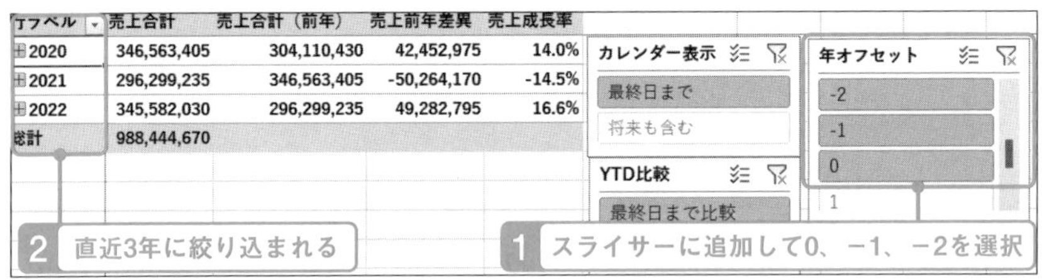

行ラベル	売上合計	売上合計（前年）	売上前年差異	売上成長率
2020	346,563,405	304,110,430	42,452,975	14.0%
2021	296,299,235	346,563,405	-50,264,170	-14.5%
2022	345,582,030	296,299,235	49,282,795	16.6%
総計	988,444,670			

同様に「当四半期」スライサーで、現在の四半期の比較に限定することができます。

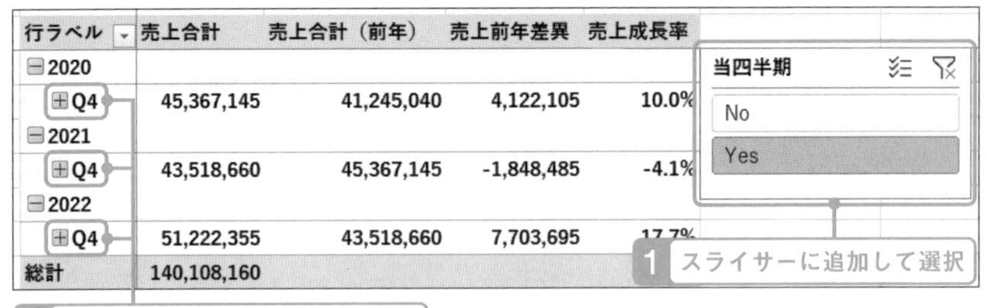

行ラベル	売上合計	売上合計（前年）	売上前年差異	売上成長率
2020				
Q4	45,367,145	41,245,040	4,122,105	10.0%
2021				
Q4	43,518,660	45,367,145	-1,848,485	-4.1%
2022				
Q4	51,222,355	43,518,660	7,703,695	17.7%
総計	140,108,160			

累計を使った分析

続いて累計を使った分析を行います。以下のメジャーを追加してください。

s_DateOffsetが正の数を非表示にしているのは、将来の日付をブランクにするためです。

```
売上累計YTD
=VAR s_DateOffset = MINX('G_カレンダー',
    'G_カレンダー'[日付オフセット])
VAR s_YearCnt = SUMX(VALUES('G_カレンダー'[会計年度]), 1)
VAR s_CurPeriod = MAXX('G_カレンダー', 'G_カレンダー'[会計年度])
VAR s_MaxTD = MAXX('G_カレンダー', 'G_カレンダー'[会計YTD])
VAR s_Return =
CALCULATE(
    [売上合計],
    'G_カレンダー'[会計YTD] <= s_MaxTD,
    'G_カレンダー'[会計年度] = s_CurPeriod,
    'G_カレンダー'[カレンダー表示] = "最終日まで",
    ALL('G_カレンダー'))
RETURN IF(s_YearCnt = 1 && s_DateOffset <= 0, s_Return)
```

これでYTDを使用した売上累計を算出できました。

行ラベル	売上合計	売上合計（前年）	売上前年差異	売上成長率	売上累計YTD
⊟2020					
⊟Q1					
⊞4	41,711,195	31,522,720	10,188,475	132.3%	41,711,195
⊞5	47,896,815	8,156,210	39,740,605	587.2%	89,608,010
⊞6	30,668,420	22,022,430	8,645,990	139.3%	120,276,430

なお、「前年累計」を出す場合には、CALCULATE関数の中身を「'G_カレンダー'[会計年度] = s_CurPeriod -1」にすればOKです。

◎折れ線グラフで年度ごとの売上累計を比較する

今度は折れ線グラフを作って、年度ごとの売上累計を比較します。

▶ ピボットテーブル以外のセルにカーソル→［挿入］タブ→［ピボットグラフ］

→［このブックのデータモデルを使用する］→［OK］をクリック

▶ 以下の設定にする

凡例（系列）：G_カレンダー[会計年度]

軸（分類項目）：G_カレンダー[会計四半期]、G_カレンダー[暦月]

値：[fx]売上累計YTD]

▶ ピボットグラフをクリック→［デザイン］→［グラフの種類の変更］→［折れ線］→［OK］

これでグラフができました。これに商品名などのスライサーを追加すると、それぞれの商品での分析が可能になります。

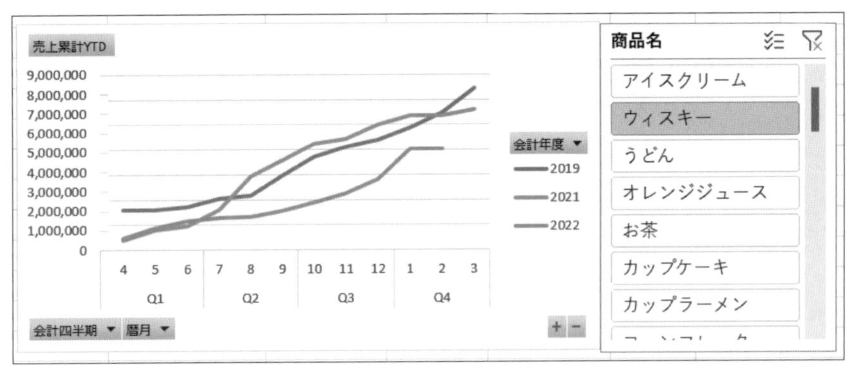

日数を使った分析と売上予測

続いて日数を使った分析を行います。例えば1日あたりの売上を前年度と比較したり、残りの営業日数から売上予測を立てたりするなどの応用例が挙げられます。

その基礎になるのは日数のカウントです。日数には、単純に日付の数を数える「日数」と、実際に組織が稼働している日数を数える「営業日数」があります。今回は営業日数を中心とした分析を行います。

このシナリオに入る前にスライサーの選択はすべて解除しておいてください。

◎日数を数える

通常の「日数」の方は単純に日付を数えればよいので、カレンダーテーブルの行数を数えます。

一方、「営業日数」は、土・日・祝日のような休日には0を、稼働日には1をセットした「営業日」列をカレンダーテーブルに用意しておき、この列を合計して求めます。

日付	曜日番号	曜日	祝日	営業日
2016/4/1	6	金		1
2016/4/2	7	土		0
2016/4/3	1	日		0
2016/4/4	2	月		1

土・日・祝日は日、稼働日は1が入る

それぞれの日数を計算するメジャーは以下のようになります。

```
日数
= SUMX('G_カレンダー', 1)

営業日数
= SUMX('G_カレンダー', 'G_カレンダー'[営業日])
```

◎1日あたりの売上平均を計算する

こうして計算した日数を元に1営業日あたりの平均売上を計算してみましょう。さきほどのメジャーと以下のメジャーを追加してください。

```
売上@営業日
= DIVIDE([売上合計], [営業日数])
```

行ラベル	期間表示	日数	営業日数	売上合計	売上@営業日
⊟2016					
⊟Q1					
⊞4	2016/04/01 - 2016/04/30(30)	30	20	11,332,140	566,607
⊞5	2016/05/01 - 2016/05/31(31)	31	19	6,806,995	358,263
⊞6	2016/06/01 - 2016/06/30(30)	30	22	9,176,960	417,135
⊞Q2	**2016/07/01 - 2016/09/30(92)**	**92**	**62**	**49,750,995**	**802,435**
⊞Q3	**2016/10/01 - 2016/12/31(92)**	**92**	**61**	**62,247,000**	**1,020,443**
⊞Q4	**2017/01/01 - 2017/02/15(46)**	**46**	**31**	**36,832,065**	**1,188,131**
⊞2017	**2017/04/01 - 2018/02/15(321)**	**321**	**217**	**336,735,535**	**1,551,777**

◎前年度実績に基づいた予測を立てる

前年の1営業日あたりの売上に、残り営業日をかけて「売上予測」を立てます。まず、前年同時期の1営業日あたりの売上平均を出します。

```
営業日数(前年)
= VAR s_YearCnt = SUMX(VALUES('G_カレンダー'[会計年度]), 1)
VAR s_CurYear = MAXX('G_カレンダー', 'G_カレンダー'[会計年度])
VAR s_Return =
CALCULATE(
  [営業日数],
  'G_カレンダー'[会計YTD] IN VALUES('G_カレンダー'[会計YTD]),
  'G_カレンダー'[会計年度] = s_CurYear - 1,
  ALL('G_カレンダー'))
RETURN IF(s_YearCnt = 1, s_Return)

売上@営業日(前年)
= DIVIDE([売上合計(前年)], [営業日数(前年)])
```

行ラベル	売上合計	営業日数	売上@営業日	営業日数（前年）	売上合計（前年）	売上@営業日（前年）
⊞2016	215,046,990	246	874,175			
⊞2017	381,830,510	247	1,545,873	246	215,046,990	874,175
⊞2018	390,285,950	247	1,580,105	247	381,830,510	1,545,873
⊞2019	350,688,045	244	1,437,246	247	390,285,950	1,580,105
⊞2020	400,159,085	246	1,626,663	244	350,688,045	1,437,246
⊞2021	346,710,535	246	1,409,392	246	400,159,085	1,626,663
⊞2022	345,582,030	246	1,404,805	246	346,710,535	1,409,392
⊞2023		246		246	345,582,030	1,404,805
⊞2024		247		246		
総計	2,430,303,145	2,215	1,097,202			

次に以下のメジャーで将来の日数を出します。

```
営業日数@将来
= CALCULATE([営業日数],
      'G_カレンダー'[カレンダー表示] = "将来も含む")
```

行ラベル	売上合計	営業日数	売上@営業日	営業日数（前年）	売上合計（前年）	売上@営業日（前年）	営業日数@将来
⊟2022							
⊞Q1	67,835,945	61	1,112,065	61	86,018,580	1,410,141	
⊞Q2	99,845,050	62	1,610,404	61	84,004,995	1,377,131	
⊞Q3	126,678,680	62	2,043,205	64	82,757,000	1,293,078	
⊟Q4							
⊞1	36,586,265	20	1,829,313	20	30,641,035	1,532,052	
⊞2	14,636,090	19	770,321	18	28,651,530	1,591,752	8
⊞3		22		22	34,637,395	1,574,427	22

最後に、将来の日数と［fx売上@営業日(前年)］をかけて売上予測を立てます。

```
売上予測
= [売上@営業日(前年)] * [営業日数@将来]
```

行ラベル	:@営業日	営業日数（前年）	売上合計（前年）	売上@営業日（前年）	営業日数@将来	売上予測
⊟Q4						
⊞1	1,829,313	20	30,641,035	1,532,052		
⊞2	770,321	18	28,651,530	1,591,752	8	12,734,013
⊞3		22	34,637,395	1,574,427	22	34,637,395

これで売上予測の自動計算が完成したように見えます。しかし、カレンダー

の粒度を暦月から四半期まで上げると合計が一致しません。これは、月単位と四半期単位の1営業日あたりの平均が異なるためです。このような場合は「見えない集計単位」にフォーカスします。フォーカスを月単位で固定するため、[fx売上予測] メジャーを以下のように修正してください。

```
売上予測
= SUMX(VALUES('G_カレンダー'[会計YYYYMM]),
      [売上@営業日(前年)] * [営業日数@将来])
```

これで、Q4まで粒度を上げても、月単位の売上予測合計と一致します。

行ラベル	売上@営業日	営業日数（前年）	売上合計（前年）	売上@営業日（前年）	営業日数@将来	売上予測
⊟2022						
⊞Q1	1,112,065	61	86,018,580	1,410,141		
⊞Q2	1,610,404	61	84,004,995	1,377,131		
⊞Q3	2,043,205	64	82,757,000	1,293,078		
⊞Q4	839,711	60	93,929,960	1,565,499	30	47,371,408

ただし、この式は「月」より細かい日付の粒度まで展開すると、正しい数値を表示しないのでご注意ください。

◎予想成長率による着地予想のシミュレーション

前年度の実績に基づいた売上予測ができたので、今度はそれに予想成長率をかけたシミュレーションを行います。

- ▶ フィールドリストを表示→P_成長率係数[成長率係数]→スライサーとして追加
- ▶ [fx売上予測]メジャーを以下のように修正

```
売上予測
= VAR s_GrowthRatio = MAXX('P_成長率係数',
     'P_成長率係数'[成長率係数])
RETURN
SUMX(VALUES('G_カレンダー'[会計YYYYMM]),
      [売上@営業日(前年)] * [営業日数@将来]) * s_GrowthRatio
```

選択したスライサーの値に応じて、[売上予測]が変化します。

行ラベル	営業日数（前年）	売上合計（前年）	売上@営業日（前年）	営業日数@将来	売上予測
⊟2022					
⊞Q1	**61**	**86,018,580**	**1,410,141**		
⊞Q2	**61**	**84,004,995**	**1,377,131**		
⊞Q3	**64**	**82,757,000**	**1,293,078**		
⊟Q4					
⊞1	20	30,641,035	1,532,052		
⊞2	18	28,651,530	1,591,752	8	13,243,374
⊞3	22	34,637,395	1,574,427	22	36,022,891

成長率係数
0.98
1
1.02
1.04

最後に、実績と予測を足して当期の予測を立てましょう。以下のメジャーを追加してください。

```
売上実績+予測
= [売上合計] + [売上予測]
```

これで実績と予測にもとづいた当年の着地予想ができました。

行ラベル	売上合計	営業日数	営業日数@将来	売上予測	売上実績+予測
⊟Q4					
⊞1	36,586,265	20			36,586,265
⊞2	14,636,090	19	8	12,734,013	27,370,103
⊞3		22	22	34,637,395	34,637,395

売上目標vs実績対比

売上目標と比較して目標達成状況を確認します。

- フィールドリストを表示→G_社員[社員名]→スライサーとして追加
- 以下のメジャーを追加（[fx売上目標達成率］と［fx売上目標達成率（見込み）］の書式は「パーセンテージ」にします）

```
売上目標
= SUMX('F_売上目標', 'F_売上目標'[売上目標])
```

```
売上目標達成率
```

```
= VAR s_YearCnt = SUMX(VALUES('G_カレンダー'[会計年度]), 1)
  VAR s_Return = DIVIDE([売上合計], [売上目標])
RETURN IF(s_YearCnt = 1, s_Return)
```

```
売上目標達成率(見込み)
= VAR s_YearCnt = SUMX(VALUES('G_カレンダー'[会計年度]), 1)
  VAR s_Return = DIVIDE([売上実績+予測], [売上目標])
RETURN IF(s_YearCnt = 1, s_Return)
```

これで各営業担当の売上目標達成率と達成率見込みを集計できました。成長率係数を変更することで、最新の成長率見込みに基づいた着地予測も可能です。

行ラベル	売上合計	売上予測	売上実績+予測	売上目標	売上目標達成率	売上目標達成率（見込み）
⊞2020	80,830,510		80,830,510			
⊞2021	62,813,375		62,813,375	74,000,000	84.9%	84.9%
⊟2022	84,418,550	4,710,927	89,129,477	80,000,000	105.5%	111.4%
⊞Q1	9,379,340		9,379,340	17,000,000	55.2%	55.2%
⊞Q2	34,276,415		34,276,415	30,000,000	114.3%	114.3%
⊞Q3	29,797,890		29,797,890	18,000,000	165.5%	165.5%
⊟Q4	10,964,905	4,710,927	15,675,832	15,000,000	73.1%	104.5%
⊞1	6,810,820		6,810,820	5,000,000	136.2%	136.2%
⊞2	4,154,085	2,273,292	6,427,377	5,000,000	83.1%	128.5%
⊞3		2,437,634	2,437,634	5,000,000		48.8%
総計	228,062,435	4,710,927	232,773,362	154,000,000		

成長率...
0.98
1
1.02
1.04
1.06
1.08
1.1

社員名
ウィリアム・クリフト
エドワード・ジェンナー
オットー・モーニッケ
ジョン・ハンター
フィリップ・シーボルト

移動平均の算出

新型コロナウイルスの感染状況のレポートでもよく使われましたが、「移動平均」は日々のデータのばらつきを吸収して、中・長期的なトレンドを把握する上でとても便利です。「移動平均」は、ある一定期間の数値の合計をその期間で割った数値になります。例えば、今日が2月15日だとして後方5日間の移動平均を求めるには、2月11日から2月15日までの5日間の売上合計を5で割って平均します。

今回は営業日を元にした移動平均を出します。また、移動平均を求める期間は、独立テーブルのパラメーターを使ってスライサーで選択できるようにしてみましょう。

▶ 以下のメジャーを追加

```
売上移動平均
= VAR s_DateOffset = MINX('G_カレンダー',
      'G_カレンダー'[日付オフセット])
   VAR s_Dates = MAXX('P_日数', 'P_日数'[日数])
   VAR s_WorkDayNum = MAXX('G_カレンダー',
      'G_カレンダー'[連番WD])
   VAR s_Sales =
      CALCULATE(
            [売上合計],
            'G_カレンダー'[連番WD] >= s_WorkDayNum - s_Dates,
            'G_カレンダー'[連番WD] <= s_WorkDayNum,
            ALL('G_カレンダー'))
   VAR s_Return = DIVIDE(s_Sales, s_Dates)
RETURN IF(s_DateOffset <= 0, s_Return)
```

s_Datesで日数を取得し、「今のセル」の営業日とその営業日からs_Datesの値を引いた値を売上合計とします。

続いてピボットグラフを作ります。将来の日付を非表示にするため、日付オフセットが0以下のときのみ結果を表示させます。

▶ ［挿入］タブ→［ピボットグラフ］→［このブックのデータモデルを追加］→ 以下の設定にする
軸（分類項目）：G_カレンダー[日付]
値：[fx売上移動平均]

▶ 「デザイン」タブ→［グラフの種類の変更］→［折れ線］を選択

▶ フィールドリスト→G_カレンダー[年オフセット]、P_日数[日数]をスライサーとして追加

▶ 年オフセットスライサーの「0」と「-1」を選択

「日数」のスライサーをクリックすることで、指定した日数の移動平均が表示されます。

さらに、商品カテゴリーを凡例に加えると、複数のトレンドを同時に確認できます。

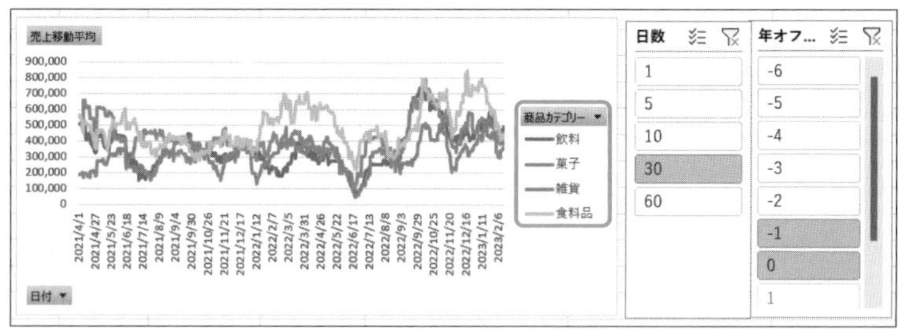

以下の設定では各年度のトレンドを比較できます。

▶ フィールドリスト→
凡例（系列）：G_カレンダー[会計年度]
軸（分類項目）：G_カレンダー[会計YTD]
値：[fx売上移動平均]

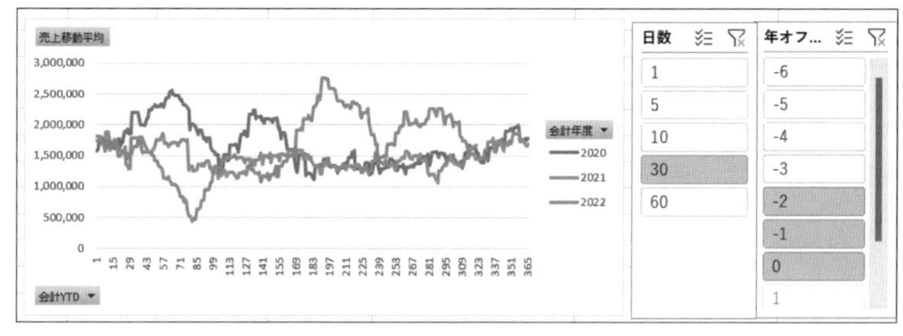

その他、スライサーとして「商品名」や「会社名」を置くことで、多角的な分析が可能になりますので、色々試してみてください。

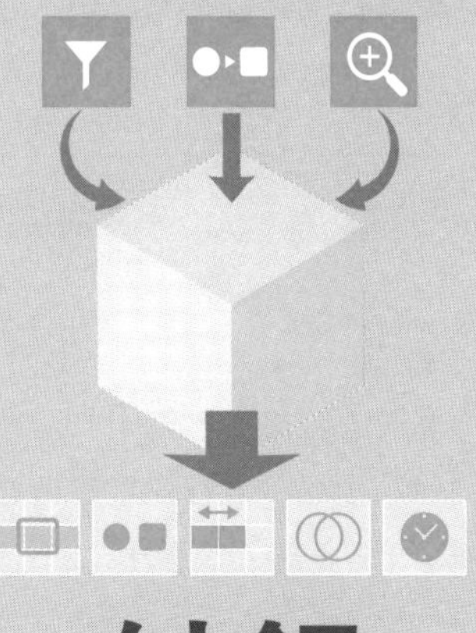

付録

1 糖衣構文について

「糖衣構文（Syntax Sugar）」とは、元々ある別な式を簡略化した表現のことです。

冒頭で説明した通り、本書で使われるメジャーは「DAX式の内側で何が起きているのか」を構造的に理解できることを第一目標にしています。そのため、糖衣構文の使用を避けています。具体的には、①学習の初期段階で機能の類似する関数に触れてしまうと混乱するため、②これらの関数は中間のステップ、特にテーブルのサブグループを隠してしまい、式の構造的理解が浅くなるため、避けてきました。

しかし、ある程度慣れてきたら、糖衣構文を使って式をシンプルにするのもよいでしょう。また、本書以外の参考書では糖衣構文が頻繁に使われるので、ここに代表的な糖衣構文を紹介しておきます。

◎COUNTROWS関数

テーブルの行数を数えます。以下の式は同じ結果になります。

```
SUMX('F_売上', 1)
COUNTROWS('F_売上')
```

◎SUM関数

テーブルの1つの列の合計を求めます。以下の式は同じ結果になります。

```
SUMX('F_売上', 'F_売上'[販売数量])
SUM('F_売上'[販売数量])
```

なお、SUMX関数と異なり、引数に式を渡すことはできません。あくまでもテーブルの1つの列が引数になります。以下の式はエラーとなります。

```
SUM('F_売上'[販売価格] * 'F_売上'[販売数量])
```

また、VARを使って作成した仮想テーブルを引数に渡すこともできません。

◎MAX関数

テーブルの1つの列の最大値を求めます。以下の式は同じ結果になります。

```
MAXX('F_売上', 'F_売上'[販売数量])
MAX('F_売上'[販売数量])
```

◎MIN関数

テーブルの1つの列の最小値を求めます。以下の式は同じ結果になります。

```
MINX('F_売上', 'F_売上'[販売数量])
MIN('F_売上'[販売数量])
```

◎AVERAGE関数

テーブルの1つの列の平均値を求めます。以下の式は同じ結果になります。

```
AVERAGEX('F_売上', 'F_売上'[販売数量])
AVERAGE('F_売上'[販売数量])
```

◎HASONEVALUE関数

テーブルの列を引数として渡し、行が1つの値しかない場合TRUEを、複数ある場合FALSEを返します。以下の2つの式は同じ結果になります。

```
SUMX(VALUES('G_商品'[商品名]), 1) = 1
HASONEVALUE('G_商品'[商品名])
```

独立テーブル・パターンで、スライサーからパラメーターを取得するときに使用されることが多いです。以下の式は、G_商品[商品名]の値が1つの場合に、商品名を取得する式です。

```
IF(HASONEVALUE('G_商品'[商品名]), VALUES('G_商品'[商品名]))
```

2 式やテーブルの命名規則、コーディングルールについて

テーブルの名前の付け方やメジャーの式の書き方について、必須ではありませんが「こうしておくと構造が分かりやすくなる」という私からの提案です。

テーブルや変数などの命名規則

「命名規則」とは、テーブル名や変数名など、自由に名前を付けられるものに対する命名ルールです。このルールは文法的に必須ではありませんが、使いやすいルールを決めておくと、名前を見ただけで目的や分類が分かるのでとても便利です。また、複数人でファイルを共有する場合も有効です。以下の命名規則は私の推奨です。適宜皆様の環境に応じて使ってください。

対象	種類	先頭	例
テーブル	数字テーブル（Fact）	F	F_売上
テーブル	まとめテーブル（Dimension）	G	G_商品
テーブル	パラメーター	P	P_表示単位
メジャーの変数（VAR）	1つの値（Scalar）	s	s_MaxSalesDate
メジャーの変数（VAR）	テーブル	t	t_Cust
DAXクエリの列名	仮想テーブルの追加列名	@	@発売日

CALCULATE関数の変数の順番

CALCULATE関数は、第1引数に最終的に実行する式を、第2引数以降にはALLなどのCALCULATE修飾子、または追加するフィルター条件を複数記述できます。第2引数以降は順不同ですが、下から順番にCALCULATE修飾子、フィルター条件を記述すると、下から順番に式の意図する流れが分かりメジャーが分かりやすくなります。

```
    =CALCULATE (
③  [販売数量合計]、
②  VALUES ('G_カレンダー'[会計年度])、
①  ALL ('G_カレンダー'))
```

3 ピボットテーブルの便利な機能

データモデルから作成したピボットテーブルの機能について紹介します。

ピボットテーブルの「ドリルスルー」について

「ドリルスルー」とは集計値の元となるデータの明細を取得する機能です。通常のピボットテーブルにもある機能ですが、パワーピボットでは特有の動作があるのでご注意ください。

◎ダブルクリックで明細取得

ピボットテーブルを作成し、ピボットテーブルの集計値のあるセルをダブルクリックするか、セルを右クリック→［詳細の表示］を選択します。

新しいシートが作られ、このセルのF_売上の明細データが出力されます。

	A	B	C	D	E
1	販売数量合計, 菓子 (最初の 1000 行) 用のデータが返されました。				
2					
3	_F_売上[受注番号]	_F_売上[受注明細番号]	_F_売上[顧客ID]	_F_売上[商品ID]	_F_売上[支店ID]
4	20160527001	1	C0027	P0026	B002
5	20160909004	1	C0018	P0026	B003
6	20161031004	1	C0012	P0026	B003

対象のテーブルは、メジャーを作成したホームテーブルになります。「商品ID」など外部キーの表示だけでは中身が理解しにくい項目は、パワークエリであらかじめマスターと結合して必要な項目をホームテーブルに追加しておくとよいでしょう。

また、すべてのメジャーでこの機能が使えるわけではなく、IF文やSWITCH文を組み合わせた複雑な式では、目的とする明細が取得できないこともあります。

◎ホームテーブルの働き

ドリルスルーで明細を出力するテーブルは、メジャーの「テーブル名」に対応しています。このテーブルを「ホームテーブル」と呼びます。メジャーの計算自体はどのホームテーブルでも変わりませんが、ドリルスルーに関してのみ、このように動作が変化します。先の例ではF_売上がホームテーブルでしたが、これがG_商品の場合、G_商品の明細が出力されます。

◎明細上限値の変更

データモデルからドリルスルーを行った場合、初期設定では最大1,000行しか明細が出力されません。以下の設定でこの最大値を変更できます。

▶ ［データ］タブ→［クエリと接続］を選択

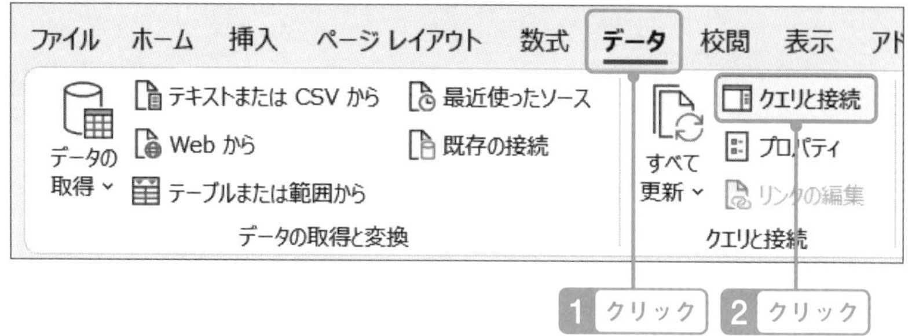

▶ [クエリと接続] →[接続] →「データモデル」を右クリック→[プロパティ] を選択

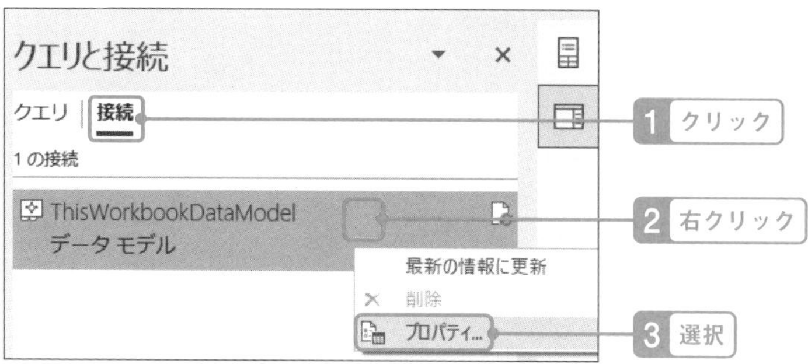

▶ [接続のプロパティ] →[取得するレコードの最大値] →「1000000」を入力→[OK] をクリック

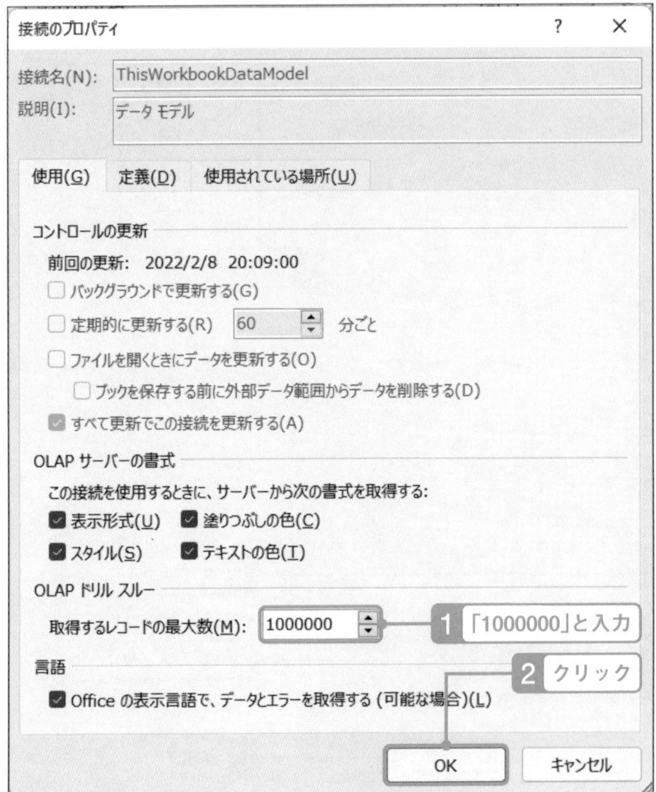

「数式に変換」でピボットテーブルを数式に

パワーピボットのメジャーはとても便利ですが、時として式を考えるのが難しかったり、ピボットグラフで作成できないグラフを使いたかったりすることがあります。その場合は、データモデルから作成したピボットテーブルを数式に変換すると、通常のExcel表として使えます。

- ピボットテーブルの上にカーソルを置く
- ［ピボットテーブル分析］タブ→［OLAPツール］→［数式に変換］

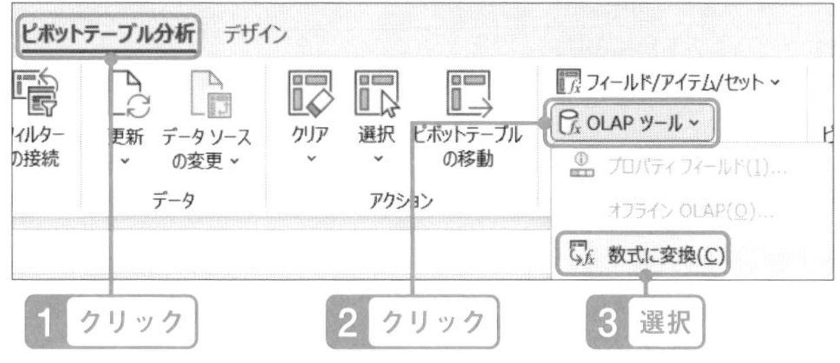

こうするとピボットテーブルの行・列がCUBEMEMBER関数、セルがCUBEVALUE関数でできた数式に自動変換されます。

行ラベル	売上合計	売上合計（前年）	売上前年差異	売上成長率
2016	3,519,360		3,519,360	
2017	11,949,120	3,519,360	8,429,760	239.5%
2018	7,104,960	11,949,120	-4,844,160	-40.5%
2019	6,457,920	7,104,960	-647,040	-9.1%
2020	10,467,840	6,457,920	4,009,920	62.1%
2021	7,958,400	10,467,840	-2,509,440	-24.0%
2022	7,971,840	6,570,240	1,401,600	21.3%
総計	55,429,440			

商品名
オレンジジュース
お茶
カップケーキ
カップラーメン
コーンフレーク

この形式には、以下のメリットがあります。

・数式なので通常のExcel関数を組み合わせることができる
・事前にスライサーを作ってから変換するとスライサーを使うことができる
・表のフォーマットを自由に設定することができる
・ウォーターフォール図など、ピボットグラフで作成できないグラフを作れる

4 DAX式のエラーチェック

DAX式を書くときは、頻繁に文法的なエラーに出くわします。式の文法的なエラーチェックはSQLBIのDAX Formatterに式をコピーして、該当個所をチェックするのがお勧めです。

https://www.daxformatter.com/

5 追加シナリオ

ここでは、第2部、第3部の各章で紹介しきれなかったシナリオを紹介します。

第2部　第2章　リレーションシップ：組み合わせの応用

共通のカレンダーテーブルを元にリレーションシップを切り替えて異なる集計を行うことができました。応用として、受注→入金までの累計金額を出しましょう。請求日、入金日のリレーションシップを作り、以下のメジャーを追加します。

```
請求累計
= VAR s_LastDate = MAXX('G_カレンダー', 'G_カレンダー'[日付])
RETURN
    CALCULATE(
        [売上合計],
        'G_カレンダー'[日付] <= s_LastDate,
        USERELATIONSHIP('F_売上'[請求日], 'G_カレンダー'[日付]))

入金累計
= VAR s_LastDate = MAXX('G_カレンダー', 'G_カレンダー'[日付])
RETURN
    CALCULATE(
        [売上合計],
        'G_カレンダー'[日付] <= s_LastDate,
        USERELATIONSHIP('F_売上'[入金日], 'G_カレンダー'[日付]))

受注残
= [受注累計] - [売上累計]
```

売上済み未請求
= [売上累計] - [請求累計]

請求済み未入金
= [請求累計] - [入金累計]

行ラベル	受注累計	売上累計	請求累計	受注残	売上済み未請求	請求済み未入金
2016	**142,051,920**	**139,314,090**	**130,469,375**	**2,737,830**	**8,844,715**	**393,755**
4	11,656,670	11,332,140	6,490,250	324,530	4,841,890	857,520
5	18,339,375	18,139,135	16,349,710	200,240	1,789,425	2,054,790
6	28,736,405	27,316,095	22,264,180	1,420,310	5,051,915	-2,443,200

第2部　第3章　フォーカス：統計関数について

「フォーカス」を意識する上で、統計関数はとてもよい教材です。前述した平均値のAVERAGEX関数もその1つですが、統計関数は代表値のベースとして「○○ごとの」という集計単位ごとの計算結果を使用しています。例えば、「中央値」を計算するにはMEDIANXという関数を使用しますが、同じ売上の中央値でも「商品ごと」の売上合計と、「顧客ごと」の売上合計の中央値は当然結果が異なります。以下のメジャーを追加してください。

中央値(商品)
= MEDIANX('G_商品', [売上合計])

中央値(顧客)
= MEDIANX('G_顧客', [売上合計])

それぞれ異なる値になりました。

中央値（商品）	中央値（顧客）
64,205,635	78,730,513

この違いは、集計単位となる第1引数のテーブル名がそれぞれ異なることから来ています。ピボットテーブルで、それぞれのID項目で「売上合計」を表示し、売上合計を「降順」で並べ替えればすぐに分かります。

行ラベル	売上合計
P0007	136,831,555
P0018	127,356,690
P0011	119,206,080

行ラベル	売上合計
C0002	103,066,680
C0015	102,918,915
C0016	99,848,545

[fx中央値(商品)]は、ちょうど真ん中に来る以下2つの売上合計を2で割った数が、中央値になります。

P0020	68,706,510
P0003	59,704,760

[fx中央値(顧客)] も、同じく真ん中に来た以下2つの売上合計を2で割った数が、中央値になります。

C0012	79,279,205
C0019	78,181,820

統計関数の出力結果は1つの数値ですが、このようにしてみるとその背後には集計単位ごとに計算した結果を並べた仮想テーブルが存在していることが実感できます。

以下、その他の代表的な統計関数の式を挙げます。

◎中央値

中央値は、集計結果の数値を小さいもの（または大きいもの）から順に並べたときに、ちょうど真ん中に来る値のことです。集計単位の数が奇数の場合は真ん中の値を、偶数の場合は真ん中の2つの値を2で割った数字になります。平均値は極端な値があった場合、そちらの方向へ数値がぶれる欠点があるので、中央値と一緒に出して傾向を見るのに使われます。

```
中央値(商品)
= MEDIANX('G_商品', [売上合計])
```

◎百分位数（パーセンタイル）

パーセンタイルは中央値によく似ていますが、中央値と異なり、任意の場所の数字を取得することができます。例えば25%と指定すれば、小さいものから並べたときに1/4に来る値と、75%と指定すれば3/4に来る値を取得できます。これも中央値と合わせてデータの分布を数値化するのに使われます。なお、0%は最小値（MINXX)、50%は中央値（MEDIANX)、100%であれば最大値（MAXX）と同じ結果になります。パーセントは第3引数で指定します。

```
パーセンタイル25%(商品)
= PERCENTILEX.INC('G_商品', [売上合計], 0.25)
```

```
パーセンタイル75%(商品)
= PERCENTILEX.INC('G_商品', [売上合計], 0.75)
```

◎標準偏差：データのばらつきの度合いを測る

全体の平均値からそれぞれの集計値を引いた値（差）を「偏差」といいます。すべての集計単位の偏差を合計すると0になってしまいますが、その偏差を2乗するとプラスマイナスが消えて分散になります。その分散の平方根が標準偏差です。この値が小さければ小さいほど、結果のばらつきが少なく、大きいほどばらつきが大きいということになります。

```
標本標準偏差(商品)
= STDEVX.S('G_商品', [売上合計])
```

それぞれ以下の結果になります。

パーセンタイル 25%（商品）	中央値（商品）	パーセンタイル 75%（商品）	標本標準偏差（商品）
43,559,830	64,205,635	97,278,773	36,292,338

これらの統計数値は「商品」で出しているので、会社ごとに異なるか見てみましょう。G_顧客名[会社名]を「行」に追加して会社ごとに違いを見てみましょう。

行ラベル	中央値（顧客）	パーセンタイル 25%(商品)	中央値（商品）	パーセンタイル 75%(商品)	標本標準偏差（商品）
吉田商店	75,960,578	2,180,511	3,479,423	5,409,061	3,072,392
玉川商店	78,802,038	2,732,540	4,543,590	5,766,859	2,329,635
江戸日本橋商店	86,932,390	9,876,811	13,634,815	23,498,693	9,566,564
江都駿河町商店	74,711,573	4,643,420	8,593,538	12,230,725	5,211,727

第3部　第2章　独立テーブル・パターン：「勤務時間シフト表」を作る

「度数分布表」では金額を元に区間に分けました。今度は、同じ方法を時間に適用して勤務時間シフト表を作ります。時間は数値データと同じく「順番」を持っています。したがって、数値データと同じように開始点・終了点に基づいた「範囲」を作ることができます。

このような時間は「範囲パターン」ですが、さらに特定の「日付」の条件も追加してシフト表を作成します。

◎シフト表の構成

今回使用するシフト表は、以下のようになっています。

シフト担当	日付	開始	終了
Aさん	2022/1/10	7:00	12:00
Aさん	2022/1/11	7:00	8:00
Aさん	2022/1/12	9:00	13:00
Bさん	2022/1/10	8:00	12:00
Bさん	2022/1/11	12:00	17:00
Bさん	2022/1/13	13:00	18:00
Cさん	2022/1/10	10:00	12:00

シフト担当ごとに、就業する日付と開始時刻・終了時刻を持っています。このうちカウントされるのは「シフト担当」でその他の日付・開始時刻・終了時刻

をキャッチしてサブグループを作ります。

◎シフト表の「枠」をキャッチする

独立テーブル・パターンの第1歩はフィルターのキャッチです。枠組みを作ります。

▶ ピボットテーブルを以下の設定にする
列：G_カレンダー[日付]
行：T_時刻[時刻]

▶ ピボットテーブルオプションを右クリック［ピボットテーブルオプション］→［表示］で以下の設定にする

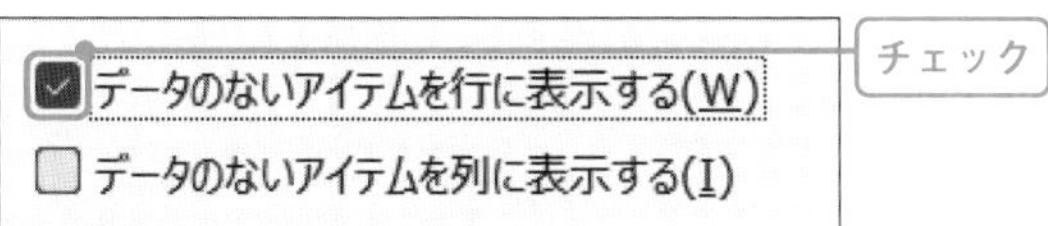

	列ラベル		
行ラベル	2016/4/1	2016/4/2	2016/4/3
0			
1			
2			
3			

これで枠組みができました。続いて以下のメジャーを作成して枠組みの値をキャッチします。

```
シフト開始時刻
= MINX('T_時刻','T_時刻'[開始])

シフト終了時刻
= MAXX('T_時刻','T_時刻'[終了])

シフト日
```

```
= MINX('G_カレンダー', 'G_カレンダー'[日付])
```

時刻の値については、以下の書式設定をしてください。シフト日については「標準」のままです。

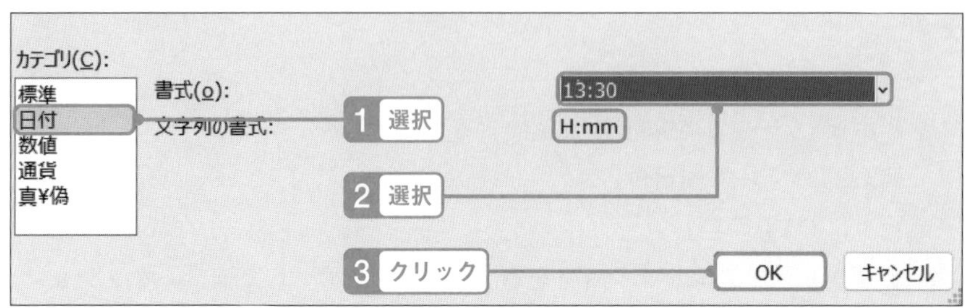

シフト開始時刻・シフト終了時刻・シフト日をキャッチできました。

	列ラベル					
	2016/4/1			2016/4/2		
行ラベル	シフト開始時刻	シフト終了時刻	シフト日	シフト開始時刻	シフト終了時刻	シフト日
0	0:00	1:00	2016/4/1 0:00	0:00	1:00	2016/4/2 0:00
1	1:00	2:00	2016/4/1 0:00	1:00	2:00	2016/4/2 0:00
2	2:00	3:00	2016/4/1 0:00	2:00	3:00	2016/4/2 0:00
3	3:00	4:00	2016/4/1 0:00	3:00	4:00	2016/4/2 0:00

◎シフト担当者の人数を出す

あとはメジャーでそれらの条件を満たすシフト担当を表示させればよいだけです。以下のメジャーを作成して、「値」に追加します。その他のメジャーは外します。

```
シフト人数
= VAR t_Shift = FILTER(
    'T_シフト表',
        'T_シフト表'[開始] <= [シフト開始時刻]&&
        [シフト終了時刻] <= 'T_シフト表'[終了]&&
        'T_シフト表'[日付] = [シフト日])
RETURN SUMX(t_Shift, 1)
```

それぞれの日付・時刻ごとのシフト人数が表示されました。

シフト人数 行ラベル	列ラベル 2022/1/9	 2022/1/10	 2022/1/11	 2022/1/12	 2022/1/13
0					
6					
7		1	1		
8		2			
9		2	1	1	

◎シフト担当者の名前を出す

それぞれのシフトの担当者の名前を出してみましょう。シフト担当者はテキスト情報なので集計関数を使うことはできません。t_Shiftという仮想テーブルの中の担当者の名前をテキストとして連結表示することで実現します。以下のメジャーを追加します。こちらも書式は「標準」のままで構いません。

```
シフト担当
=VAR t_Shift = FILTER(
    'T_シフト表',
        'T_シフト表'[開始] <= [シフト開始時刻]&&
        [シフト終了時刻] <= 'T_シフト表'[終了]&&
        'T_シフト表'[日付] = [シフト日])
RETURN CONCATENATEX(t_Shift, 'T_シフト表'[担当], ", ")
```

それぞれのシフト担当の内訳が表示されます。

行ラベル	列ラベル 2022/1/9 シフト人数	 シフト担当	 2022/1/10 シフト人数	 シフト担当	 2022/1/11 シフト人数	 シフト担当
5						
6						
7			1	Aさん	1	Aさん
8			2	Aさん, Bさん		
9			2	Aさん, Bさん	1	Dさん
10			3	Aさん, Bさん, Cさん	1	Dさん
11			3	Aさん, Bさん, Cさん	2	Cさん, Dさん

第3部　第2章　独立テーブル・パターン：度数分布表
区間の自動生成：区間の幅を固定

これまでの例では「区間」は、Excelファイル上の「P_区間」テーブル定義されていました。範囲が固定された区間の場合はこれでよいのですが、売上の最大値が頻繁に変わる場合、その都度、区間の定義を手で追加・修正するのは手間です。そこで、パワークエリを使って区間を自動作成する方法を紹介します。

▶ ［データ］→［クエリと接続］→「F_売上」を右クリック→［参照］を選択

▶ 「販売価格」を選択→Ctrlキーを押しながら「販売数量」を選択

販売価格	割引率	販売数量
13680	20	11
16560	10	15
33600	25	17

1 クリック

2 Ctrlキーを押しながらクリック

▶ ［列の追加］タブ→［標準］→［乗算］を選択

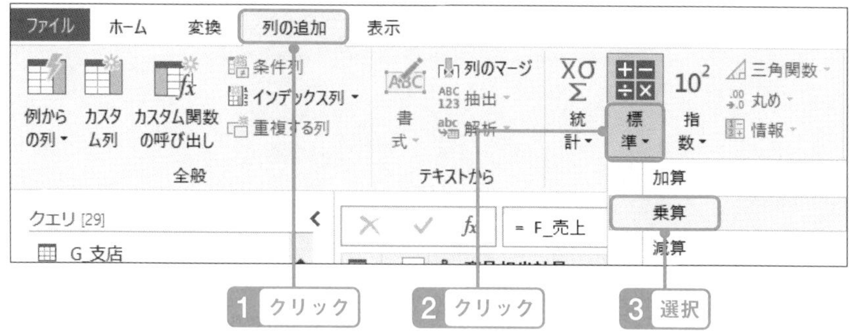

「乗算」列にそれぞれの行の売上が計算されます。

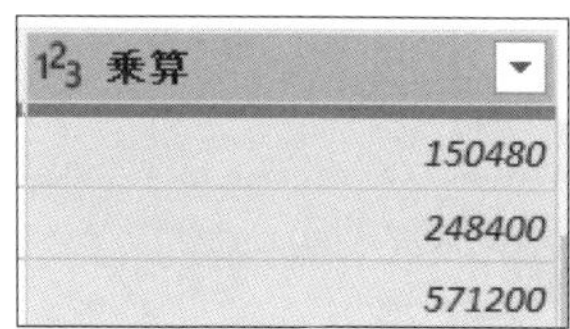

▶ 「顧客ID」列を選択→右クリック→［グループ化］

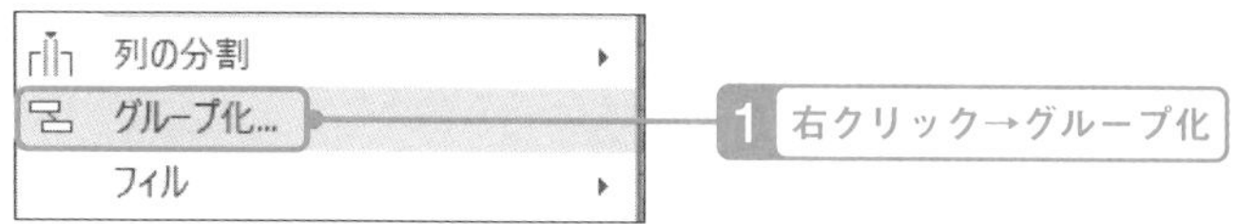

▶ 以下の設定で［OK］をクリック

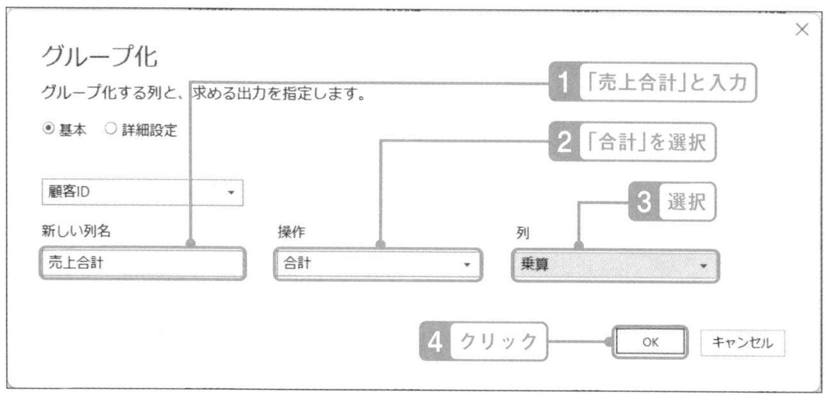

「顧客ID」ごとの「売上合計」が集計されます。

	顧客ID	売上合計
1	C0007	72746855
2	C0006	82830290
3	C0026	51212310

▶「売上合計」列を選択→［変換］タブ→［統計］→［最大値］を選択

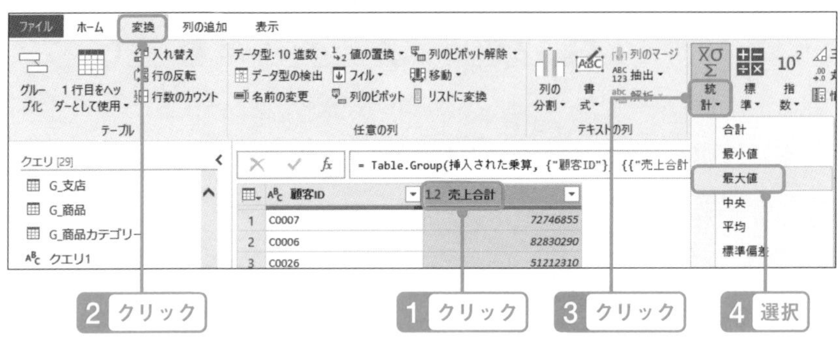

▶［fx］をクリック

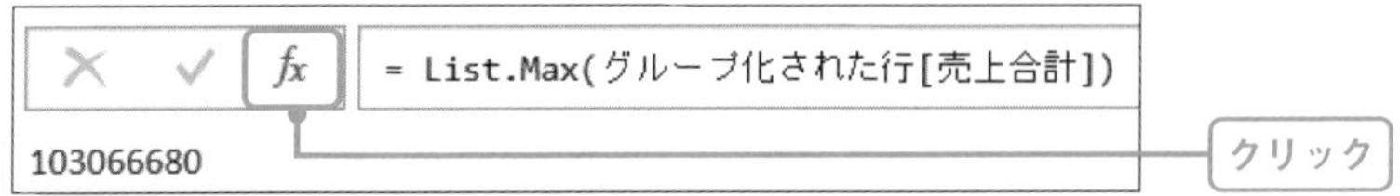

▶ 数式バーの「計算された最大」の式を以下のように書き換える

= List.Generate(() => 0, each _ <= 計算された最大, each _ + 10000000)

全角半角の違いに気を付けてください。この式は「0から始まり、『計算された最大』を超えるまで10,000,000ごと増加する数値」のリストを作ります。

	リスト
1	0
2	10000000
3	20000000
4	30000000
5	40000000
6	50000000
7	60000000
8	70000000
9	80000000
10	90000000
11	100000000

▶ ［変換］タブ→［テーブルへの変換］を選択

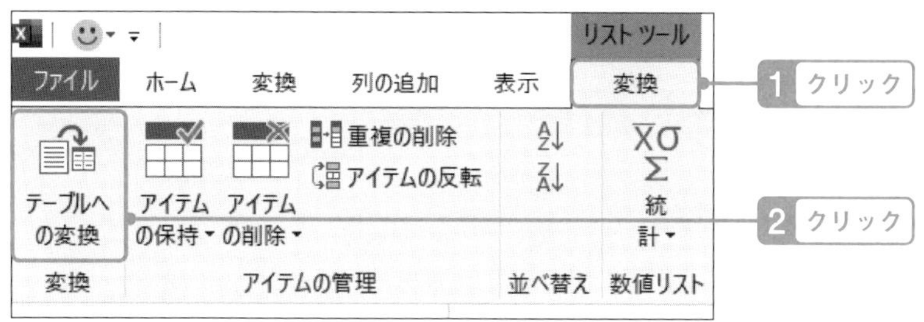

▶ ［OK］をクリック

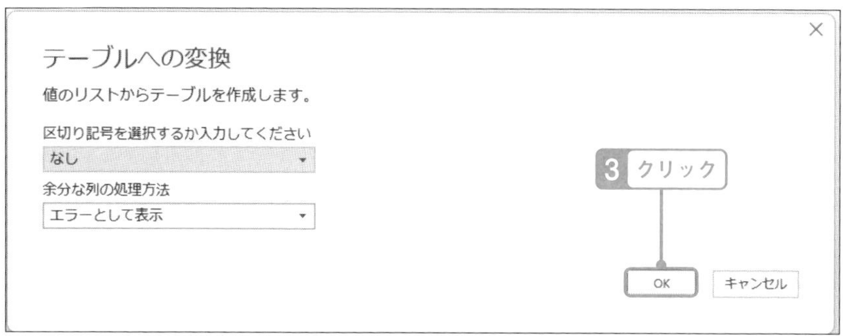

リスト型からテーブル型のデータに変換されました。

	Column1
1	0
2	10000000
3	20000000

▶「Column1」の列をダブルクリック→列名を「開始」に変更

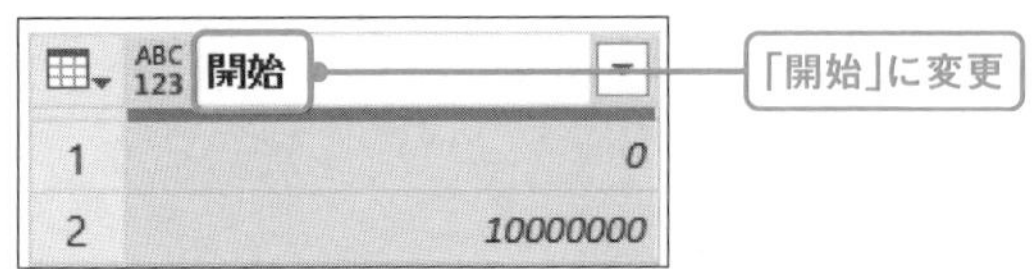

▶「開始」列を選択→［列の追加］タブ→［カスタム列］を選択

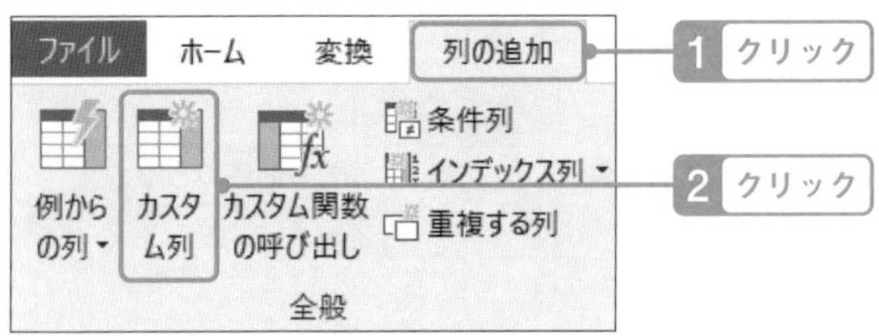

▶「新しい列名」を「終了」にして以下の式を入力→［OK］をクリック

```
= [開始] + 10000000
```

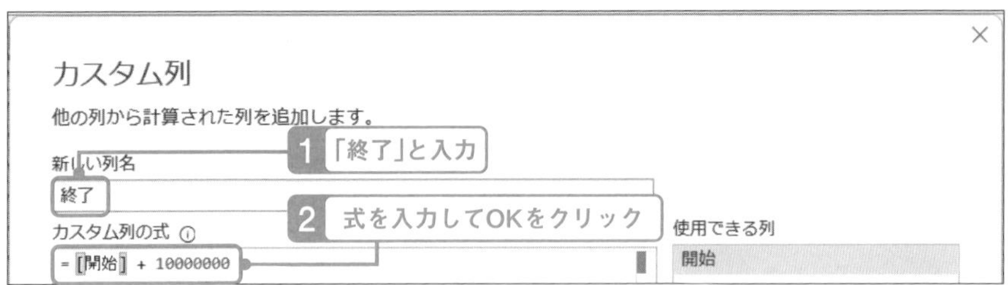

▶ ［列の追加］タブ→［例からの列］→［すべての列から］を選択

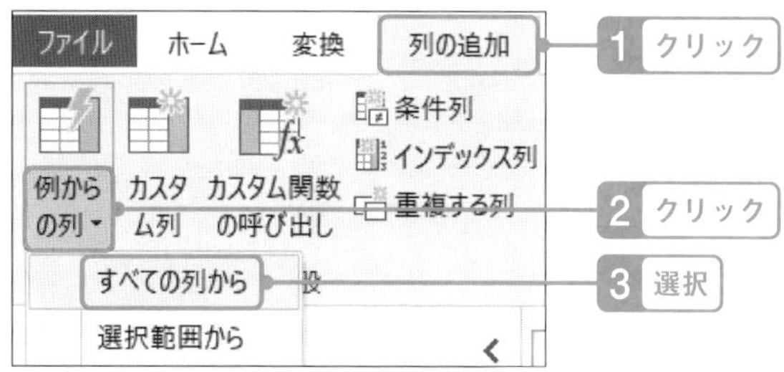

▶ 1行目に「000 - 010 MJPY」と入力→2行目をダブルクリック→「010 – 020 MJPY」と入力→Enterキー、以降の行も同じフォーマットで表示されることを確認→［OK］をクリック

カスタム
000 - 010 MJPY
010 - 020 MJPY
020 - 030 MJPY
030 - 040 MJPY
1 入力
2 入力

▶ 「カスタム」列名をダブルクリック→「区間」に変更

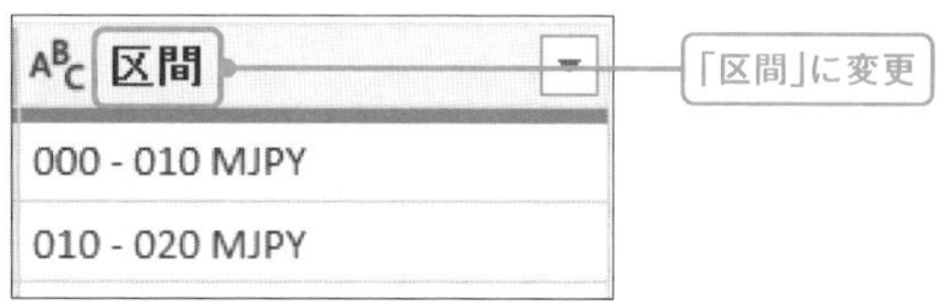

▶ 「開始」を選択後、Ctrlキーを押しながら「開始」と「終了」列を選択→［変換］タブ→［データ型］→［整数］を選択

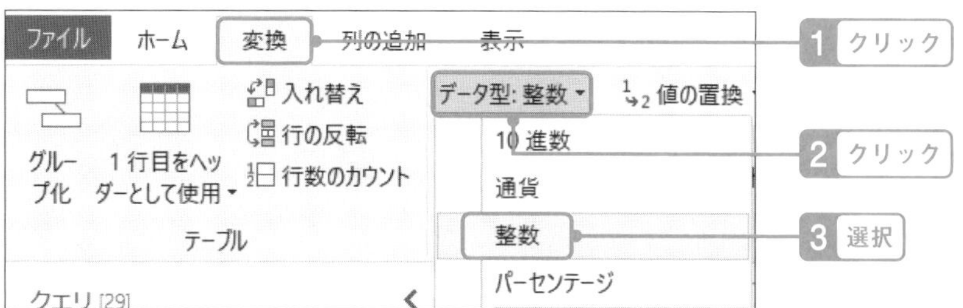

以下のように2つの列が整数型になるのを確認します。

	開始	終了	区間
1	0	10000000	000 - 010 MJPY
2	10000000	20000000	010 - 020 MJPY
3	20000000	30000000	020 - 030 MJPY

▶「クエリの設定」の［プロパティ］→［名前］を「P_区間自動」にする

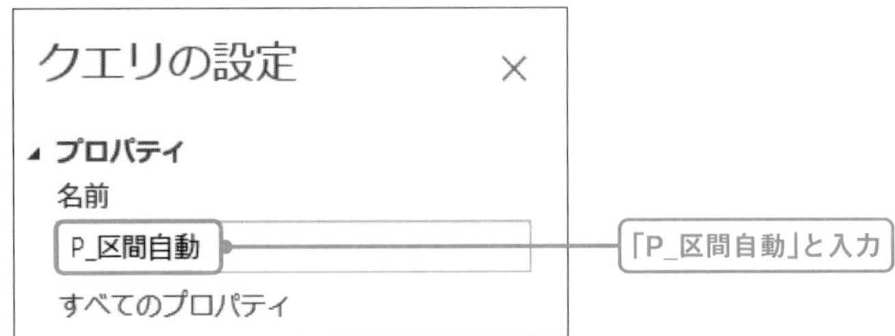

▶［ホーム］タブ→［閉じて読み込む▼］→［閉じて次に読み込む］を選択

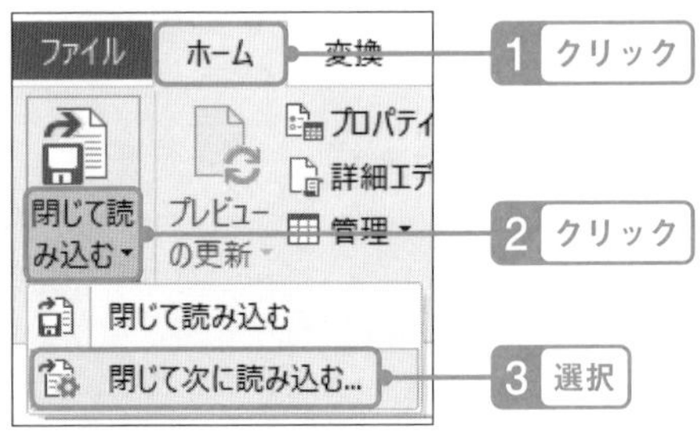

▶ 以下の設定で［OK］をクリック

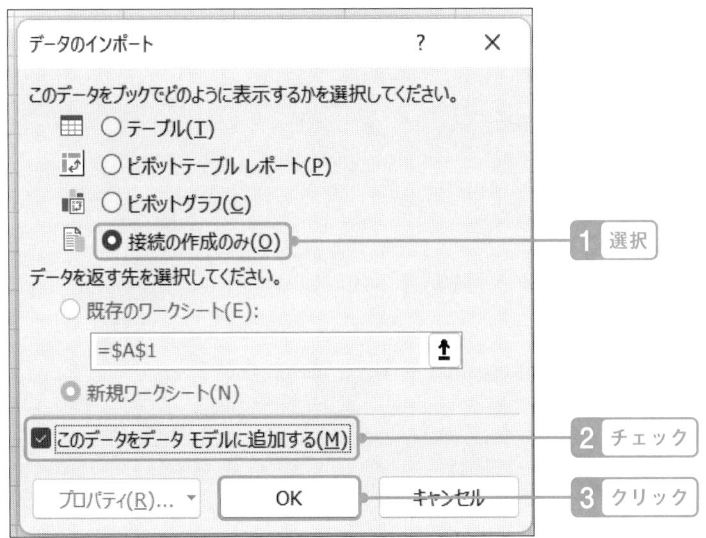

これで、データモデルに自動の区間テーブルが作成されました。中身を確認したい場合は、読み込み先を「接続の作成のみ」ではなく「テーブル」にして確認してください。

メジャーの作成については、今まで作成した「P_区間」を参照している個所を「P_区間自動」に差し替えます。

◎区間の自動生成：区間の数を固定

なお、先ほど自動作成では区間の範囲を固定で「10,000,000」ごとに設定しましたが、区間の総数を元に自動で範囲を設定する場合、List.Generate関数を使用するところを以下のように書き換えます。以下の例では、4つの区間に自動で分割します。

```
= List.Generate(() => 0, each _ <= 計算された最大 - Number.
IntegerDivide(計算された最大,4) , each _ + Number.
IntegerDivide(計算された最大,4))
```

	リスト
1	0
2	25766670
3	51533340
4	77300010

あわせて「終了」のカスタム列を以下の式にします。

```
[開始] + Number.IntegerDivide(計算された最大,4)
```

	1²3 開始	1²3 終了	ABC 区間
1	0	25766670	000 - 025 MJPY
2	25766670	51533340	020 - 051 MJPY
3	51533340	77300010	050 - 077 MJPY
4	77300010	103066680	070 - 010 MJPY

索引

記号

数字

アルファベット

た

な

は

ま

や

ら

わ

あとがき

これで私のExcelビジネス・インテリジェンス3部作は完結となります。おかげさまで、書きたいと思ったことはほぼすべて書籍に残すことができました。今まで長い間お付き合いいただき、ありがとうございました。

これらの技術を日本に広めるために書いた『Excelパワーピボット』の発行から4年弱が経ったいま、インターネットの情報を見ると、当時とは比べ物にならないくらいパワーピボットもパワークエリも広まったと思います。

私自身、この2つの技術の存在を知ったのは、2014年に発行されたアスキー書籍編集部様の『エクセルでできる!ビッグデータの活用事例「Power BI」で売上倍増』という本がきっかけでした。元々IT関連企業で働いており経理に異動した直後の私には、これらの技術の革命性に一発で圧倒され、そのまま執筆を決意することになりました。本や技術との出会いというものは時としてそのくらい劇的な影響を与えるものだと思います。私の本でパワーピボット、パワークエリを知った方の中にも、そのくらい仕事の仕方や考え方が大きく変わった方もいらっしゃるのではないでしょうか。

最後になりましたが、どこの馬の骨とも分からない私が持ち込んだ企画を一発で拾ってくださり、出版の機会を与えてくださいました翔泳社様と担当編集の佐藤様に改めてお礼を述べさせていただきたいと思います。ありがとうございました。

鷹尾 祥

◎著者紹介

鷹尾 祥(たかお あきら)

立教大学文学部心理学科卒業。大学では統計学を中心に科学的な思考方法を学ぶ。
大学卒業後、日本のソフトウェアベンダーで組込みソフトウェアの開発に携わっていたが、インドの大手IT企業への転職をきっかけにデータベースアプリケーションの開発に従事するようになる。ORACLEデータベースアプリケーションの開発、Webアプリケーションの開発、ITプロジェクトマネージャー等の経験の後に、ビジネスサイドにキャリアチェンジし外資系企業のファイナンス部門に移籍した。それを契機として本格的にExcelを使い始める。
当初IT出身の人間としてExcel関数にデータベースの考え方を取り入れる形で応用していたが、Excelのパワーピボット、パワークエリを知り衝撃を受ける。文献を探して洋書の技術書数冊を購入し、経理の日常作成していたレポートに導入すると、それまで手作業で数時間かけて作成していた合計値しか出せないレポートが、すべて明細レベルまで分析可能な形で全自動更新できること、またデータモデルを使用して簡単に分析の幅を広げられることを実感。さらに、それまで会社で使用されず眠っていた10年分の売り上げ明細データを1つのExcelファイルにとりこみ、データ化・レポート化できることを発見した。
しかしながら、それらの機能を使用しているうちに、①日本ではこれらの機能に関する書籍がほとんど存在しないこと、②BIのコンセプトの理解なしに非ITの一般業務ユーザーがそれらの技術を正しい形で活用できないことを痛感し、本書の執筆を決意するに至る。
以下のブログにてパワーピボット、パワークエリ、DAXのテクニックを紹介している。
https://modernexcel7.hatenablog.com/

装丁・本文デザイン／結城亨（SelfScript）
DTP／株式会社明昌堂

レビュー協力／加藤麻衣子

Excel（エクセル）パワーピボット DAX（ダックス）編
3つのルールと5つのパターンでデータ分析をマスターする本

2023年 6 月19日 初版　第1刷発行
2024年 6 月 5 日 初版　第2刷発行
著者　鷹尾 祥（たかお あきら）
発行人　佐々木 幹夫
発行所　株式会社 翔泳社（https://www.shoeisha.co.jp）
印刷 / 製本　日経印刷株式会社

本書へのお問い合わせについては、ii ページに記載の内容をお読みください。造本には細心の注意を払っておりますが、万一、乱丁（ページの順序違い）や落丁（ページの抜け）がございましたら、お取り替えします。03-5362-3705までご連絡ください。

ISBN978-4-7981-8107-3
Printed in Japan